GAODENG ZHIYE JIAOYU TUJIANLEI ZHUANYE ZONGHE SHIXUN XILIE JIAOCAI

高等职业教育土建类专业综合实训系列教材

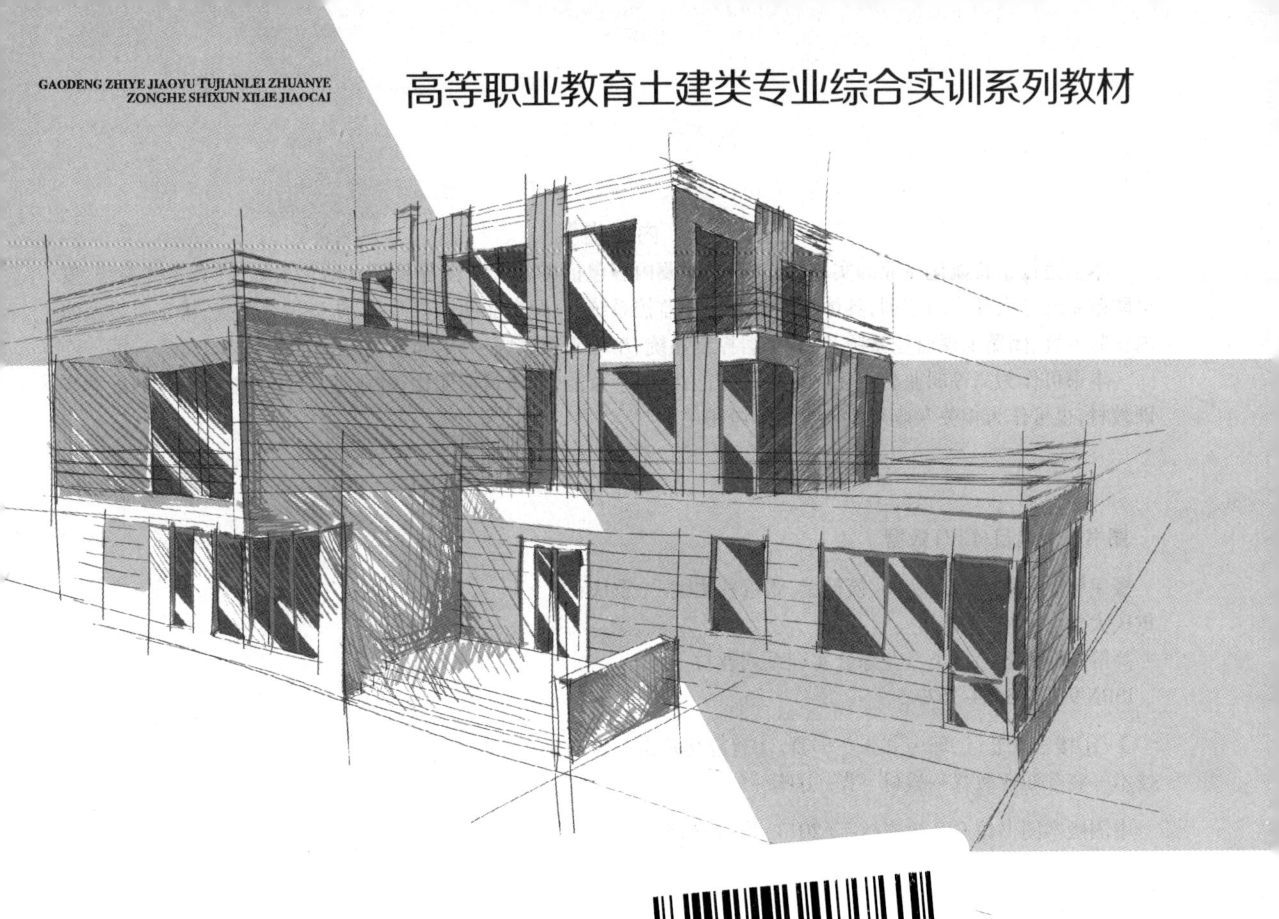

楼宇智能化系统综合实训

主编 侯家奎 张彦礼 副主编 郭谭娜 焦艳冰
参编 刘锐娜 王宁

重庆大学出版社

内容提要

本书是楼宇智能化专业的实训指导教材，主要内容包括楼宇机电设备及其自动化系统、综合布线系统、安全防范系统三大部分的实训，具体包括暖通空调监控系统、供配电照明监控系统、防盗报警系统、楼宇对讲及室内安防系统、闭路电视监控系统、智能家居控制系统、车库管理系统、一卡通系统等。

本书可作为高等职业教育建筑电气及智能化、楼宇智能化、建筑智能化、物业管理、建筑电气专业的配套实训教材，也可作为相关专业从业人员的参考用书。

图书在版编目(CIP)数据

楼宇智能化系统综合实训/侯佳奎，张彦礼主编.—重庆：重庆大学出版社，2013.8

高等职业教育土建类专业综合实训系列教材

ISBN 978-7-5624-7679-5

Ⅰ.①楼… Ⅱ.①郭…②张… Ⅲ.①智能化建筑—自动化技术—高等职业教育—教材 Ⅳ.①TU855

中国版本图书馆 CIP 数据核字(2013)第 188695 号

高等职业教育土建类专业综合实训系列教材

楼宇智能化系统综合实训

主　编　侯家奎　张彦礼

副主编　郭谭娜　焦艳冰

责任编辑：文　鹏　　版式设计：张　婷

责任校对：刘　真　　责任印制：赵　晟

*

重庆大学出版社出版发行

出版人：邓晓益

社址：重庆市沙坪坝区大学城西路 21 号

邮编：401331

电话：(023) 88617190　88617185(中小学)

传真：(023) 88617186　88617166

网址：http://www.cqup.com.cn

邮箱：fxk@cqup.com.cn（营销中心）

全国新华书店经销

重庆联谊印务有限公司印刷

*

开本：787×1092　1/16　印张：11.75　字数：293 千

2013 年 8 月第 1 版　2013 年 8 月第 1 次印刷

印数：1—3 000

ISBN 978-7-5624-7679-5　定价：24.00 元

前言

本书是楼宇智能化专业的实训指导教材，主要内容包括楼宇机电设备及其自动化系统、综合布线系统、安全防范系统三大部分的实训。具体包括暖通空调监控系统、供配电照明监控系统、防盗报警系统、楼宇对讲及室内安防系统、闭路电视监控系统、智能家居控制系统、车库管理系统、一卡通系统等。书中系统全面地对楼宇智能化系统实训设备进行了阐述，并结合系统特点、工程特点和教学特点，对各系统实训内容进行了综合规划设计。

本书的特点是淡化理论说教，结合工程实际中应用的设备，针对教学实验、实训、课程设计、毕业设计而编写实训指导书。本书充分突出实用性，既注重对实验设备的安装、调试操作，又注重对工程实际的了解和认识；既注重实验的内容和过程，又注重实际工程应用的设计和维护。

本书可作为高职高专建筑电气及智能化、楼宇智能化、建筑智能化、物业管理、建筑电气专业的配套实训教材，也可作为相关专业从业人员的参考用书。

本书由侯家奎、张彦礼任主编，负责拟定大纲及组织编写工作；郭谭娜、焦艳冰任副主编；刘锐娜、王宁参编。各章节的分工安排如下：许昌职业技术学院的侯家奎负责项目六与项目四的编写，许昌职业技术学院的郭谭娜负责项目一与项目五编写，许昌职业技术学院的焦艳冰负责项目二与项目三编写，许昌职业技术学院的刘锐娜负责项目七的编写；整个编写过程得到了深圳松科技集团有限公司张彦礼及青岛环科测控仪器有限公司王宁技术方面的支持；全书最后由侯家奎、张彦礼、王宁审定统稿。

编者在写作过程中始终坚持严谨认真、精益求精的态度，介于编者水平有限，加之时间仓促，难免存在一些错漏和缺憾，恳请广大师生批评指正。

编　者

前言

目 录

项目1 楼宇机电设备及其自动化系统实训

1.1 系统概述

建筑设备自动化系统(Building Automation System,BAS),是应用前端探测器或执行器、现场控制设备(DDC)、网络通信技术及计算机控制实现对建筑物内机电设备运行的监视、控制和管理的综合系统,如图1.1所示。

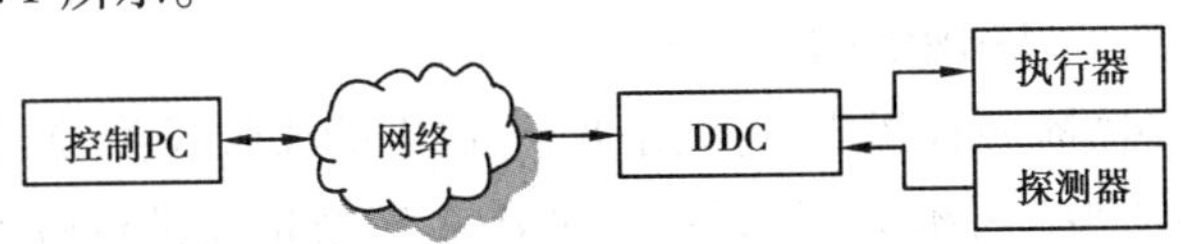

图1.1 系统图

建筑物中的机电设备具有多而散的特点,为方便监控和管理,可将其按类别和功能划分为:

①暖通空调监控子系统;

②供配电设备监控子系统;

③照明监控子系统;

④电梯监控子系统等。

楼宇机电设备及其自动化控制系统分为空调系统、冷水机组系统、供配电照明系统、电梯控制系统、照明节能控制应用系统和智能照明控制应用系统,实训内容具体介绍。

建筑设备自动化系统有广义BAS和狭义BAS之分,狭义BAS没有火灾自动报警系统和安全防范系统,包括电力、照明、空调等。在《智能建筑设计标准》(GB/T50314—2006)中,称广义BAS为建筑设备自动化系统,称狭义BAS为建筑设备监控系统。

1.2 基本概念

1.2.1 输入输出接口

①DI:DIGITAL INPUT,数字量输入,即连续型信号输入;

②DO:DIGITAL OUTPUT,数字量输出,即连续型信号输出;

③AI:ANALOG INPUT,模拟量输入,即开关型信号输入;

④AO:ANALOG OUTPUT,模拟量输出,即开关型信号输出。

(1)AI(模拟量输入):温度传感器

电阻式传感器的基本原理是将被测的非电量转化成电阻值的变化,再经过转换电路变成电量输出。

测量管路中的液体温度或风道内的气体温度，其输出信号正比于所感应的温度，直接提供 0～10 V 的电压信号或 4～20 mA 电流信号，如图 1.2 所示。

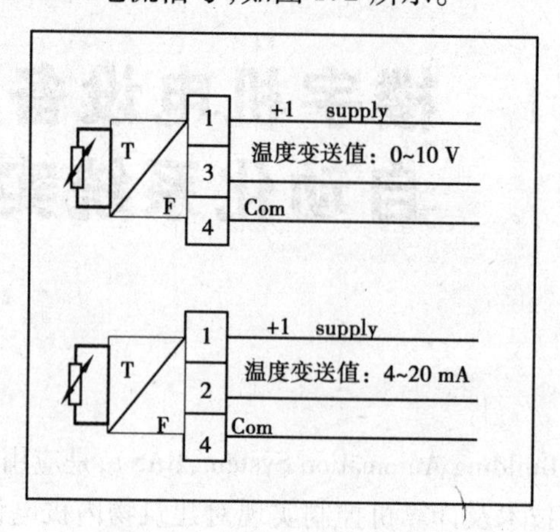

图 1.2 温度传感器接线图

(2)AO(模拟量输出)：风阀驱动器

4NM/8NM/16NM/24NM 四种扭矩，可满足 8 m^2 以下的风阀开关、调节，手动/电动，可以带反馈信号。其开度为 0～90°，可根据控制 DDC 的 D/A 转换精度进行较准确地控制，其工作原理如图 1.3 所示。

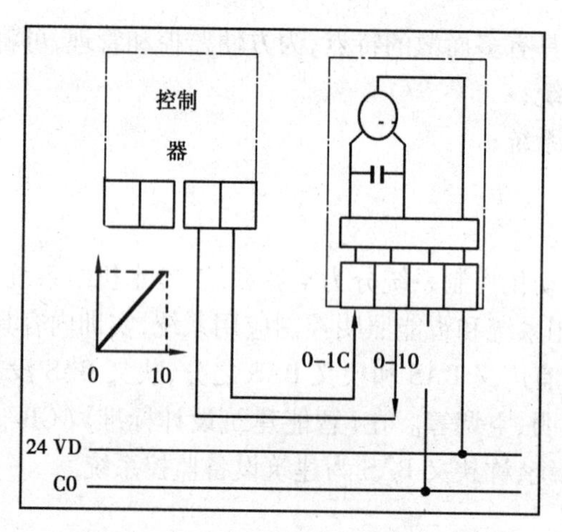

图 1.3 温度传感器接线图

(3)DI(数字量输入)

数字量信号分为两种：一种为 0～32 VDC 有源输入；另一种为干节点，即：短路，如红外幕帘、开关、门磁。

(4)DO(数字量输出)

数字量信号输出，如灯的开关、泵的启停等，如图 1.4 所示。

1.2.2 压缩式制冷机组原理

压缩式制冷机组原理如图 1.5 所示。在压缩机的作用下，制冷剂将从蒸发器带出热量，经过压缩机，变成高温高压的制冷气体；经过冷凝器，冷却水将其冷却，变成低温低压的液态制冷剂；经

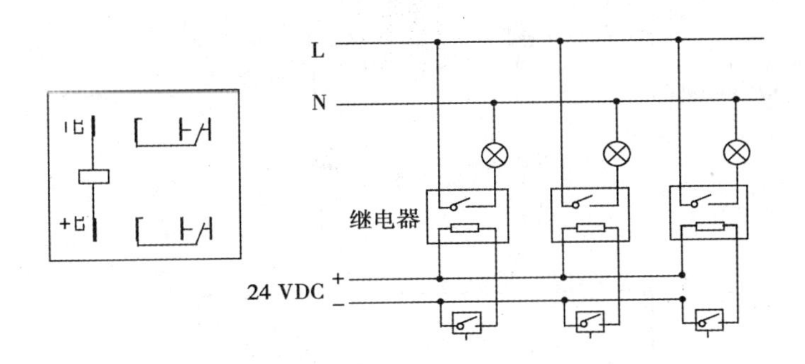

图 1.4 继电器接线图

过膨胀阀,再次进入蒸发器,与冷冻水进行热置换,将冷冻水的热量带出,从而实现制冷的效果。

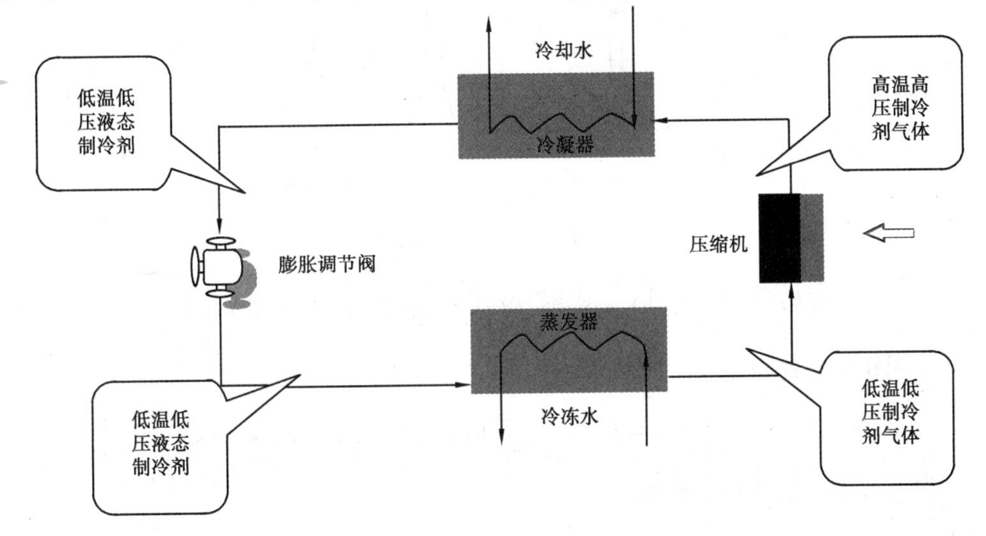

图 1.5 压缩式制冷机组原理

1.2.3 表冷器

混合式空调根据不同的设定温度要求及室外温度,在同一设备中注入热水或冷水,用来加热或冷却空气,如图 1.6 所示。用来加热空气的叫空气加热器或加热器,用来冷却空气的叫冷却器或表冷器。

集中式空调根据处理空气的来源可分为:封闭式空调系统、直流式空调系统。

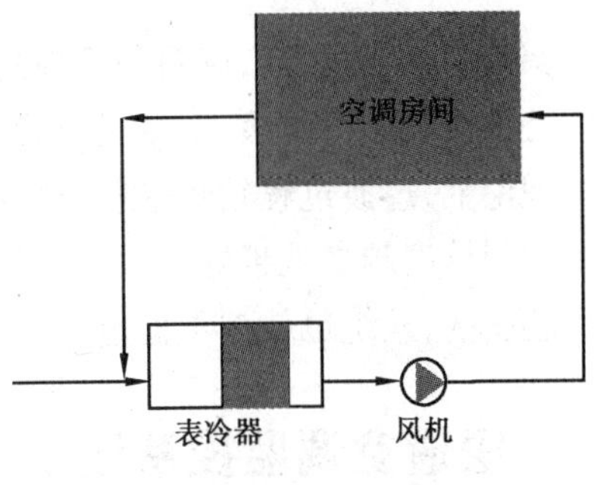

图 1.6 混合式空调原理

1.2.4 传感器平均值

测量一个很大空间温度时,需要传感器的平均值。但是需要注意的是:每一排的传感器数量要一致。

在模拟系统中,PID 算法的表达式是:

$$P(t) = Kp\left[e(t) + \frac{1}{T_1}\int e(t)\mathrm{d}_t + T_D\frac{\mathrm{d}e(t)}{\mathrm{d}t}\right]$$

对上式进行离散化处理后表达式为:

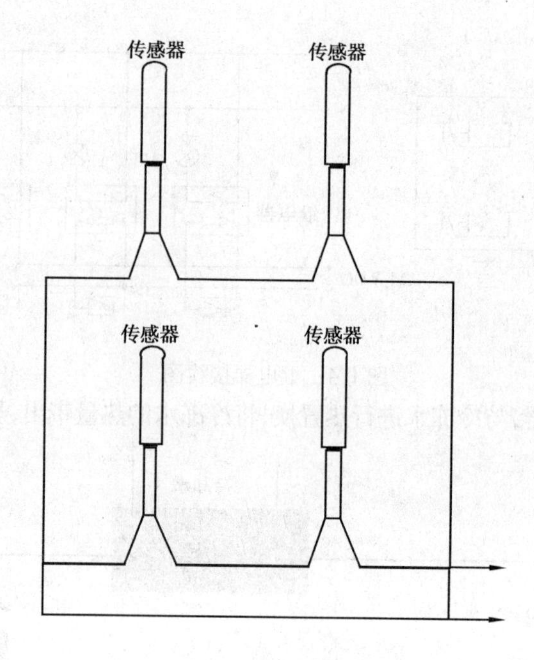

图 1.7　传感器串接图

$$P(k) = Kp\left\{E(k) + \frac{t}{T_1}\sum_{j=0}^{K}E(j) + \frac{T_D}{T}[E(k) + E(k-1)]\right\}$$

上式又叫作位置控制算式。根据上式可得：

$$P(k-1) = Kp\left\{E(k-1) + \frac{1}{T_1}\sum_{j=0}^{K-1}E(j)\ \frac{T_D}{T}[E(k-1) + E(k-2)]\right\}$$

由上两式可得增量型 PID 算式：

$$\Delta P(k) = P(k) - P(K-1)$$

$$= Kp[K(k) - E(K-1)] + K_I E(K) + K_D[K(k) - 2E(k-1) - E(K-2)]$$

使用归一参数整定法如下：

$$\Delta P(k) = Kp[2.45E(k) - 3.5E(K-1) + 1.25E(K-2)]$$

整个问题简化为只需要一个参数，通过改变它的值观察控制效果，直到满意为止。得到变化输出值后，可得本次的位置型输出值：

$$P(k) = P(K-1) + \Delta P(k)$$

调试中，系数较高，则对象反应特性曲线较陡，也就是反应过渡过程较短；系数较低，则对象反应特性曲线较为平缓，也就是反应过渡过程相对较长。

理论上，过渡过程较短，则系统响应快。换句话说，也就是系统控制精度较高，但并不是说系统控制精度越高就越好。由于空调系统本身惯性较大，如 BA 系统控制精度越高，系统越容易引起振荡，系统也就越不稳定。

1.3　暖通空调监控系统

暖通空调系统是智能建筑设备中最主要的组成部分，其作用是保证建筑物内具有舒适的工作生活环境和良好的空气品质。

整个系统由冷冻水系统、冷水机组、冷却水系统、空调机组等组成，如图1.8所示。

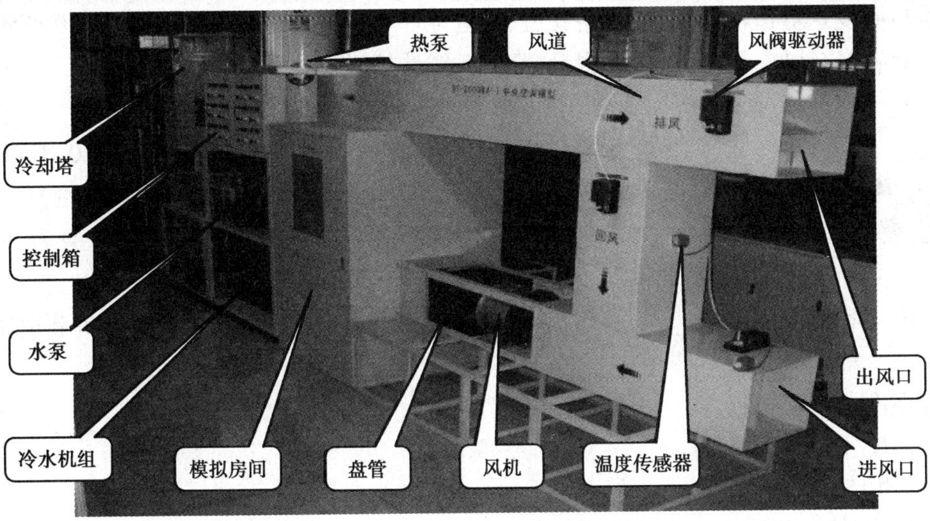

图1.8 空调实物模型图

1.3.1 冷冻水系统

(1)冷冻水系统的监控目的

①保证冷水机组蒸发器通过足够量的冷冻水使蒸发器正常工作，防止冻坏。

②满足用户需求。

③尽可能减少冷冻水泵的能耗。冷冻水控制点位图如图1.9所示。

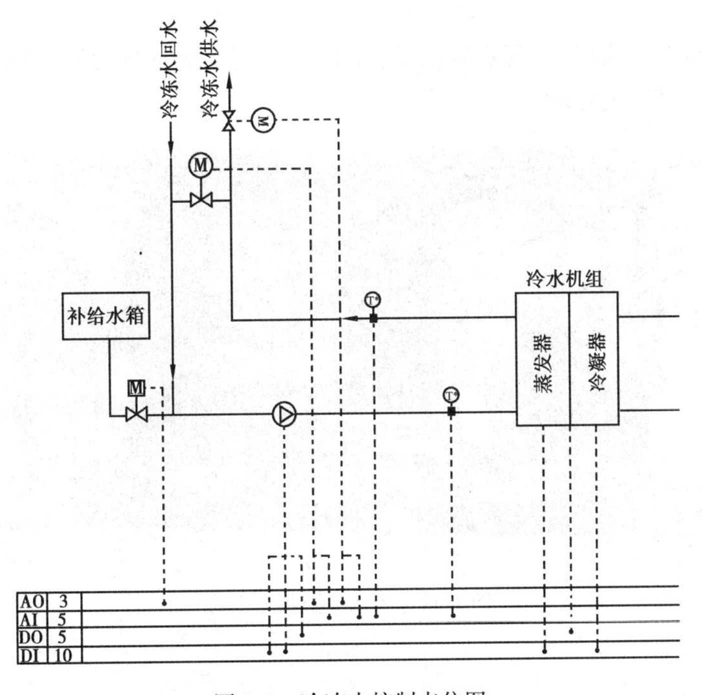

图1.9 冷冻水控制点位图

(2)管道温度传感器

该类传感变送器适用于蒸汽、水路管道、风道等环境下对温度的监测,如图1.10所示。

①特点:稳定性好,使用寿命长,测量精度高、线性好,外形美观,安装方便。

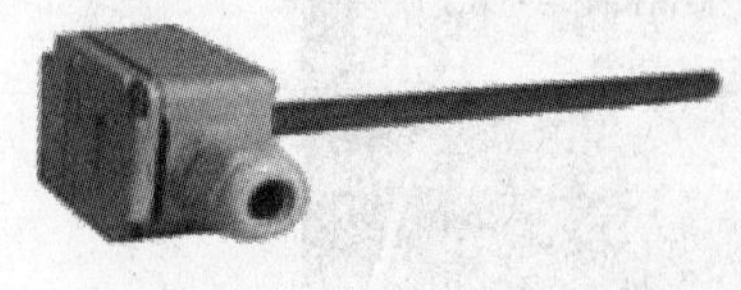

图1.10 管道温度传感器

②技术参数。

精度:±0.5 ℃(0~50 ℃温度范围),±1.0 ℃(-50~100 ℃温度范围),±2.0 ℃(-50~150 ℃温度范围)。

耗电量:A型为+15~35 V,≤10 mA;B型为+24 V,≤25 mA。

输出负载:A型为输出电流 $I_o \leq 1$ mA;B型负载电阻 $R_Z \leq 500\ \Omega$。

工作温度:0~50 ℃。

储存温度:-40~+55 ℃。

质量:约150 g。

③作用:当冷水机有若干组时,由供水温度、回水温度来确定开启几组冷水机。控制程序将依据采样周期监测系统负荷大小,若系统负荷降低,系统将自动卸载一台主机运行,以节省系统能源。这里取冷冻水回水温度与供水温度之差值(Delta remp)作为系统冷负荷的参考值。

冷水机组的冷水供、回水设计温差不应小于5 ℃。在技术可靠、经济合理的前提下宜尽量加大冷水供、回水温差。

1.3.2 冷水机组

对于冷水机组的监控,只需进行启停控制,同时可读入机组运行状态。其余控制由冷水机组本身自动完成。

冷水机组不能频繁启停,否则容易烧毁(压缩机),所以应从物理上给以保护,通过安装延时继电器来控制启动时的延时。

图1.11 冷冻水控制点位图

1.3.3 冷却水系统

(1)冷却水系统的监控目的

①保证冷水机组冷凝器通过适当水量和温度的冷却水使冷凝器正常工作,防止机组烧坏。

②根据冷却塔回水温度及冷水机组运行状态,控制冷却塔与冷却水泵的启停与投入台数,以节省能耗。

根据上述监控要求,可得出监控位图如图 1.12 所示。

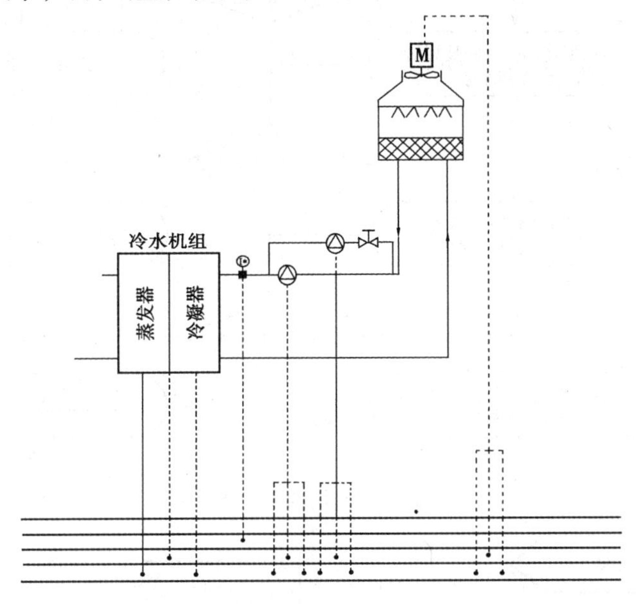

图 1.12 冷水系统监控

(2)开启顺序

水系统的开启顺序很重要,顺序合理则可避免用电负荷瞬间过大。若开启不当,容易造成设备提前老化,严重时会使设备损坏。

正确的开启顺序是:对应冷却水、冷冻水管路上的阀门立即开启→开冷却塔风机→开冷却水泵→冷却水水流开关信号指示→开冷冻水循环水泵→冷冻机组开启。启动流程图如图 1.13 所示。

(3)关闭顺序

同水系统的开启顺序一样,若关闭顺序不合理,也会引起开启不当的后果。

正确的关闭顺序是:冷冻机组停机→冷却塔风机关闭→冷却水泵关闭→冷冻水循环水泵关闭→对应冷却水、冷冻水管路上的阀门立即关闭。关闭流程图如图 1.14 所示。

1.3.4 空调机组

空调机组监控要求:

①监测风管道内的温度。

②监控风阀开启度。

③调节冷水、热水进水阀开度。

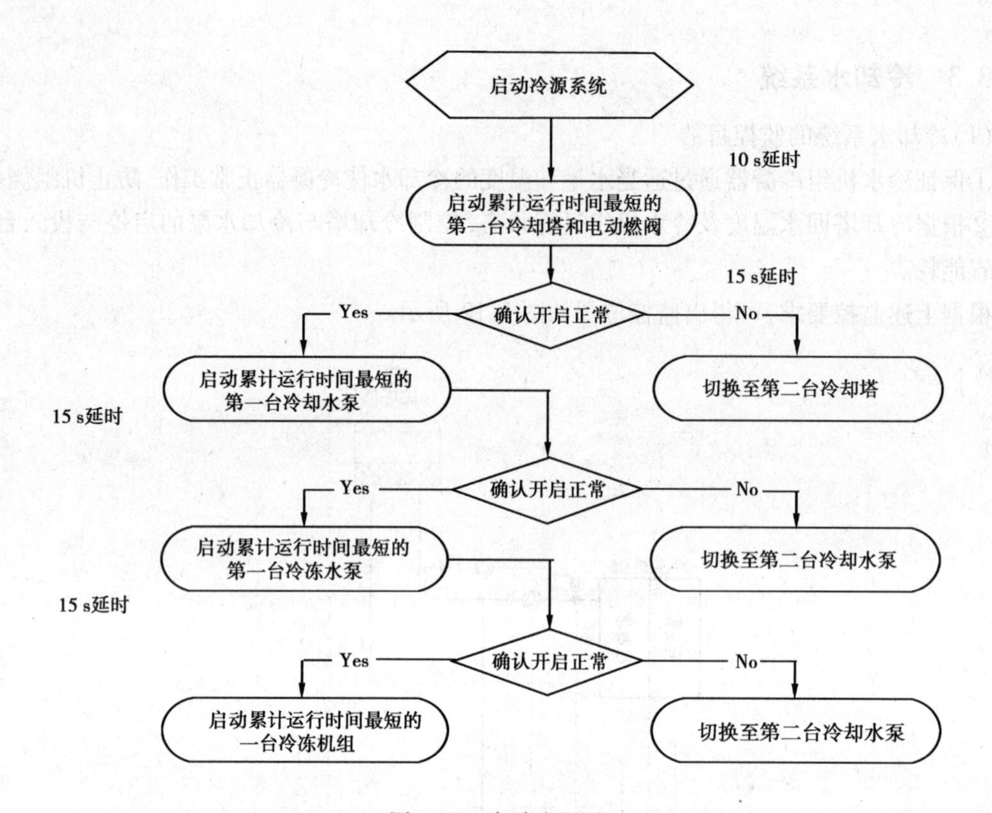

图 1.13　启动流程图

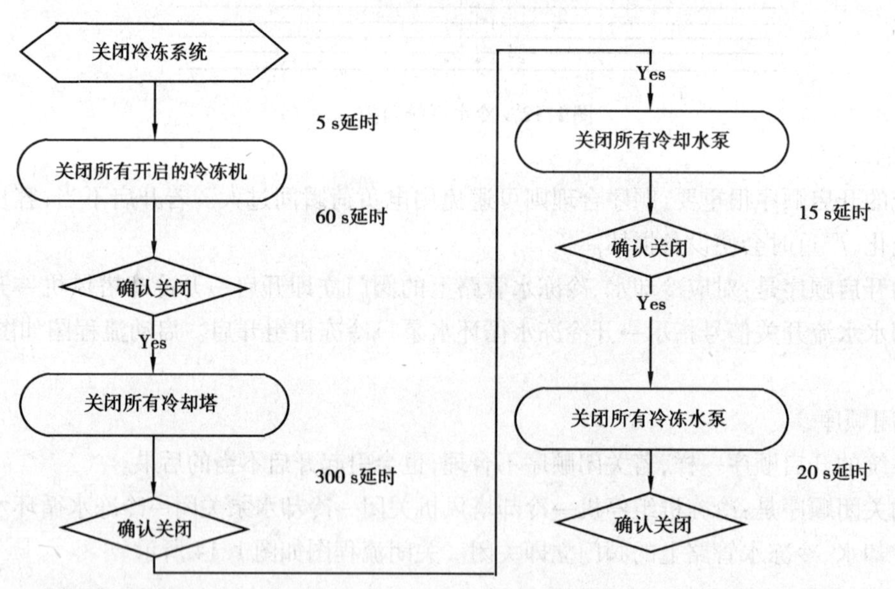

图 1.14　关闭流程图

④监控风机的状态及启停。

根据上述监控要求，可得出监控点位图如图 1.15 所示。

根据测量的回风温度与设定值的偏差，经比例、积分、微分（PID）规律控制冷水调节阀，温度太高时打开冷水阀，温度太低时关小冷水阀，使送风温度维持在设定的范围内。冷水阀与风

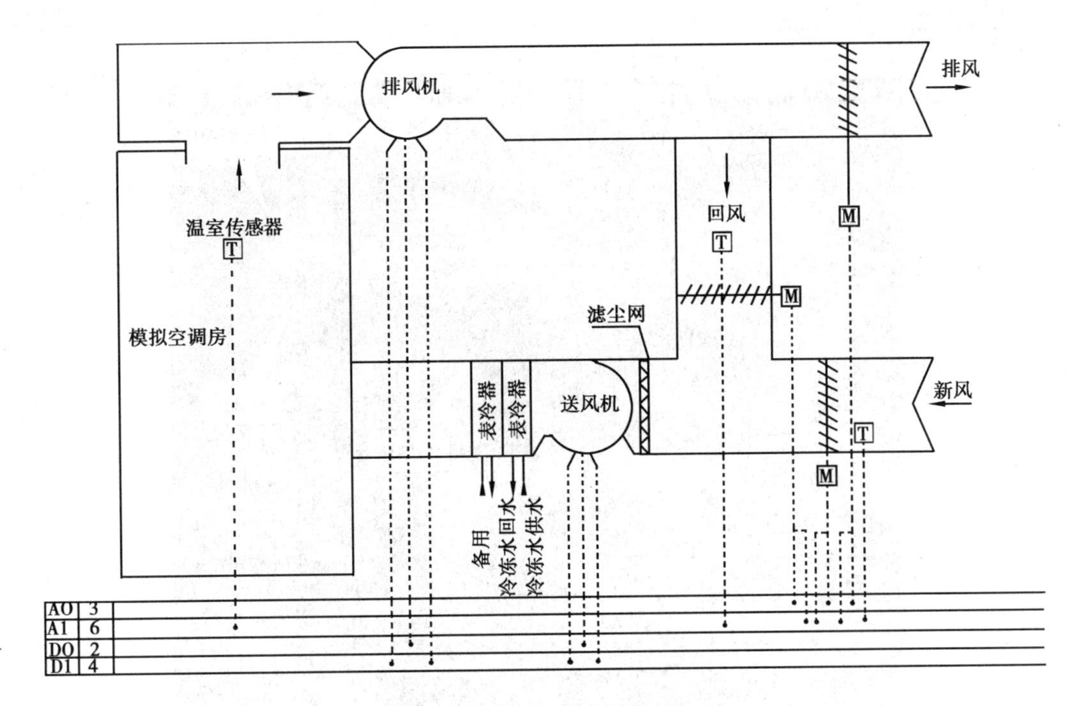

图 1.15 空调系统的控制图

机连锁控制,当风机停止后,冷水阀同时关闭。

系统将根据测量的室外温度进行新风、回风焓值计算比较,采用经济运行方式,在满足卫生许可的条件下,夏季尽量采用最小新风比例充分利用室内回风,过渡季节充分利用室外空气的自然调节能力,节省冷量的消耗,同时满足空调的要求。

设备安装及接线实际中采用就近安装、远离噪音的原则。在 ST-2000B-BAII 型实训系统中,我们把控制器安装在实训台上,同时把控制器的输入输出端口引出到跳线端子并标明,通过跳线和实训台另一边的有相同标称的跳线端子连接起来。相同标称的跳线端子背后的接线通过走线槽、管道等方式连接到现场的配电箱内对应的各继电器或设备上。

1.4 监控实训平台及实训内容

监控实训平台由软件和硬件两部分组成,如图 1.16 所示。

由 DDC 箱、控制箱、监控电脑组成硬件,以及运行于监控电脑的软件 Windows XP 和组态王 kingview 6.52 组成一个系统监控平台,对现场的数据进行采集,通过软件判断后,发送执行指令给现场控制器,最终实现系统监控实训。

DDC 主要由台湾 PORIS 的 easyIO 模块组成,负责采集现场的温度、开度、手自动运行的信号,使用 modbuS 协议,通过 485 通信,将数据传给监控电脑,并接收监控电脑发出的指令,执行设备的启停和控制阀的开度。

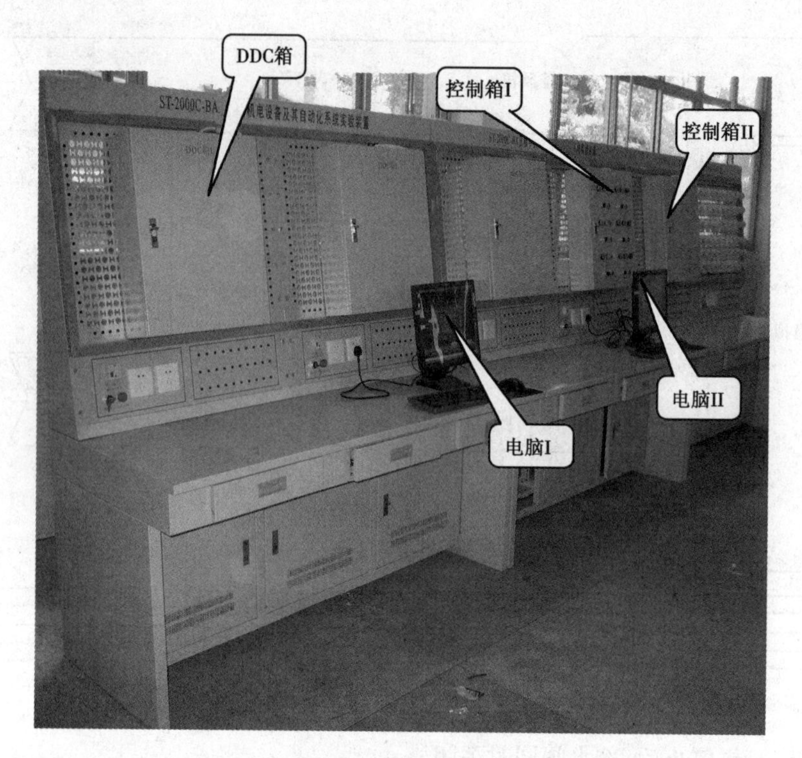

图 1.16 监控平台

实训 1 设备的安装操作

(一)实训目的

①加深对空调系统结构的认识;

②训练动手操作能力。

(二)实训要求

课前自主学习空调系统的结构,熟悉继电器的控制原理。

(三)实训仪器

螺丝刀、扳手、万用表、剥线钳。

(四)实训步骤

①将整个实训系统包括空调、实训台的电源关闭。

②打开关于控制箱 1 和控制箱 2 的接线图纸。

③寻找任一条泵的控制线路,使用万用表测量其控制回路的各个通断情况,并做好记录。

④选择一条温控的线路,使用万用表测量其控制回路的各个走线情况,并做好记录。

⑤书写实训报告和实训体会。

(五)注意事项

①该阶段为安装实训,需要特别注意,必须在断电的情况下进行。

②应该注意拿工具的正确习惯。

③先分析图纸,分析透彻后再进行操作,切忌拿到工具就盲目进行操作。

实训2 系统接线操作

(一)实训目的

①熟悉空调各个系统的基本组成。

②增加学生的实训操作能力。

(二)实训要求

课前熟悉控制箱接线图纸,仔细学习系统的构造。

(三)实训仪器

螺丝刀、扳手、万用表、剥线钳。

(四)实训步骤

①对照控制箱1和控制箱2的接线图纸,找出交流24 V、直流24 V、交流220 V和交流380 V的电源输入和输出的位置,并做好标记。

②手自动旋钮置于中间空位置,给设备通电,记录设备面板等的状态。

③对照图纸,使用万用表测量交流24 V的电压,并记录。

④对照图纸,使用万用表测量直流24 V的电压,并记录。

⑤对照图纸,使用万用表测量交流220 V的电压,并记录。

⑥对照图纸,使用万用表测量交流380 V的电压,并记录。

⑦将进风机的手自动旋钮置于"手动"位置,按下对应的"启动"按钮,记录对应风机的工作指示灯的状态变化。

⑧启动进风机,使用万用表,置于交流高压挡位,测量进风机接触器出向的电压,并作记录。

⑨启动排风机,使用万用表,置于交流高压挡位,测量排风机接触器出向的电压,并作记录。

⑩启动冷却回水泵,使用万用表,置于交流高压挡位,测量冷却回水泵接触器出向的电压,并作记录。

⑪启动冷却供水泵,使用万用表,置于交流高压挡位,测量冷却供水泵接触器出向的电压,并作记录。

⑫测量实训完毕,将所有使用的旋钮进行复位,设备断电停止。

⑬书写实训报告和实训体会。

(五)注意事项

①在实训过程中,不满足实训要求的开关水泵严禁启动。

②冷却塔风机工作电压为380 V,严格按照万用表的使用方法进行测量,注意安全。

③每组实训人员最多不操作3个,注意分工。

实训3 新风温度测量

(一)实训目的

①了解模拟量实际应用。

②熟悉模拟量电压表示的方法。

（二）实训要求

课前熟悉温度传感器的工作原理，画出并记录接线端子的标志。

（三）实训仪器

万用表、螺丝刀等。

（四）实训步骤

①在空调模型上找到新风温度传感器，使用螺丝刀将其上盖打开。

②给空调设备供电，测量电源端的输入电压，并作记录。

③测量地和信号输出端的电压，并作记录。

④在控制箱的接线端子排找到新风阀的接线位置，测量信号对地的电压，并作记录。

⑤根据接线图纸，找到 DDC 箱里的接线位置，测量信号对地的电压，并作记录。

⑥接上步，用手握住温度传感器的铜色探测部位，在 DDC 端子处观看万用表电压的变化，并做记录。

⑦温度传感器的测量范围为 0 ~ 100 ℃，其信号输出的范围为 0 ~ 10 V，根据测量的值，按比例关系计算相应的温度值，小数点保留 1 位即可。

⑧书写实训报告和实训体会。

（五）注意事项

①手握探测器时不要横向用力，以免损坏传感器。

②注意 DDC 端子电源地的位置与控制箱的对应变化。

实训 4　风阀驱动器的安装调试操作

（一）实训目的

①了解风阀的控制原理。

②熟悉风阀的控制方法。

（二）实训要求

课前熟悉风阀驱动器的工作原理，并标记端子。

（三）实训仪器

万用表、螺丝刀，电阻 1 kΩ、4.7 kΩ、10 kΩ 等。

（四）实训步骤

①在空调模型上找到进风阀驱动器，使用螺丝刀将其上盖打开。

②给空调设备供电，测量电源端的输入电压，并作记录。

③测量地和信号输出端的电压，并作记录。

④测量地和信号输入端的电压，并作记录。

⑤在控制箱的接线端子排找到进风阀驱动器的接线位置，测量输入、输出信号对地的电压，并作记录。

⑥根据接线图纸找到 DDC 箱里的接线位置，测量信号对地的电压，并作记录。

⑦接上步，将输出信号线拆出接线端子，使用电阻组成分压电路，给信号加上 0 ~ 10 V 的信号电压，观察并记录进风阀驱动器的阀门位置以及对应的信号输入电压和信号输出电压。

⑧温度传感器的测量范围为0~90 ℃,其信号输出的范围为0~10 V,根据测量的值,按比例关系计算相应的开度值和反馈值,小数点保留1位即可。

⑨测量完毕后,重新接好DDC端子的线排。

⑩书写实训报告和实训体会。

(五)注意事项

①分压电路两端电压接直流10 V。

②外接直流10 V电压的地与进风阀驱动器的电源地并联共用。

实训5 设计并安装一个简易应用系统

(一)实训目的

①了解空调的工作原理。

②熟悉空调制冷工作流程。

(二)实训要求

课前熟悉了解空调控制的系统方法,包括组态王的应用。

(三)实训仪器

空调风机、冷水、控制箱、porisDDC设备、电脑等。

(四)实训步骤

①设备通电,检查控制箱1、2和DDC箱1、2、3的电源电压是否工作正常。

②打开监控电脑,启动testeasyio软件,如图1.17所示。

图1.17

③打开testeasyio的测试软件,如图1.18所示。

④选择通信端口“COM1”,波特率选择“19200”,单击“OK”按钮,进入工作界面,如图1.19所示。

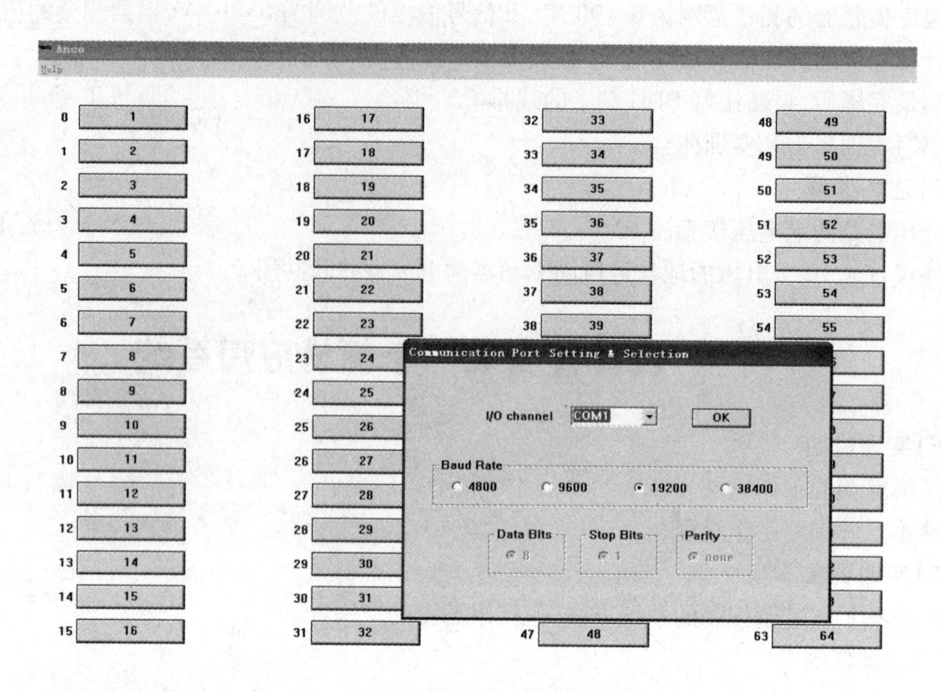

图 1.18

Anco
Help

编号	类型	编号	类型	编号	类型	编号	类型
0		16		32		48	
1		17		33		49	
2	AO	18	DO	34		50	
3	UI8	19	DIO	35		51	
4	AO	20	DO	36		52	
5	DI	21		37		53	
6	DO	22		38		54	
7		23		39		55	
8		24		40		56	
9	UI8	25	DO	41		57	
10	UI8	26		42		58	
11	DI	27		43		59	
12	AO	28		44		60	
13	AO	29		45		61	
14		30		46		62	
15		31		47		63	

图 1.19

⑤单击 2 号的“AO”按钮，出现如图 1.20 所示界面。

⑥对各值选择“change”按钮，输入对应的数值，单击“OK”按钮，注意观察冷冻水旁通阀和冷冻水供水阀的开度指示位置，等水阀停止开启时，记录水阀的相应位置。

⑦冷冻水阀的开度为 80%，而冷冻水旁通阀的开度应为 20% 左右，等阀开到相应的位置时，手动启动冷水机组，设定温度为 20 ℃，然后手动启动冷冻水供水泵和回水泵，再手动打开冷

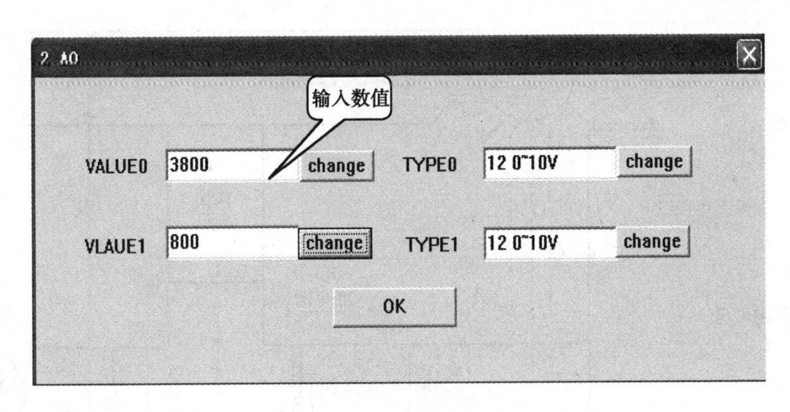

图 1.20

却水系统,注意观察模拟房间的温度变化,并记录变化值。

⑧书写实训报告和实训体会。

(五)注意事项

①阀的最大开度值为 4095,注意输入数值的大小。

②供水阀的开度为 80%,旁通阀的开度为 20%时,才允许开启供水泵和回水泵。

实训 6　设计有关控制点位信息表格

(一)实训目的

①了解空调系统的所有设备。

②熟悉每一种设备的控制特性。

(二)实训要求

①课前预习空调系统原理。

②掌握 Excel 制作表格的技巧。

(三)实训仪器

铅笔、作图工具、笔、电脑。

(四)实训步骤

①准备一张白纸,画出空调的系统示意图,标出温度、风机、锅炉、热泵、冷却塔、水泵、风阀、水阀、温度传感器位置。

②将各个部件的控制信号线引出,建立如图 1.21 所示的示意图。

③将控制信号接入相对应的位置,然后统计相应的数量。

④在 CAD 中将示意图画出,并打印归入报告。

⑤制作 Excel 点表,如图 1.22 所示。

⑥编写实训报告和实训总结。

(五)注意事项

①系统每一个设备点在示意图中必须完全标出,不能遗漏。

②注意数字量和模拟量的信号区别。

③注意 DDC 控制器的名称以及对应变量的一致性。

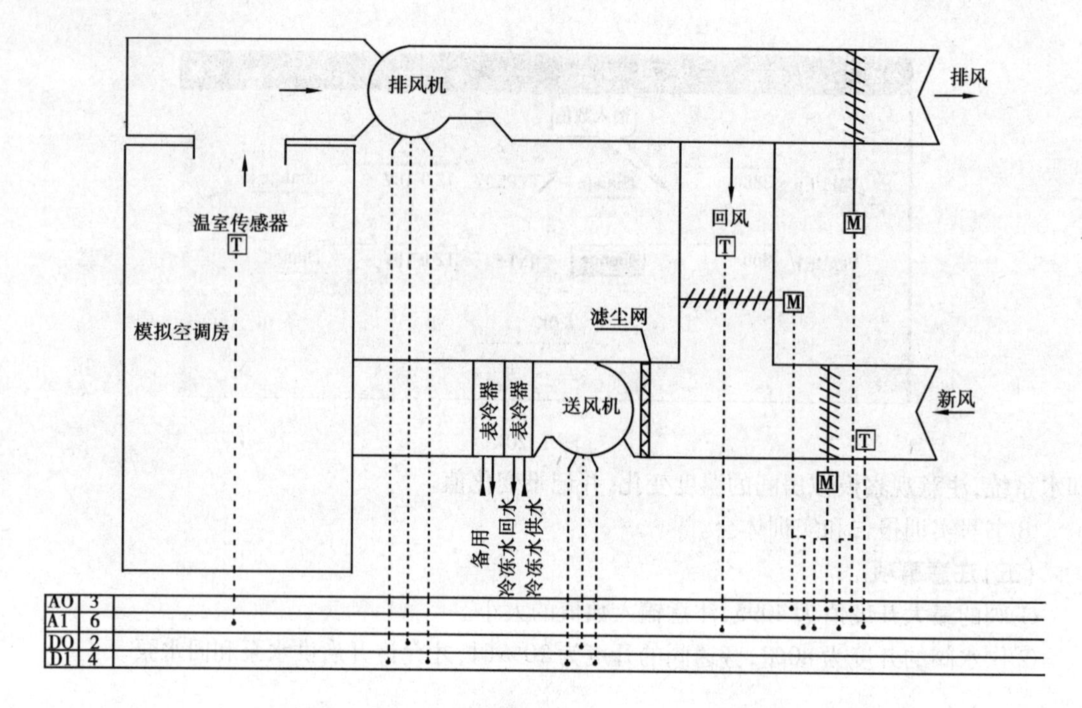

图 1.21

名 称	topic	变量名
冷冻水供水泵手自动状态	DI1605	DI1605_1
冷冻水供水泵启停控制	D01606	D01606_1
冷冻水供水泵运行状态	DI1605	DI1605_2
冷冻水回水泵手自动状态	DI1605	DI1605_3
冷冻水回水泵启停控制	D01606	D01606_2
冷冻水回水泵运行状态	DI1605	DI1605_4
冷却水供水泵手自动状态	DI1605	DI1605_5
冷却水供水泵启停控制	D01606	D01606_3
冷却水供水泵运行状态	DI1605	DI1605_6
冷却水回水泵手自动状态	DI1605	DI1605_7
冷却水回水泵启停控制	D01606	D01606_4
冷却水回水泵运行状态	DI1605	DI1605_8

点位名称　　DDC名称　　DDC端子号

图 1.22

实训7 组态软件设计实训

(一)实训目的

①了解 IOServer 与组态王的数据交换。

②熟悉工业组态的控制流程。

③熟悉空调控制方法。

(二)实训要求

课前系统总结实训一到实训六的全部内容,熟悉控制接线图纸,熟悉设备控制点表和 DDC 设置说明。

(三)实训仪器

监控电脑。

(四)实训步骤

①启动 IOServer,如图 1.23 所示。

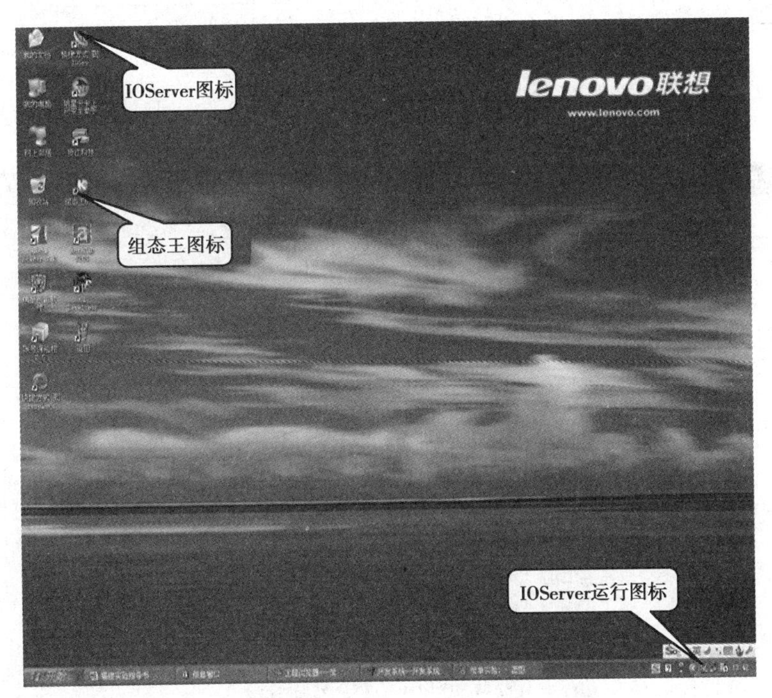

图 1.23

②双击运行图标,出现如图 1.24 所示画面。

③选择"System"菜单,打开"port & Topic setting"选项,出现如图 1.25 界面。

④输入设备名称、类型、地址,添加 DDC 设备。设备地址由设备的拨码开关决定,注意地址的匹配,添加完成后文本框中出现所添加的设备。

⑤退出 IOServer,重新启动,如果通信正常,出现如图 1.26 所示的界面。

注意:如果有"X"表示通信不正常,检查硬件和软件的地址、波特率的匹配。

⑥双击桌面组态王图标,启动组态王 6.52,如图 1.27 所示。

图 1.24

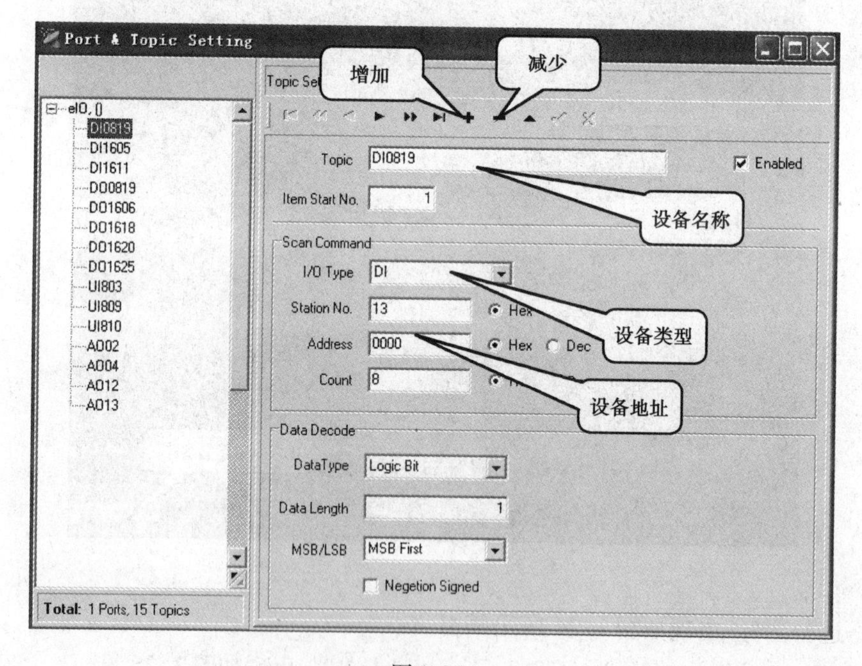

图 1.25

⑦新建一个工程,并建立“简单实训”的界面,然后建立 DDE 设备,如图 1.28 所示。

⑧单击“下一步”按钮,继续添加 DDE 设备,如图 1.29 所示。

⑨继续单击“下一步”按钮,如图 1.30 所示。

⑩在图 1.30 所示界面中,输入服务程序名“IOSrv”,话题名为“DI1605”(与第 3 步建立的设备名称对应),单击“下一步”按钮完成设定。

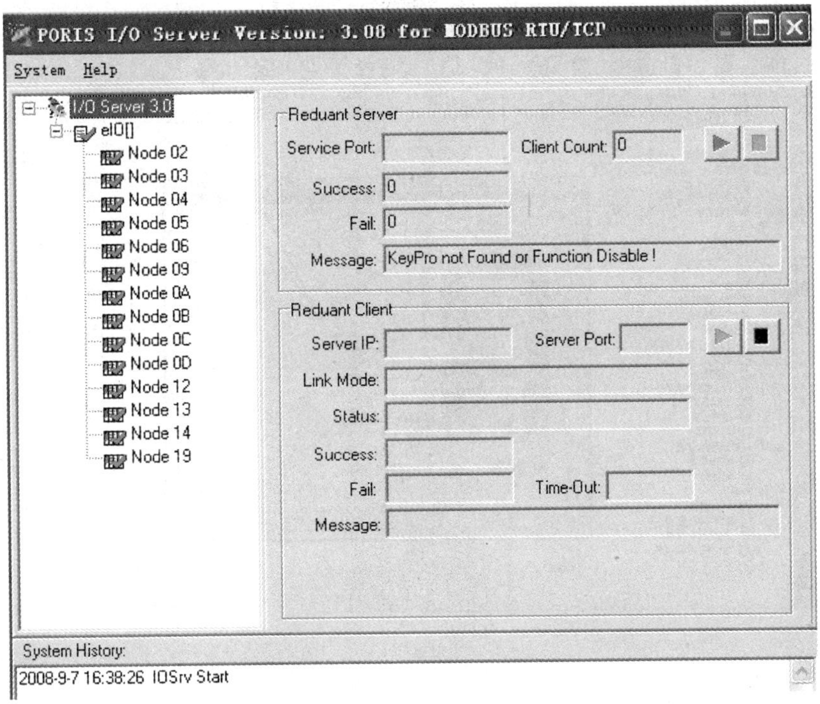

PORIS I/O Server Version: 3.08 for MODBUS RTU/TCP

System Help

I/O Server 3.0
eIO[]
Node 02
Node 03
Node 04
Node 05
Node 06
Node 09
Node 0A
Node 0B
Node 0C
Node 0D
Node 12
Node 13
Node 14
Node 19

Reduant Server
Service Port:
Client Count: 0
Success: 0
Fail: 0
Message: KeyPro not Found or Function Disable !

Reduant Client
Server IP:
Server Port:
Link Mode:
Status:
Success:
Fail:
Time-Out:
Message:

System History:
2008-9-7 16:38:26 IOSrv Start

图 1.26

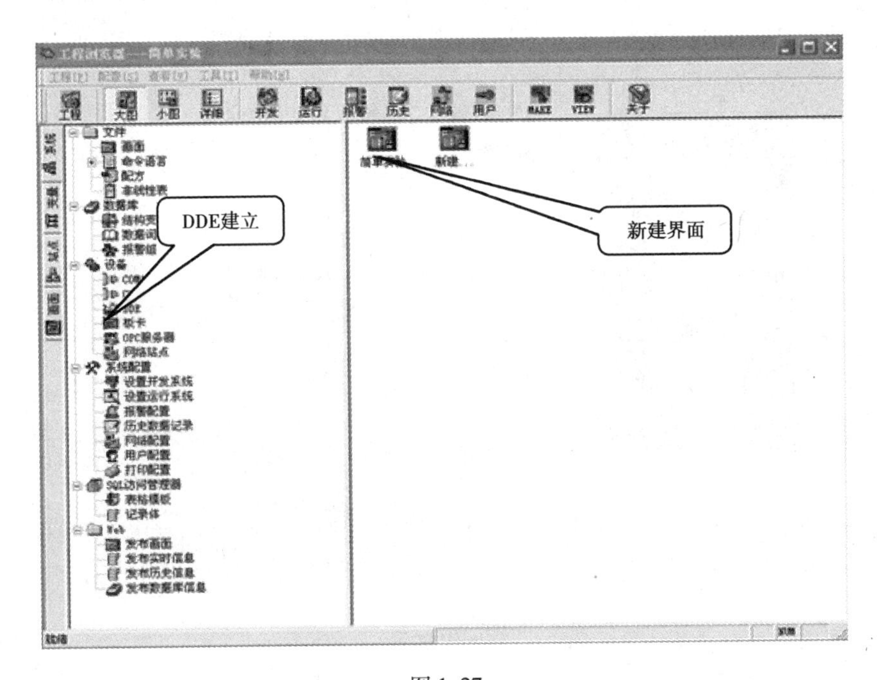

图 1.27

⑪将其余的设备按上述步骤依次添加完成。

⑫按图 1.31 所示，增加数据变量。

⑬在左边的项目树中双击“数据词典”，出现如图 1.32 所示的界面。

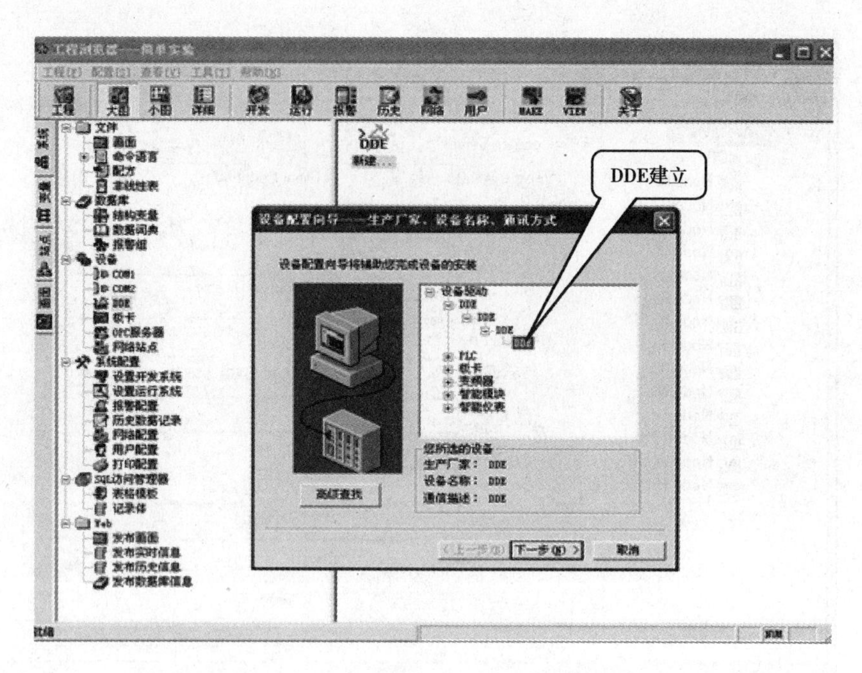

图 1.28

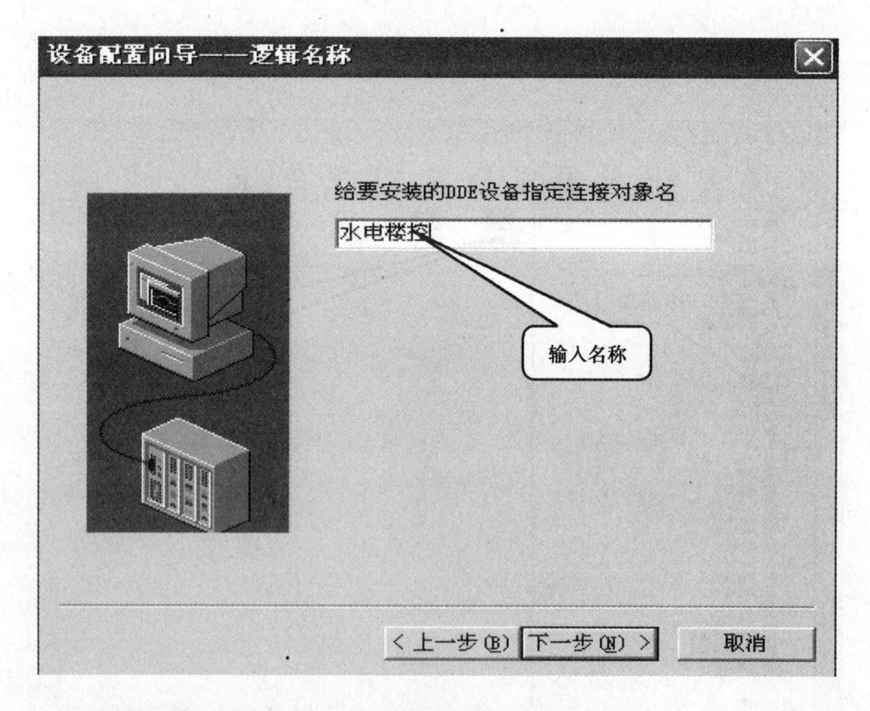

图 1.29

⑭打开画面“简单实训”,然后做一圆形信号,如图 1.33 所示。

⑮给信号指示灯添加动画,如图 1.34 所示。

⑯选择“文件”→“全部保存”菜单项,然后执行“切换到 VIEW”命令,如图 1.35 所示运行界面。

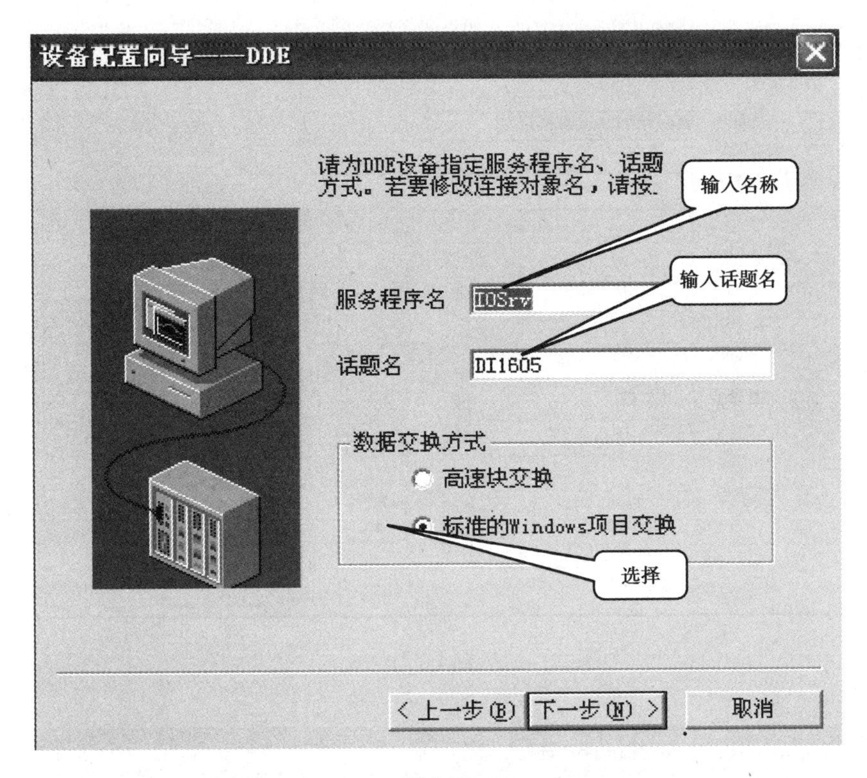

图 1.30

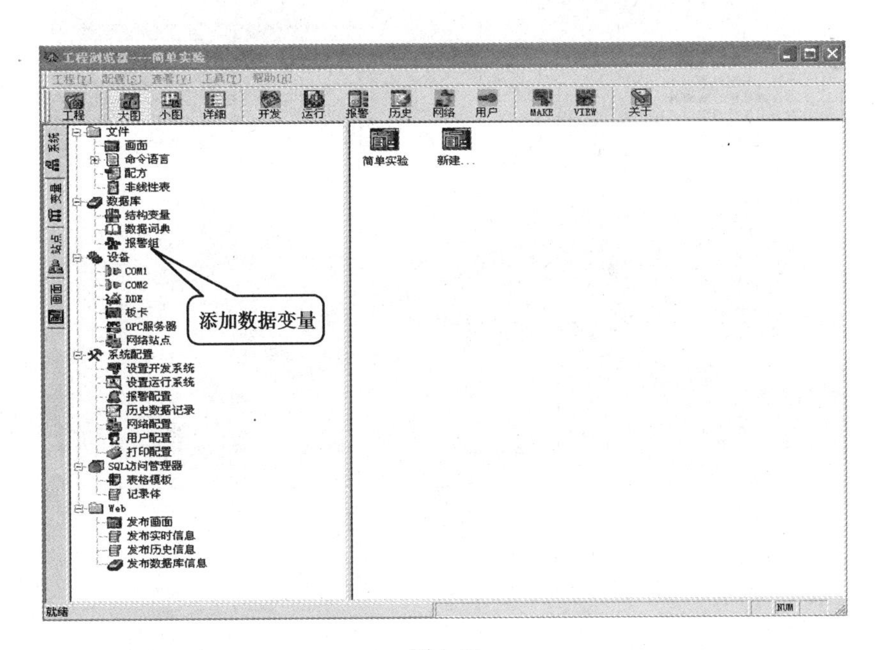

图 1.31

⑰将冷却水供水泵的手自动旋钮旋转到自动状态，界面红灯开始闪烁，实训结束。

⑱书写实训报告和实训总结。

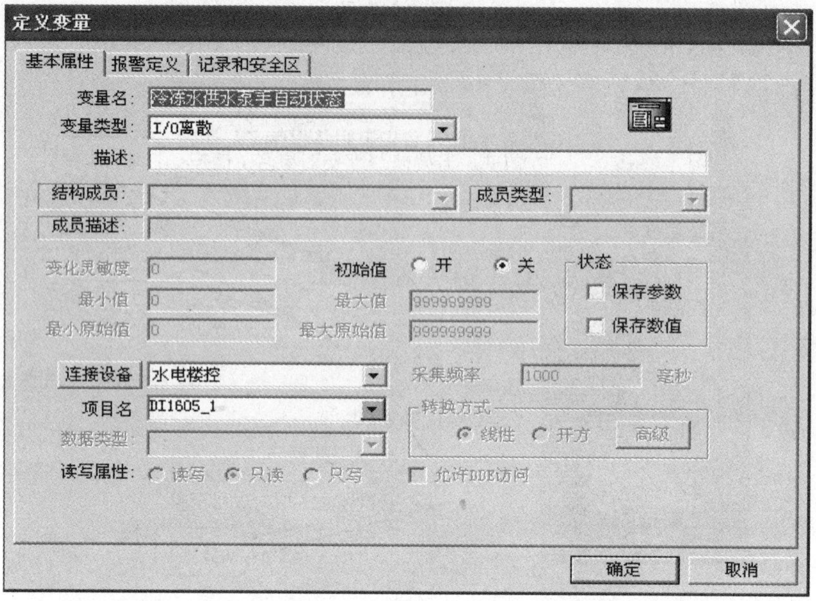

定义变量

基本属性 | 报警定义 | 记录和安全区

变量名: 冷冻水供水泵手自动状态

变量类型: I/O离散

描述:

结构成员: 成员类型:

成员描述:

变化灵敏度 0 初始值 ○开 ◉关 状态

最小值 0 最大值 999999999 □保存参数

最小原始值 0 最大原始值 999999999 □保存数值

连接设备 水电楼控 采集频率 1000 毫秒

项目名 DI1605_1 转换方式

数据类型: ◉线性 ○开方 高级

读写属性: ○读写 ◉只读 ○只写 □允许DDE访问

确定 取消

图 1.32

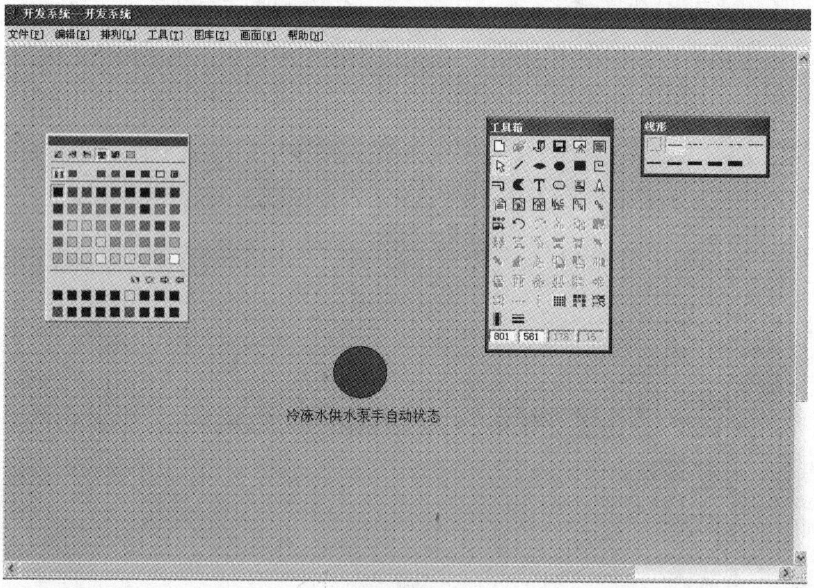

开发系统--开发系统

文件[F] 编辑[E] 排列[L] 工具[T] 图库[Z] 画面[W] 帮助[H]

工具箱

线形

冷冻水供水泵手自动状态

图 1.33

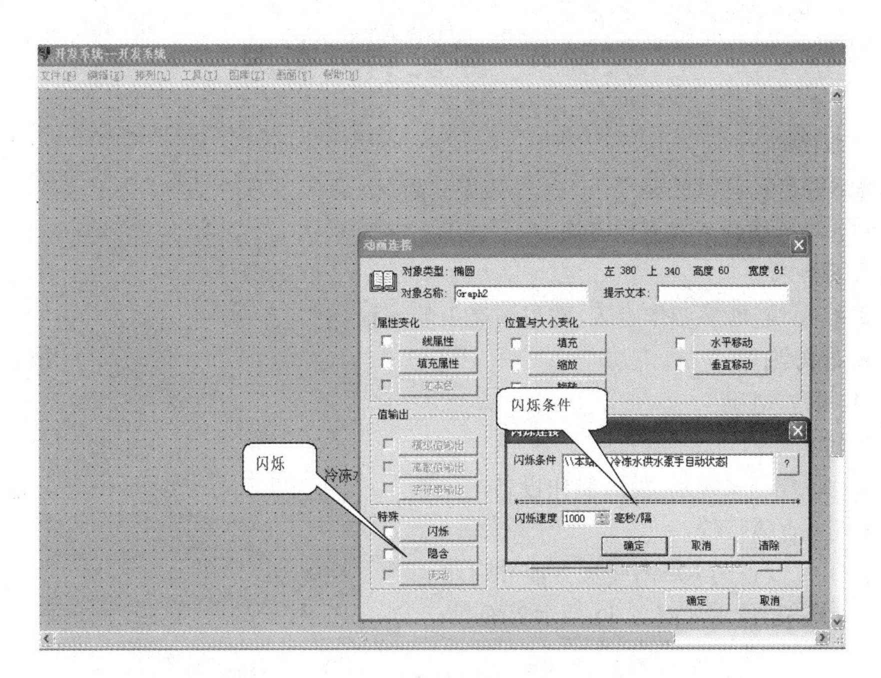

图1.34

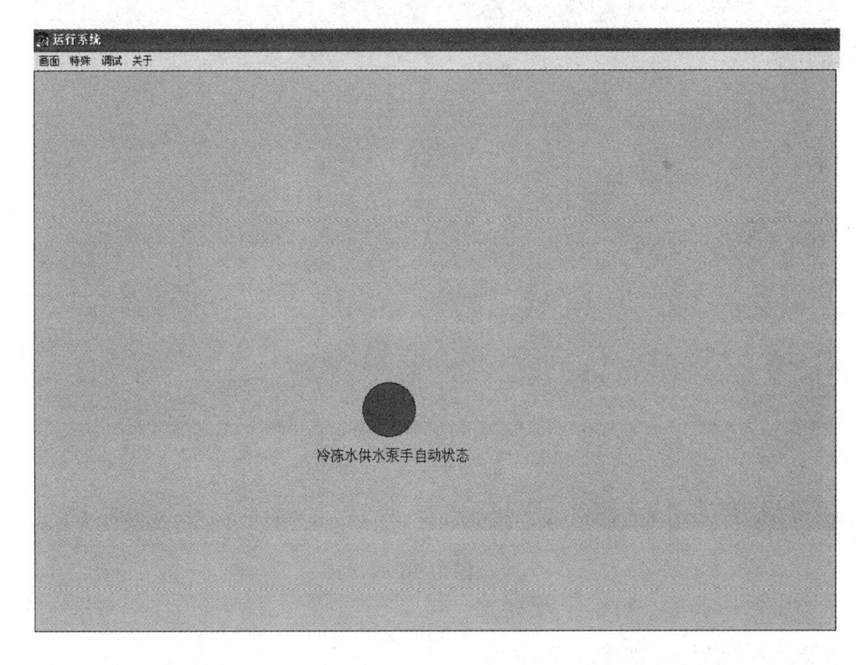

图1.35

(五)注意事项

①在IOServer中的topic名称一定要与组态王DDE话题名称一致。

②每一个设备模块对应一个DDE名称。

③对于特殊的DIO模块,即Eio_DIO_16,模块分成两个定义。一个定义为DI0819,address为0;另一个定义为DO0819,address为16。

实训 8　系统调试实训

(一)实训目的

①了解空调自动调节的原理。

②掌握空调自动调节的实现方法。

(二)实训要求

熟悉 DDC 模块,能够制作点表,熟悉组态王的编程。

(三)实训仪器

空调、控制台、电脑。

(四)实训步骤

①画出设备控制系统示意图,制作设备的点表。

②按照设备点表接线。

③建立 DDC 设备的 IOServer 服务器并启动。

④打开组态王,建立如图 1.36 所示界面。

图 1.36

⑤建立空调风系统界面,如图 1.37 所示。

⑥建立空调水系统界面,如图 1.38 所示。

⑦建立照明系统界面,如图 1.39 所示。

⑧建立机电设备控制界面,如图 1.40 所示。

⑨建立好以上界面后,给相应的设备添加控制变量,可参考实训七或其他实训例程,对应将程序写入,全部保存后切换到运行状态。

⑩打开空调风系统,启动空调,输入设定的温度,要比室内温度小 5°,系统转入“制冷”

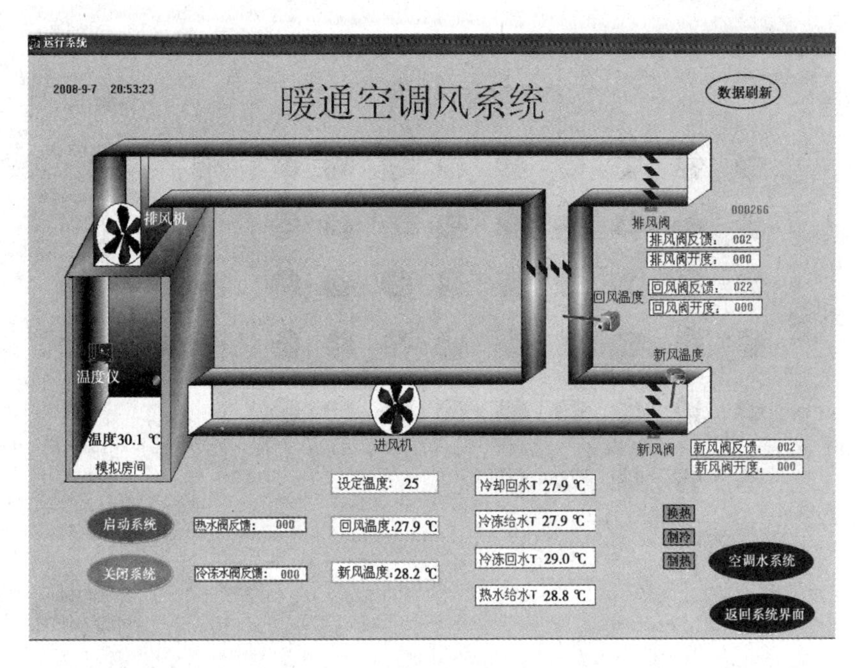

图 1.37

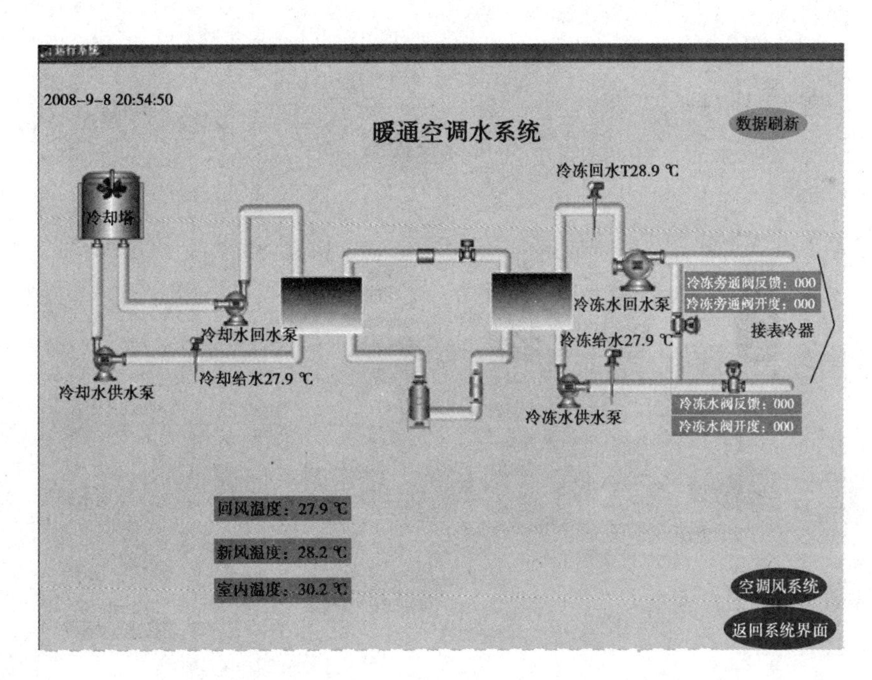

图 1.38

状态。

⑪设定的温度和室内温度相同时，空调自动转入“换风”状态。

⑫注意观察各个阀和泵的切换动作，并做好记录。

⑬灯光管理操作，使用鼠标单击照明系统的灯控按钮，对比室内外的灯光照度，并作记录。

⑭书写实训报告和实训总结。

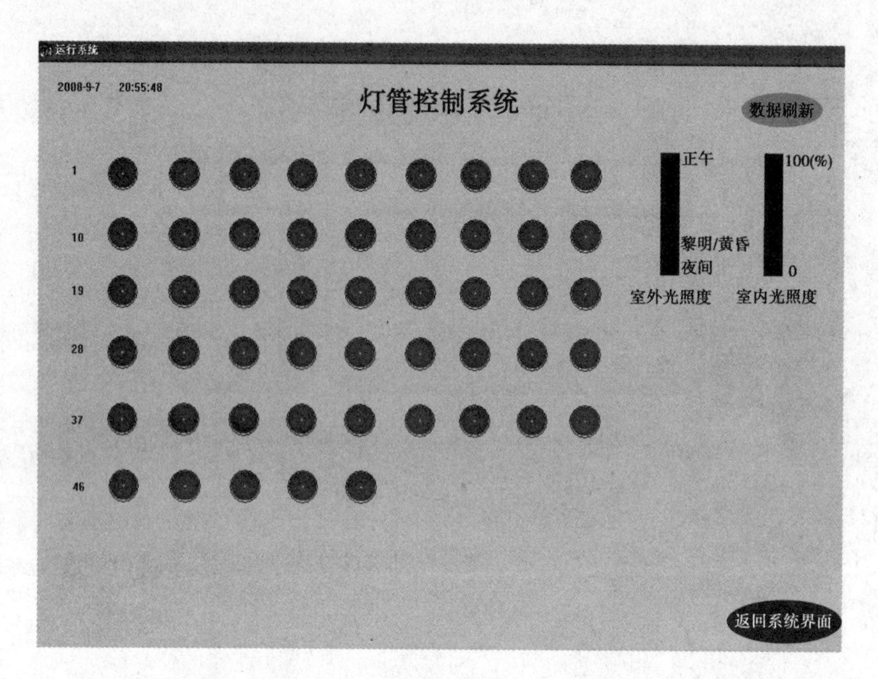
运行系统
2008-9-7 20:55:48
灯管控制系统
数据刷新
1
10
19
28
37
46
正午
黎明/黄昏
夜间
100(%)
0
室外光照度
室内光照度
返回系统界面

图 1.39

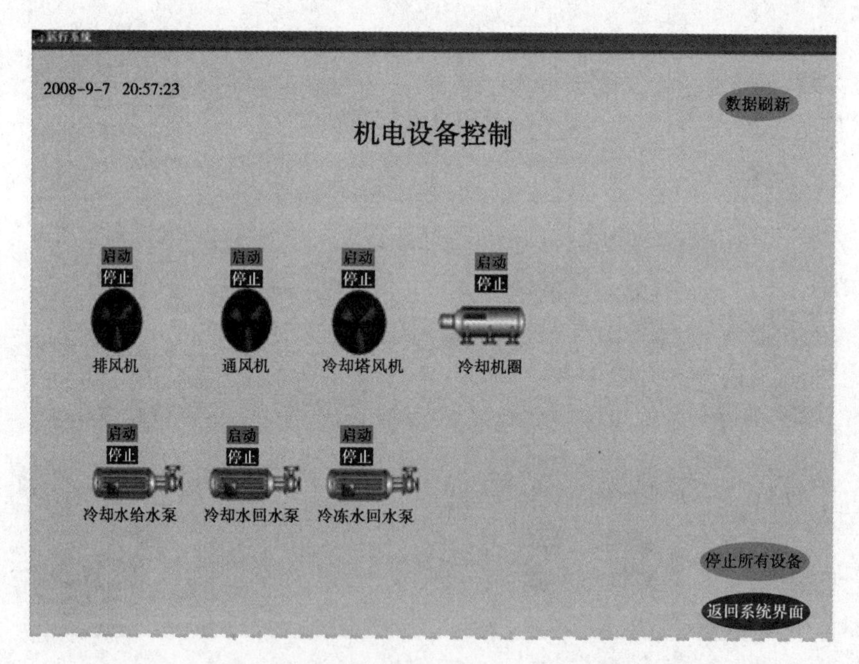
运行系统
2008-9-7 20:57:23
数据刷新
机电设备控制
启动
停止
启动
停止
启动
停止
启动
停止
排风机
通风机
冷却塔风机
冷却机圈
启动
停止
启动
停止
启动
停止
冷却水给水泵
冷却水回水泵
冷冻水回水泵
停止所有设备
返回系统界面

图 1.40

(五)注意事项

①水阀打开到一定的程度才能够启动水泵,一般供水阀开度为80时才允许启动水泵。

②进入控制状态时,手自动旋钮一定要旋转到自动状态。

1.5 供配电监控系统实训设计

建筑物中,供配电系统都有相对完善、符合电力行业要求的测量仪表和保护装置,因此在智能建筑中,供配电监控系统的主要任务不是对供配电设备的控制,而是对供配电系统的有关参数的监视、测量。按照智能建筑设计标准,供配电监视系统应具备以下功能:

①主电路电流及电压值显示。

②有功功率、无功功率、功率因素测量。

③频率监视。

综上所述,供配电监测系统的主要组成设备、元件包括:互感器、三相电流表、三相电压表、电压转换、三相总开关、三相分开关、电流表等。

供配电布置图及原理图如图1.41所示。

(a)

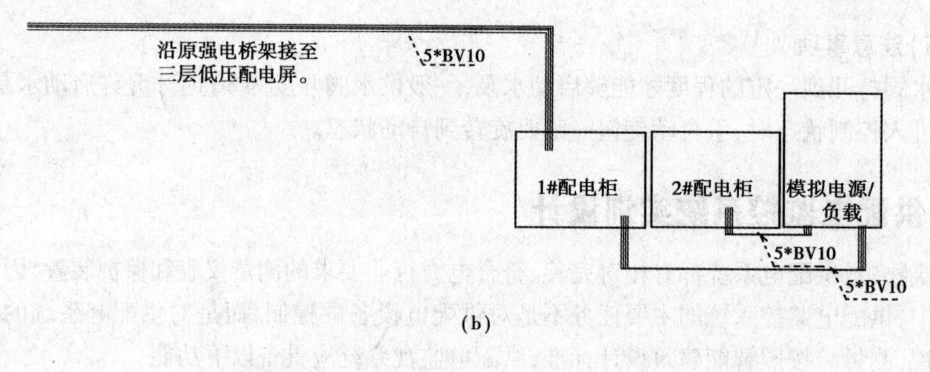

(b)

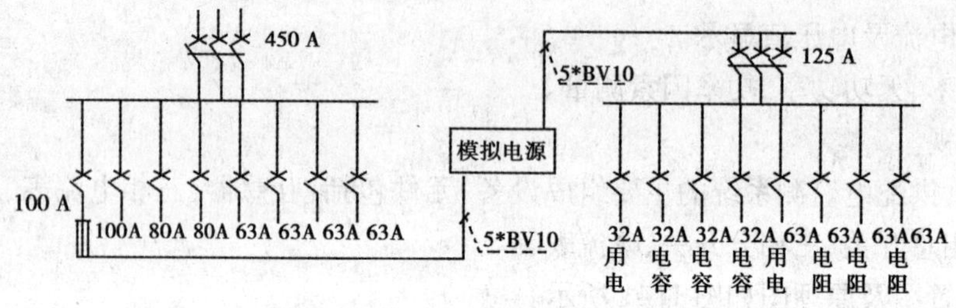

(c)

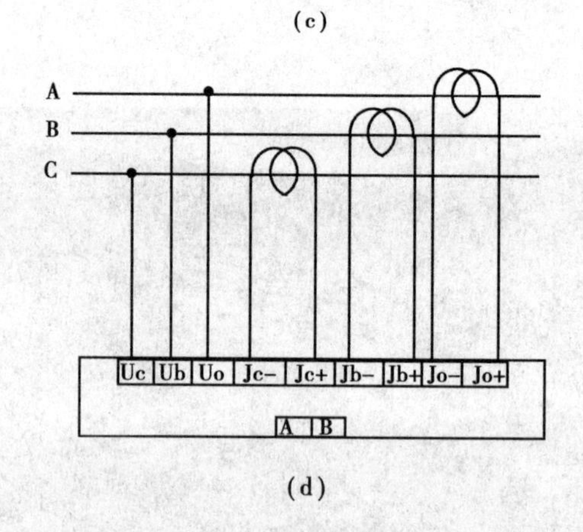

(d)

图 1.41 供配电布置图及原理图

实训 配电监控实训

(一)实训目的

①了解配电监控设备的组成。

②熟悉组态王 COM 通信操作方法。

(二)实训要求

课前预习,熟悉强电控制原理和组态王操作方法。

(三)实训仪器

配电设备。

(四)实训步骤

①打开组态王,新建一工程,如图 1.42 所示。

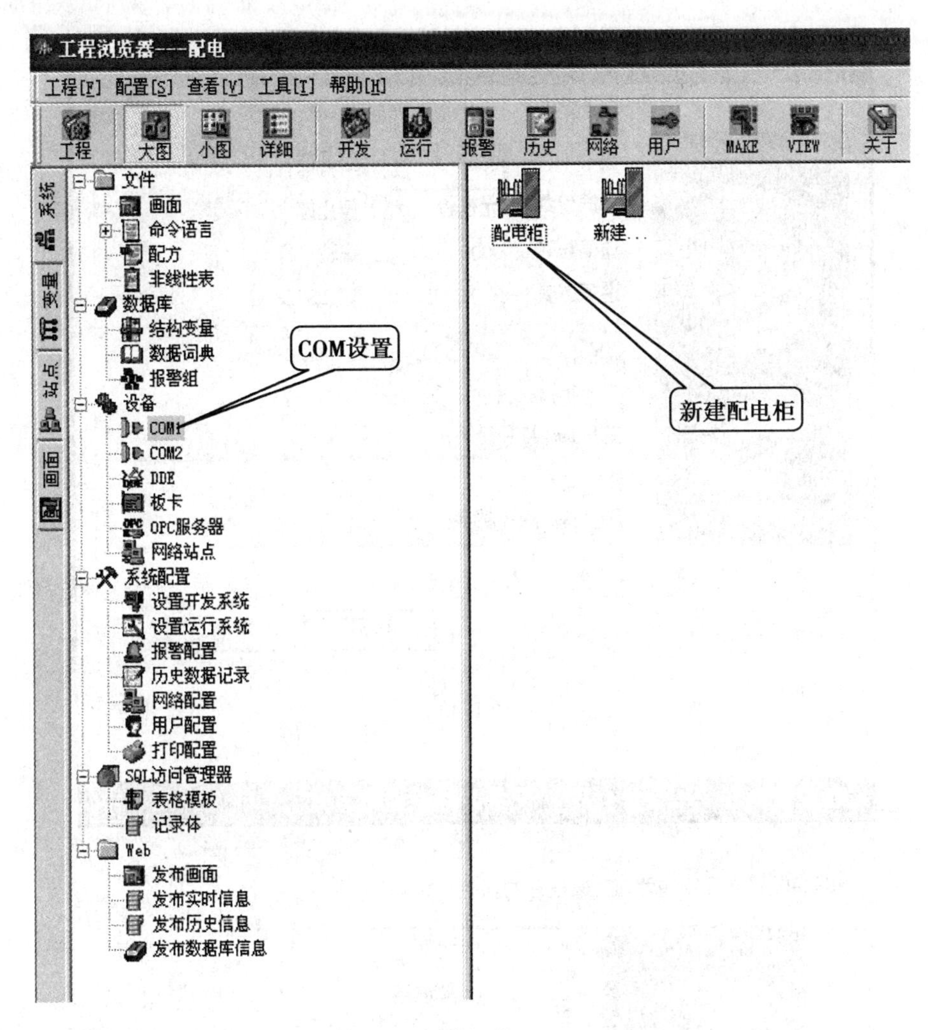

图 1.42

②在“COM 设备上单击右键”,设置 COM 通信参数,如图 1.43 所示。

③建立 COM 通信设备,如图 1.44 所示。

④单击“下一步”按钮,输入新的设备名称“配电柜”,如图 1.45 所示。

⑤继续执行“下一步”操作,设置通信端口,如图 1.46 所示。

⑥单击“下一步”按钮,输入设备地址“1”,如图 1.47 所示。

⑦单击“下一步”,完成设备添加,如图 1.48 所示。

⑧单击“完成”按钮,整个设备添加完成,如图 1.49 所示

⑨执行“数据词典”,添加数据变量,如图 1.50 所示。

⑩按表 1.1 相继添加数据变量。

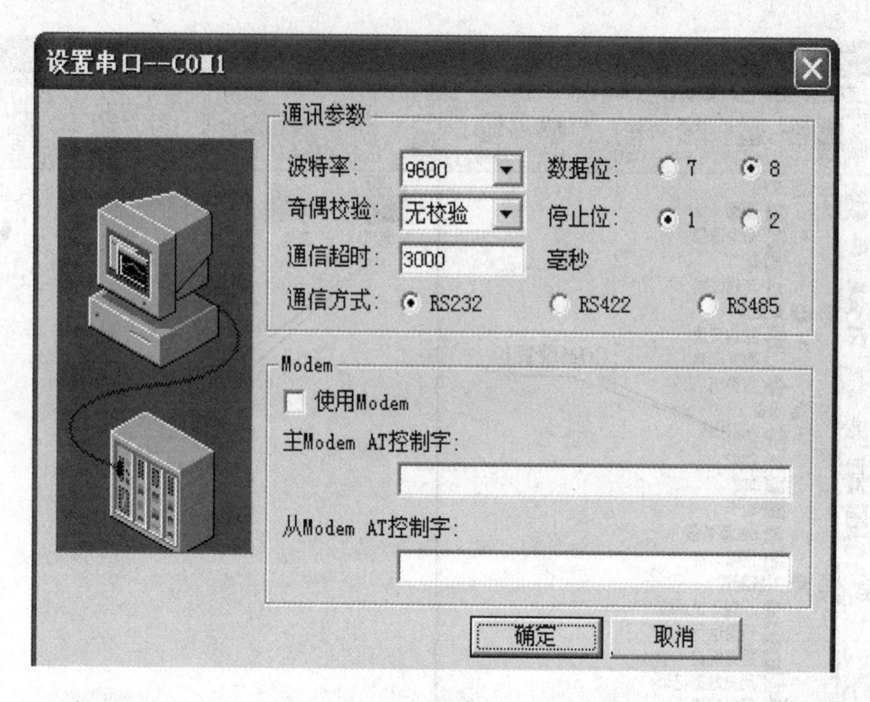
设置串口--COM1
通讯参数
波特率: 9600
数据位: 7 8
奇偶校验: 无校验
停止位: 1 2
通信超时: 3000 毫秒
通信方式: RS232 RS422 RS485
Modem
使用Modem
主Modem AT控制字:
从Modem AT控制字:
确定
取消

图 1.43

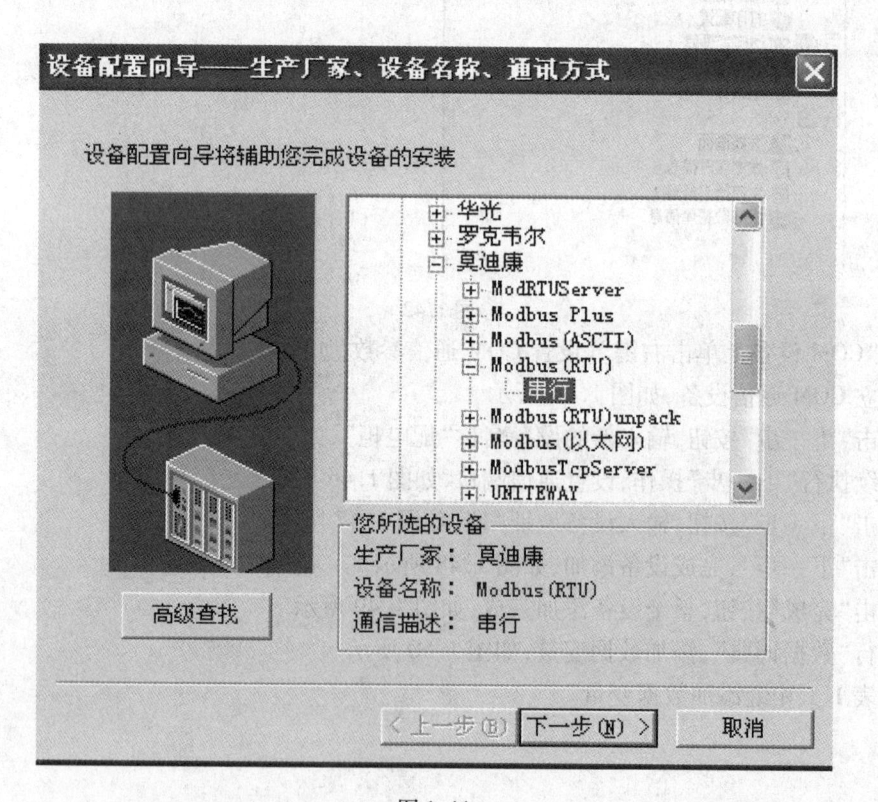
设备配置向导——生产厂家、设备名称、通讯方式
设备配置向导将辅助您完成设备的安装
华光
罗克韦尔
莫迪康
ModRTUServer
Modbus Plus
Modbus (ASCII)
Modbus (RTU)
串行
Modbus (RTU)unpack
Modbus (以太网)
ModbusTcpServer
UNITEWAY
您所选的设备
生产厂家： 莫迪康
设备名称： Modbus (RTU)
通信描述： 串行
高级查找
< 上一步(B)
下一步(N) >
取消

图 1.44

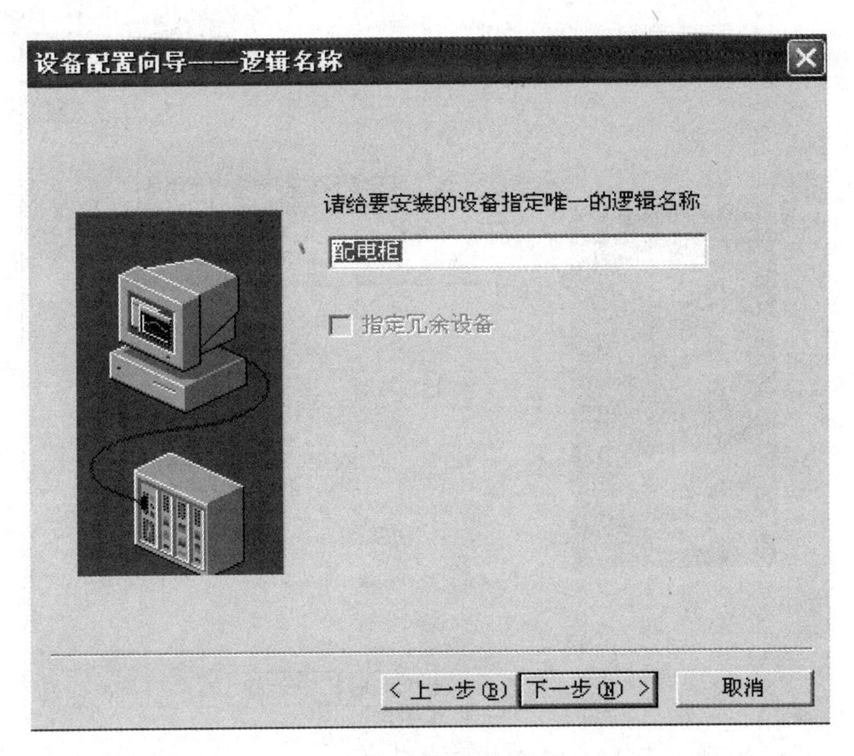
设备配置向导——逻辑名称
请给要安装的设备指定唯一的逻辑名称
配电柜
指定冗余设备
< 上一步(B)
下一步(N) >
取消

图 1.45

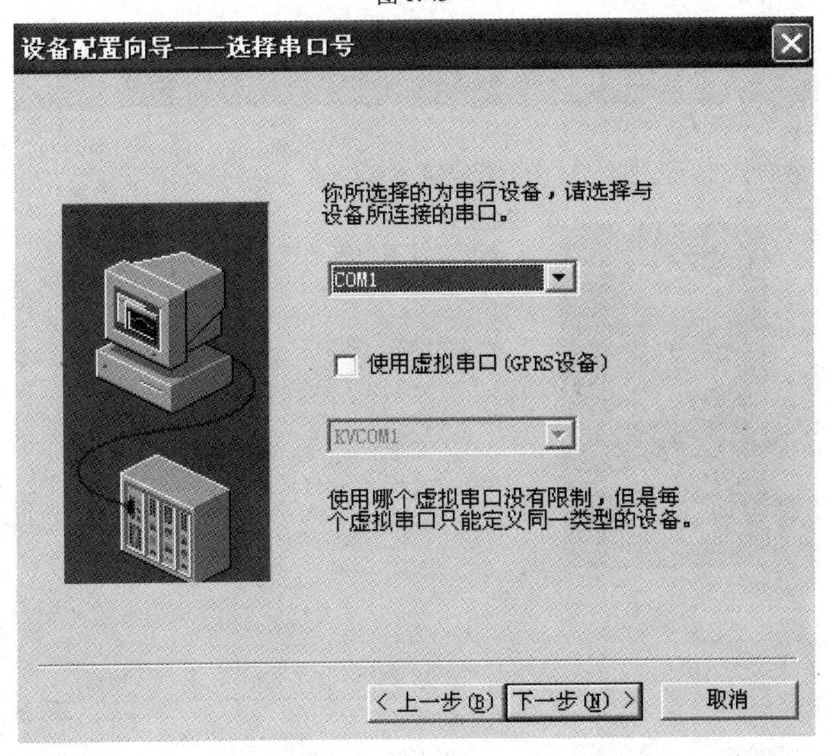
设备配置向导——选择串口号
你所选择的为串行设备，请选择与设备所连接的串口。
COM1
使用虚拟串口(GPRS设备)
KVCOM1
使用哪个虚拟串口没有限制，但是每个虚拟串口只能定义同一类型的设备。
< 上一步(B)
下一步(N) >
取消

图 1.46

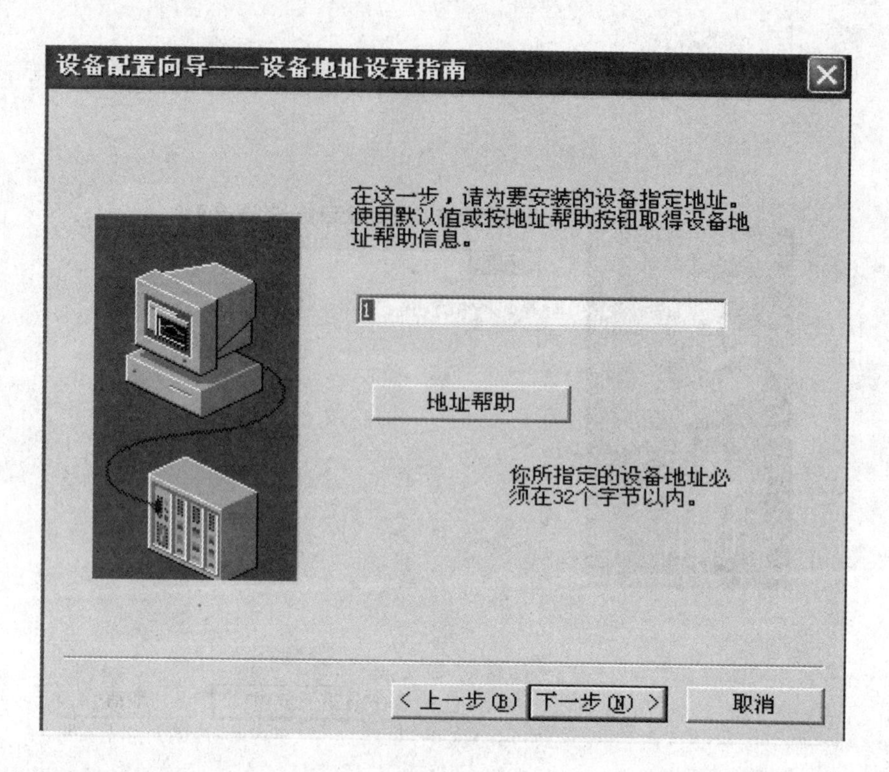
设备配置向导——设备地址设置指南
在这一步，请为要安装的设备指定地址。使用默认值或按地址帮助按钮取得设备地址帮助信息。
1
地址帮助
你所指定的设备地址必须在32个字节以内。
< 上一步(B)
下一步(N) >
取消

图 1.47

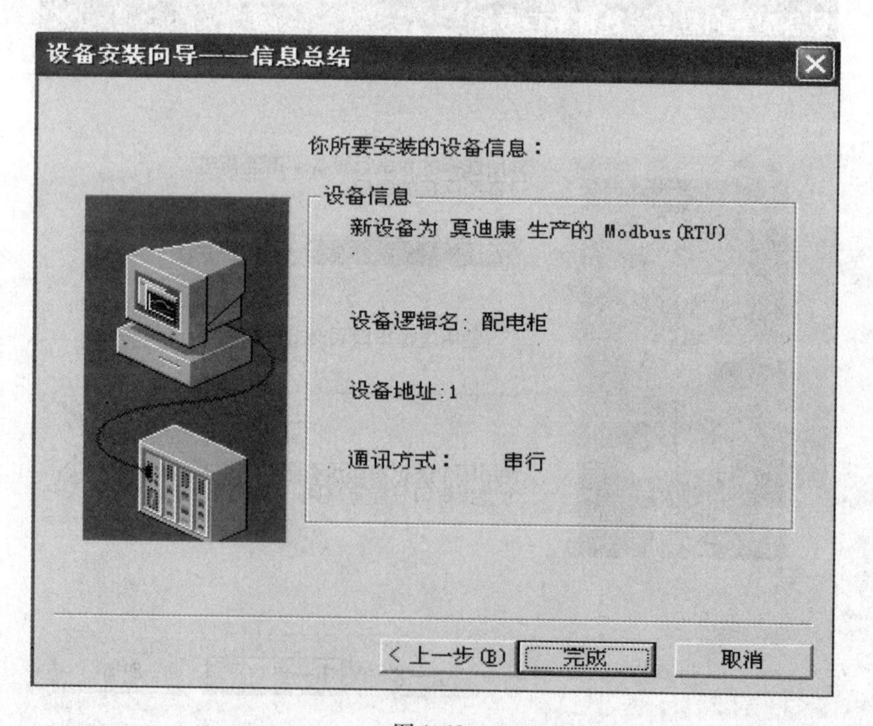
设备安装向导——信息总结
你所要安装的设备信息：
设备信息
新设备为 莫迪康 生产的 Modbus(RTU)
设备逻辑名：配电柜
设备地址：1
通讯方式： 串行
< 上一步(B)
完成
取消

图 1.48

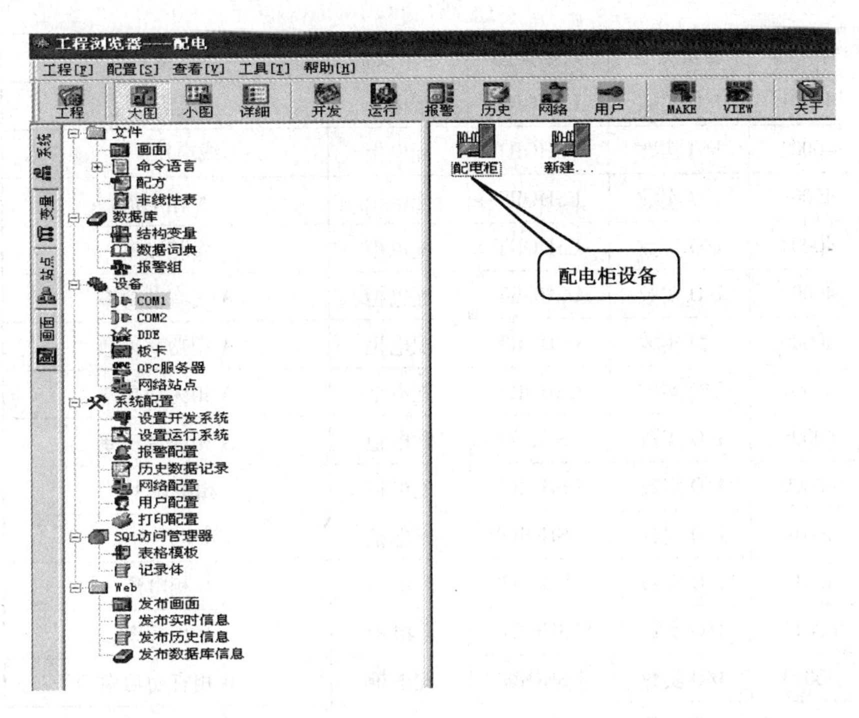

图1.49

定义变量

基本属性 | 报警定义 | 记录和安全区

变量名：相电压Ua

变量类型：I/O实数

描述：

结构成员： 成员类型：

成员描述：

变化灵敏度 0 初始值 0.000000 状态

最小值 0 最大值 1000000000 保存参数

最小原始值 0 最大原始值 1000000000 保存数值

连接设备 配电柜 采集频率 1000 毫秒

寄存器 40001 转换方式

数据类型：USHORT 线性 开方 高级

读写属性：读写 只读 只写 允许DDE访问

确定 取消

图1.50

表 1.1

寄存器	变量类型	数据类型	连接设备	变量名
40001	I/O 实数	USHORT	配电柜	相电压 U_A
40002	I/O 实数	USHORT	配电柜	线电压 U_{CA}
40003	I/O 实数	USHORT	配电柜	A 相电流
40004	I/O 实数	USHORT	配电柜	A 相频率
40005	I/O 实数	USHORT	配电柜	A 相有功功率
40006	I/O 实数	USHORT	配电柜	A 相功率因数
40007	I/O 实数	USHORT	配电柜	A 相无功功率
40008	I/O 实数	USHORT	配电柜	A 相视在功率
40009	I/O 实数	USHORT	配电柜	相电压 U_B
40010	I/O 实数	USHORT	配电柜	线电压 U_{AB}
40011	I/O 实数	USHORT	配电柜	B 相电流
40012	I/O 实数	USHORT	配电柜	B 相频率
40013	I/O 实数	USHORT	配电柜	B 相有功功率
40014	I/O 实数	USHORT	配电柜	B 相功率因数
40015	I/O 实数	USHORT	配电柜	B 相无功功率
40016	I/O 实数	USHORT	配电柜	B 相视在功率
40017	I/O 实数	USHORT	配电柜	相电压 U_C
40018	I/O 实数	USHORT	配电柜	线电压 U_{BC}
40019	I/O 实数	USHORT	配电柜	C 相电流
40020	I/O 实数	USHORT	配电柜	C 相频率
40021	I/O 实数	USHORT	配电柜	C 相有功功率
40022	I/O 实数	USHORT	配电柜	C 相功率因数
40023	I/O 实数	USHORT	配电柜	C 相无功功率
40024	I/O 实数	USHORT	配电柜	C 相视在功率
40025	I/O 实数	USHORT	配电柜	零序电流
40026	I/O 实数	USHORT	配电柜	三相平均相电压
40027	I/O 实数	USHORT	配电柜	三相平均相电路
40028	I/O 实数	USHORT	配电柜	频率
40029	I/O 实数	USHORT	配电柜	三相有功功率
40030	I/O 实数	USHORT	配电柜	三相总功率因数
40031	I/O 实数	USHORT	配电柜	三相无功功率
40032	I/O 实数	USHORT	配电柜	三相视在功率

⑪在组态王中建立工程界面,如图1.51所示,添加相应的变量。

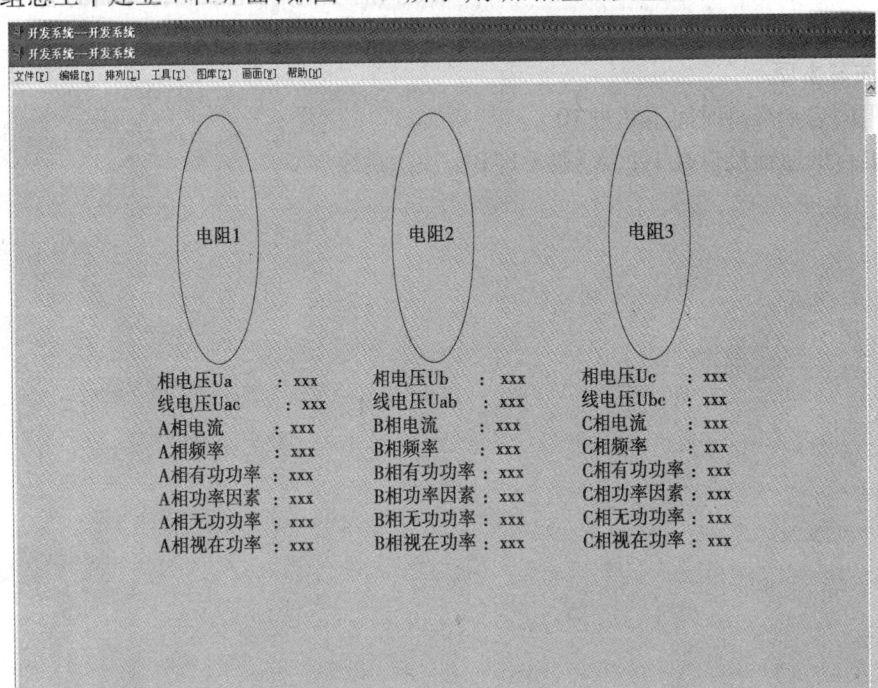

图1.51

⑫将实训台1-1和1-10使用跳线短接,2-1和2-10相短接,执行"切换到VIEW"命令,进入运行状态,如图1.52所示。

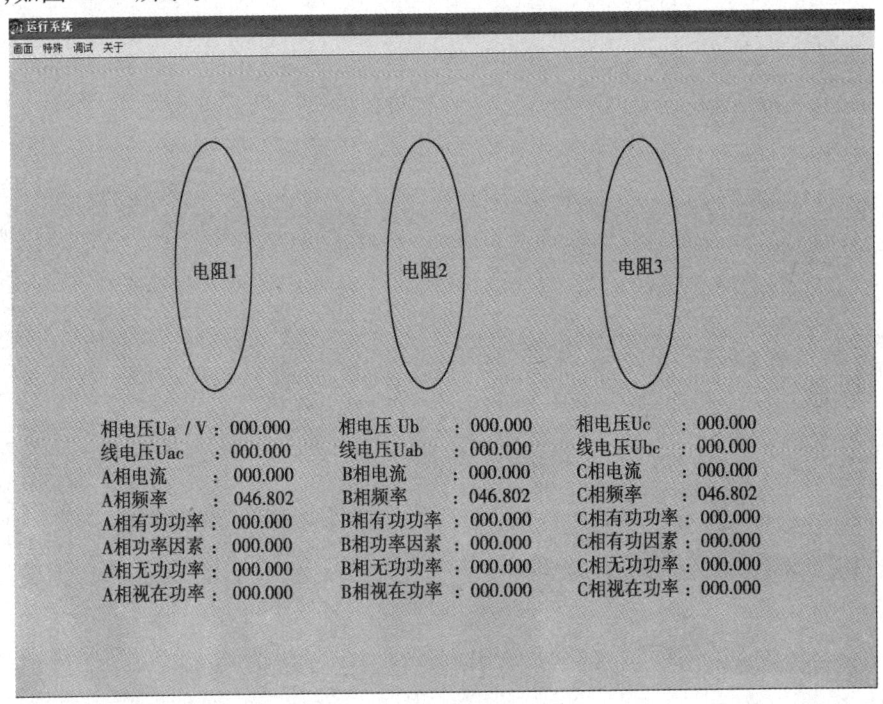

图1.52

⑬手动将控制箱 3 的电阻旋钮旋置“手动”状态，启动电阻，记录运行界面的运行数据。

⑭编写报告。

（五）注意事项

①电阻的启动维持时间不超过 10 s。

②实训台的通信接口是 1-1（A）和 2-1（B），注意跳线。

项目 2　综合布线系统实训

2.1　综合布线系统概述

综合布线系统(Premises Distributed System,PDS)是一种集成化通用传输系统,在楼宇和园区范围内利用双绞线或光缆来传输信息,可以连接电话、计算机、会议电视和监视电视等设备的结构化信息传输系统。

综合布线系统的对象是建筑物或楼宇内的传输网络,以使话音和数据通信设备、交换设备和其他信息管理系统彼此相连,并使这些设备与外部通信网络连接。它包含建筑物内部和外部线路(网络线路、电话局线路)间的民用电缆及相关的设备连接措施。布线系统是由许多部件组成的,主要有传输介质、线路管理硬件、连接器、插座、插头、适配器、传输电子线路、电气保护设施等,且由这些部件构造各种子系统。

综合布线系统使用标准的双绞线和光纤,支持高速率的数据传输。这种系统使用物理分层星型拓扑结构,采用积木式、模块化设计,遵循统一标准,使系统的集中管理成为可能,也使每个信息点的故障、改动或增删不影响其他的信息点,使安装、维护、升级和扩展都非常方便并节省费用。

综合布线系统是智能建筑通信自动化系统的重要组成部分,是建筑物实现内部通信与外部通信的信息通路,是数据、信号交换与处理的重要环节。建筑物内部与外部各信息(语音信息、数据信息、视频信息)使用单位,不管是建筑物与其他建筑物之间,还是建筑物内部的信息交流、交换,均通过综合布线与计算机网络来实现。

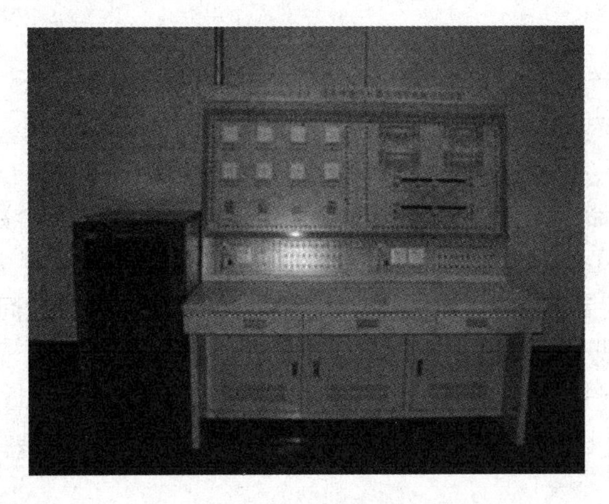

图 2.1　综合布线系统实训台效果图

"ST-2000B-PDSⅡ型综合布线与计算机网络系统实训装置"是依据目前我国建筑电气、楼宇自动化专业的实训内容精心设计的综合实训装置。本实训装置可全面反映综合布线的六个子系统,并通过计算机网络系统实现与外部的信息交换。通过实训装置可完成综合布线与计算机网络的全部现场施工工作。考虑到综合布线系统的特点,实训装置在设计时尽可能地减少了实训装置的损耗,并可有效提高学生的动手能力。实训台效果图如图 2.1 所示。

2.2 综合布线设备组成及具体架构

在配置设备清单之前,必须了解怎样配置和设备个数的算法,下面先介绍一下材料的算法。

2.2.1 材料清算方法

(1)工作区子系统

①模块的数量 = 数据点合计 + 语音点合计。

②双孔面板数量 = 模块的数量/2。如果选用单孔面板,则单孔面板 = 模块数量。

③防尘盖的数量 = 模块的数量。

④跳线的数量 = 模块的数量(跳线长度根据需要而定,≤5 m)。

(2)水平子系统

①水平线平均长度 =(最近点 + 最远点)/2 + 余量(楼高 ×2 + 两端各留 2 m)。

②总水平线缆长度 =(数据点 + 语音点)× 水平线平均长度。

③水平线缆箱数 = 总水平线缆长度 ×1.2/305。

(3)主干电缆子系统

①主干一般选用大对数电缆或光纤,建议数据与语音独立分布,数据用光纤或五类大对数电缆,语音用五类或三类大对数电缆。

②长度限制:语音主干采用大对数 UTP <800 m,数据主干采用大对数 UTP <90 m,多模光纤 <2 000 m,单模光纤 <3 000 m。

③主干 UTP 电缆或光纤主干长度 = 中心配线间至各弱电竖井距离之总和(请保留一定的余量)。

(4)管理区子系统

①数据配线架数量 = 数据点合计/24 或 48(余数不足 1 时,加 1)。

②跳线数量 = 数据点合计。

③光纤部分:

a. 单排 6 孔带耦合器安装板(通常用于子配线间)= 子配线间的个数 × 子配线间引入的光纤芯数/6。

b. 双排 12 孔带耦合器安装板(通常用于中心配线间) = 中心配线间光纤芯数/12 。

c. 12/24 孔光纤配线架 = 单排 6 孔带耦合器安装板数量(通常用于子配线间) /2 + 双排 12 孔带耦合器安装板数量(通常用于中心配线间) /2。

d. ST 光纤头 = 单排 6 孔带耦合器安装板数量 + 双排 12 孔带耦合器安装板数量。

④语音部分:

a. 25 对 BIX 连接块数量 = 语音点合计/6 ×2。

b. 250 对 BIX 安装架数量 = BIX 连接块的数量/10。

c. 胶条数量 = BIX 连接块的数量/2。

d. 标签数量 = 胶条的数量/5。

e. 绕线环的数量 = 安装架的数量(现在大部分 SI 不选配此项)。

f. 可选配几条 BIX-BIX/RJ45 跳线,用于工程完工后测试用。

设备清单如表 2.1 所示。

表 2.1 设置清单

序 号	器材名称	型 号	品牌产地	单 位	数 量
系统实训台					
1	双孔信息插座面板	FA3-08XIB	南京普天	套	10
2	单孔信息插座面板	FA3-08XIA	南京普天	套	10
3	模块防尘盖	NJA8.640.015	南京普天	套	30
4	超五类模块	NJA5.566.021	南京普天	个	30
5	50 对配线架	NJA4.830.074	南京普天	个	1
6	超五类 24 位 RJ45 插座	FA3-08XIIB	南京普天	个	1
7	绕线架	NJA4.431.000	南京普天	个	2
8	超五类水平电缆	HSYV5e 4×2×0.5	南京普天	箱	2
9	BIX 跳接板	NJA4.102.177	南京普天	个	4
10	跳线	NJA3.695.134	南京普天	根	50
11	超五类 25 对数据主干电缆	HSYV5 25×2×0.5	南京普天	米	100
12	白色胶条		南京普天	个	5
13	白色标签		南京普天	个	5
14	打线安装工具	XQ401-CII	南京普天	把	5
15	通断测线仪	能手	国产	套	5
16	塑料线槽		国产	米	4
17	普通电话机		国产	台	1
18	实训台电源开关	定做	松大	个	1
19	琴台式实训台	1.8 m×0.8 m×1.65 m	松大	个	1
系统控制中心					
1	BIX 跳接板	NJA4.102.177	南京普天	个	2
2	50 对配线架	NJA4.830.074	南京普天	个	1
3	24 口 BIX 配线架	FA3－08XIIB	南京普天	个	1
4	绕线架	NJA4.431.000	南京普天	个	1
5	交换机	24 口	华为	套	1
6	标准网络机柜	19U	深圳	个	1

2.2.2 综合布线

综合布线一般采用分层星型拓扑结构。在该结构下的每个分支子系统都是相对独立的单元，对每个分支子系统的改动都不影响其他子系统，只要改变结点连接方式就可使综合布线在星形、总线形、环形、树状形等结构之间进行转换。常用拓扑结构如图 2.2 所示。

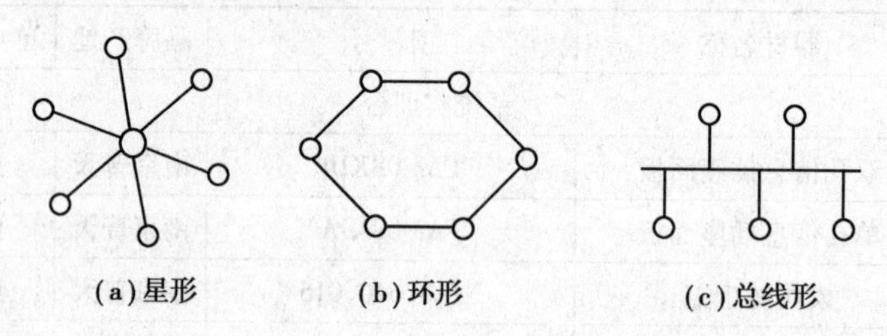

图 2.2

综合布线采用模块化结构进行设计，设计时根据每个模块的作用可把综合布线系统划分成 6 个部分。这 6 个部分可以概括为“一间、二区、三子系统”，即：设备间、工作区、管理区、水平子系统、干线子系统、建筑群干线子系统。

(1)系统示意图

综合布线系统可分为 6 个独立的系统(模块)，如图 2.3 所示。

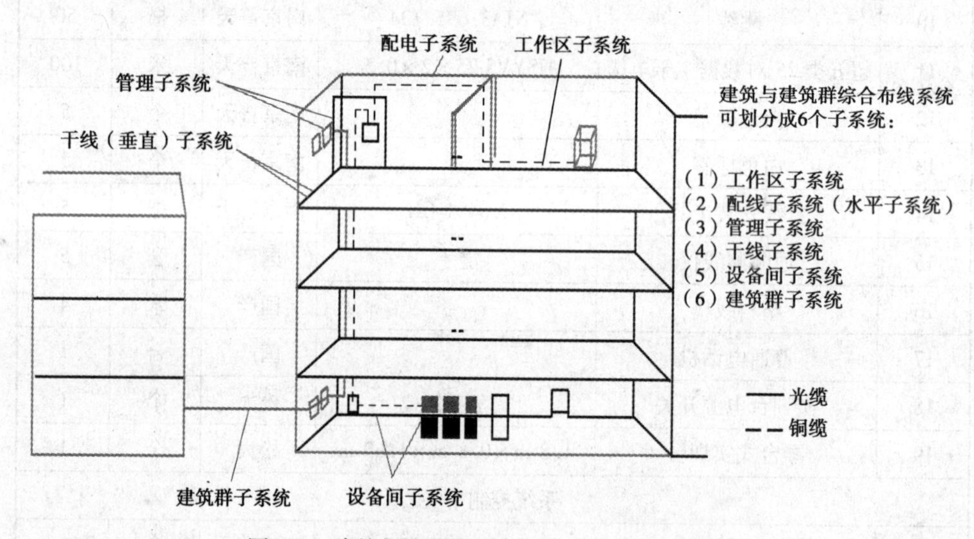

图 2.3　建筑与建筑群综合布线系统结构示意图

(2)系统结构图

系统结构图如图 2.4 所示。

(3)工作区子系统

工作区子系统(Work Area Subsystem)由 RJ45 跳线信息插座与所连接的设备(终端或工作站)组成。工作区子系统中所使用的连接器必须具备国际 ISDN 标准的 8 位接口，这种接口接收楼宇自动化系统所有低压信号以及高速数据网络信息和数码声频信号。工作区子系统设计时要注意如下要点：

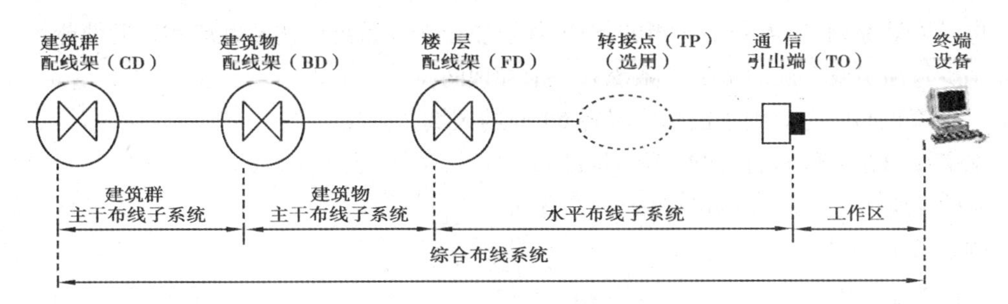

图 2.4 综合布线系统的典型结构

①从 RJ45 插座到设备间连接用双绞线，一般不要超过 5 m。

②RJ45 插座须安装在墙壁上或不易碰到的地方，插座距离地面 30 cm 以上。

③插座和插头（与双绞线）按 568A 或 568B 端接，不要接错线头；在同一个综合布线系统中，不建议 T568A 和 T568B 共用。

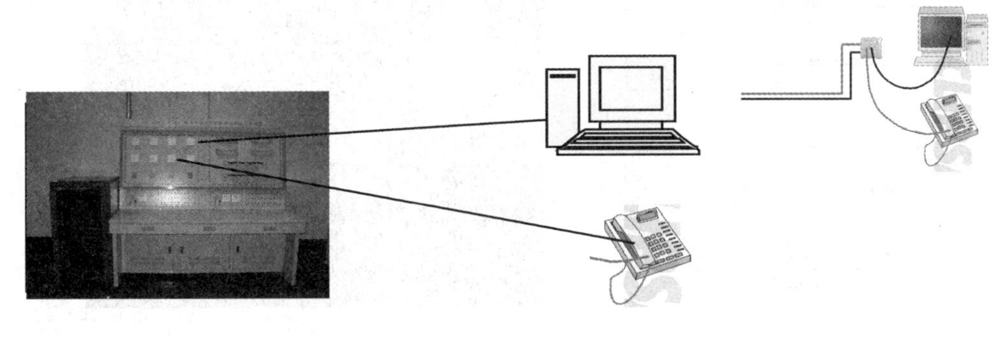

图 2.5

(4)水平子系统

①opology 结构：

a. 采用星形拓扑结构，每个信息点均需连接到管理子系统。

b. 最大水平距离：90 m。

②UTP/FTP 系统：每个信息点的水平系统为一条 4 对双绞线电缆。水平子系统线缆的两端，即楼层配线间和工作区信息插座必须八芯完全端接，不允许线对悬空不接，也不允许信息插座空脚。

③Optic Fiber 系统：每个信息点的水平布线至少为一条两芯的多模光纤。光纤布线系统的两端，即楼层配线间和工作区信息插座必须采用适当的连接方法将光纤进行终接，并端接到耦合器上，不允许光纤悬空不接和不进行耦合。实例图如图 2.6 所示。

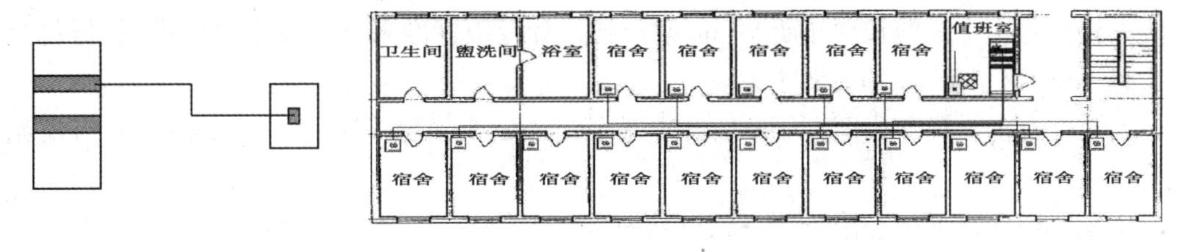

图 2.6

a. 水平布线系统施工是综合布线中工作量最大的工作，在建筑物施工完成后，不易变更。因此要施工严格，保证链路性能。

b. 电缆安装原则:应当采用适当的方法,保证整个布线系统的初始性能和以后性能。

c. 至少每两层或三层的水平子系统有一个管理间。

d. 一个管理间的有效服务面积为半径 60 m 的区域。

e. 水平线缆在管理间的 Cable Margin:3 m

f. 水平线缆在工作区的 Cable Margin:0.3 m

g. 跳线:5 m 以内。

(5)垂直主干系统

①采用分层星形拓扑结构。

②垂直主干采用 25 对大对数线缆时,每条 25 对大对数线缆对于每个楼层而言是不可再分的单位。

③垂直主干线缆和水平系统线缆之间的连接需要通过楼层管理间的跳线来实现。

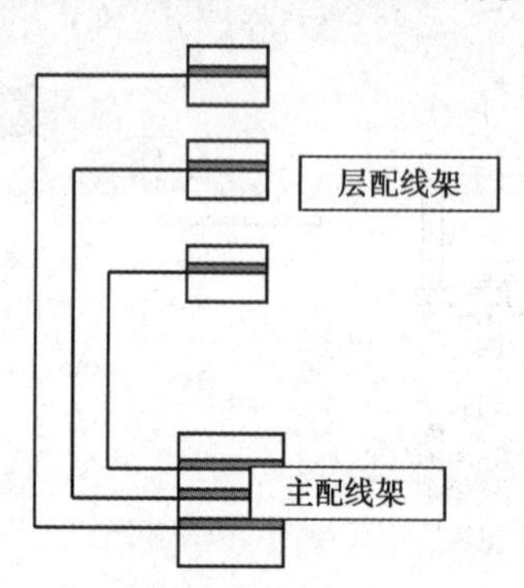

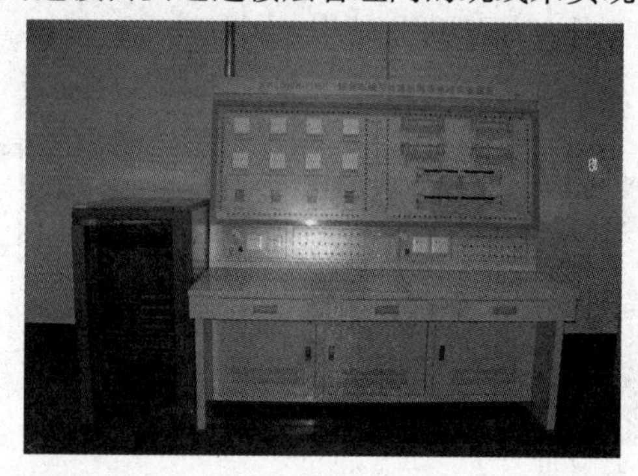

图 2.7

④在设计垂直主干时:

a. 数据部分采用 6 芯光缆;

b. 语音部分采用三类大对数电缆。

⑤配几芯光纤准则:

a. 2 芯光纤大约可管理 48 个信息点;

b. 6 芯大约可管理 150 个信息点。

c. 垂直主干配用光纤不允许在 6 芯以下。

⑥垂直主干线缆安装原则:

a. 从大楼主设备间主配线架上至楼层分配线间各个管理分配线间各个管理分配线架的铜线缆安装路要避开高 EMI 电磁干扰源区域,并符合 ANSI TIA/EIA-569 安装规定。

b. 大楼垂直主干线缆长度小于 90 m,建议按设计等级标准来计算主干电缆数量,但每个楼层至少置一条 CAT5 UTP/FTP 做主干。

c. 大楼垂直主干线缆长度大于 90 m,则每个楼层配线间至少配置一条室内 6 芯多模光纤做主干。

d. 主配线架在现场中心附近、保持路由最短原则。

(6)管理子系统

①用户可以在管理子系统中更改、增加、交接、扩展线缆,用于改变线缆物理路由。

②管理子系统三种应用:水平/干线连接;主干线系统互相连接;入楼设备的连接。

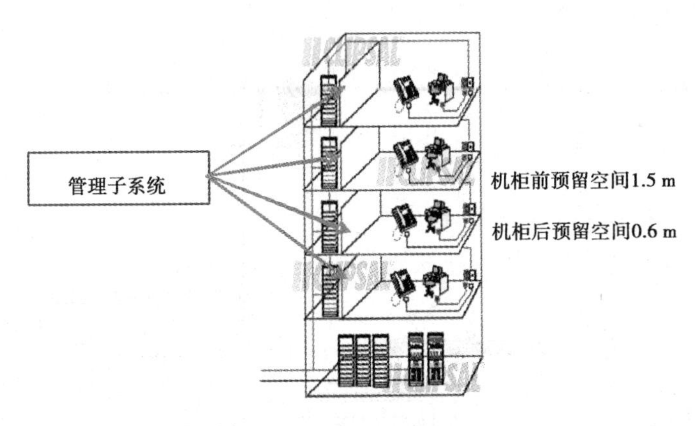

图2.8

③管理子系统的空间要求:为满足商务楼对办公环境的要求,建议每个楼层均需设一个楼层管理子系统;若楼层面积较大,超出一个管理子系统的服务范围,建议增加另外的管理子系统。

(7)设备间子系统

①设备间子系统是大楼中数据、语音垂直主干线缆终接的场所,也是建筑群来的线缆进入建筑物终接的场所,更是各种数据语音主机设备及保护设施的安装场所。

②建议设备间子系统设在建筑物中部或一、二层,位置不应远离电梯,而且要为以后的扩展留有余地。

③建议建筑群来的线缆进入建筑物时应有相应的过流、过压保护设施。

(8)建筑群子系统

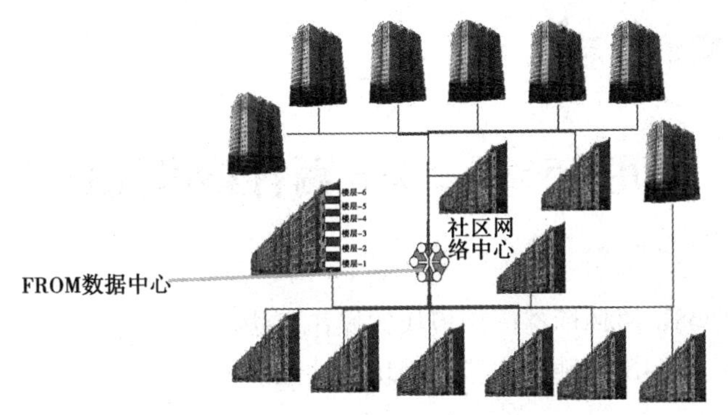

图2.9

建筑群子系统(Campus Backbone Subsystem)将一栋建筑的线缆延伸到建筑群内其他建筑的通信设备和设施。它包括铜线、光纤以及防止其他建筑的电缆的浪涌电压进入本建筑的保护设备。

在建筑群子系统中,会遇到室外敷设电缆问题,一般有三种情况:架空电缆、直埋电缆,地下管道电缆,或者是这三种的任何组合,具体情况应根据现场的环境决定。设计时的要点同垂直干线子系统。

综合布线系统布线原理图,如图2.10所示(参考)。

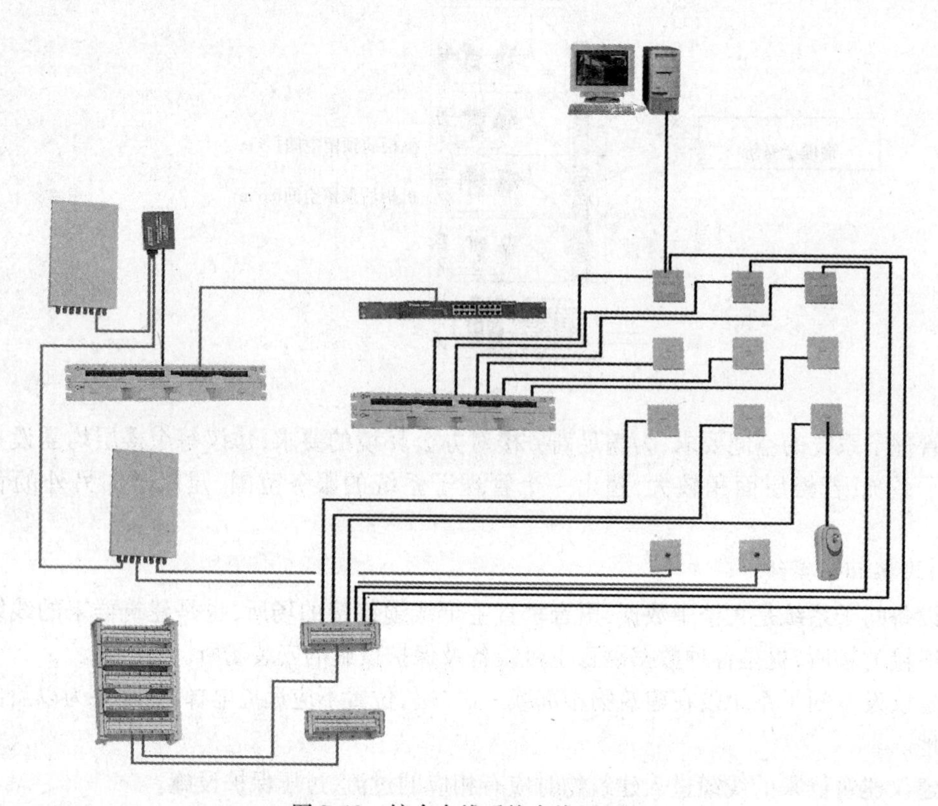

图 2.10　综合布线系统布线原理图

2.3　综合布线实训内容

实训 1　采用 T568A、568B 两种标准压接模块操作

(一)实训目的

①掌握 T568A、T568B 两种标准压接模块的操作方法。

②加深对 T568A、T568B 两种标准压接模块的认识。

(二)实训要求

①在压接之前认真阅读压接的操作流程。

②剪线要规范,避免材料浪费。

③在专业课老师的指导下完成实训内容。

(三)实训仪器

模块 1 个;双绞线若干;剥线钳 1 把;压线钳 1 把;剪刀 1 把。

(四)实训步骤

1. EIA/TIA568A 和 EIA/TIA568B 的关系

EIA/TIA 568B 信息模块的物理线路分布如图 2.11 所示。

无论是采用 568A 还是采用 568B,均在一个模块中实现,但他们的线对分布不一样。在一

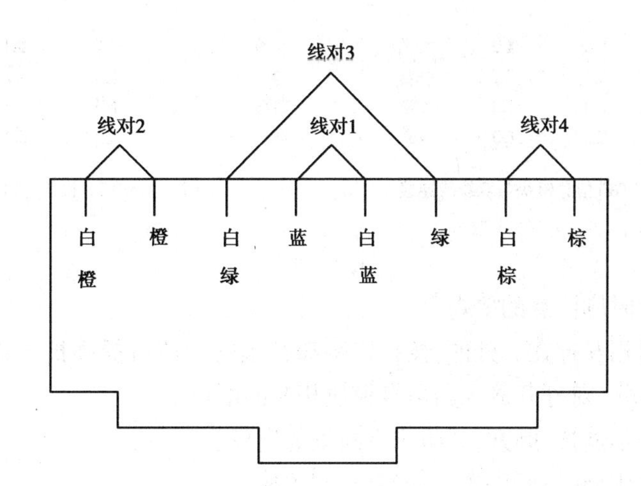

图 2.11 EIA/TIA568B 物理线路接线方式

个系统中只能选择一种,即要么是 568A,要么是 568B,不可混用。

568A 第 2 对线(568B 第 3 对线)把 3 和 6 颠倒,可改变导线中信号流通的方向排列,使相邻的线路变成同方向的信号,减少串扰对,如图 2.12 所示。

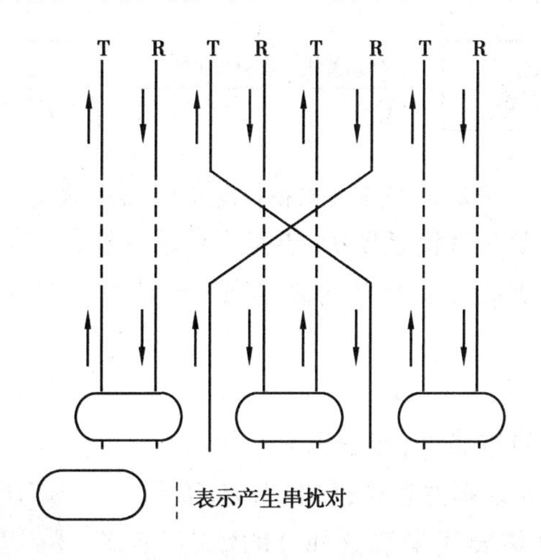

图 2.12 568B 接线排列串扰对

2. 信息模块的压接技术

目前,信息模块的供应商有 IBM、AT & T、AMP、西蒙、百通等国外商家,国内有南京普天等公司,产品结构都类似,只是排列位置有所不同。有的面板注有双绞线颜色标号,与双绞线压接时,注意颜色标号配对就能够正确地压接。AT & T 公司的 568B 信息模块与双绞线连接的位置如图 2.13(a)所示。AMP 公司的信息模块与双线连接的位置如图 2.13(b)所示。

信息模块压接时一般有两种方式:

①用打线工具压接;

②不要打线工具而直接压接。

根据工程中的实际经验体会,一般采用打线工具进行压接模块。

桔	2	□	□	7白棕	白绿	3	□	□	5白棕
白桔	1	□	□	8棕	绿	6	□	□	4棕
白绿	3	□	□	6绿	白棕	7	□	□	1绿
白蓝	5	□	□	4蓝	棕	8	□	□	2蓝

（a）AT&T信息模块与双绞线连接　　（b）AMP信息模块与双绞线连接

图 2.13

对信息模块压接时应注意的要点：

①双绞线是成对相互拧在一处的，按一定距离拧起的导线可提高抗干扰的能力、减小信号的衰减。压接时，一对一对拧开放入与信息模块相对的端口上。

②在双绞线压处不能拧、撕开，并防止有断线的伤痕。

③使用压线工具压接时，要压实，不能有松动的地方。

④双绞线开绞不能超过要求。

在现场施工过程中，有时遇到 5 类线或 3 类线，与信息模块压接时出现 8 针或 6 针模块。例如，要求将 5 类线（或 3 类线）一端压在 8 针的信息模块（或配线面板）上，另一端压在 6 针的语音模块上，如图 2.14 所示。

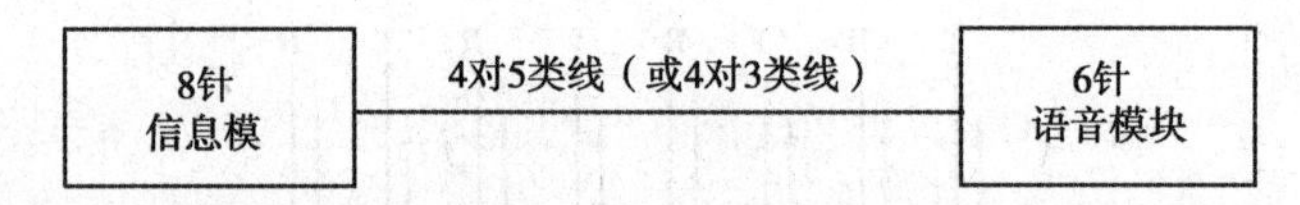

图 2.14　8 针信息模块连接 6 针语音模块

对于这种的情况，无论是 8 针信息模块，还是 6 针语音模块，他们在交接处是 8 针，只有输出时有所不同。所以按 5 类线 8 针压接方法压接，6 针语音模块将自动放弃不用的棕色一对线。

3. 操作过程

①将模块、双绞线及工具准备好，如图 2.15 所示。

②将电缆自端头 30 mm 处剥去套管，如图 2.16 所示。

③为导线解扭，不得破坏导线未解扭部分的绞距，如图 2.17 所示。

④将模块的穿线盖取下，如图 2.18 所示。

⑤按照 568A 或 568B 的线序理线。将解扭后的导线理直，留够适当的长度，把导线按照穿线盖上 568A 或 568B 顺序对应的色标并理顺，如图 2.19 所示。

图 2.15

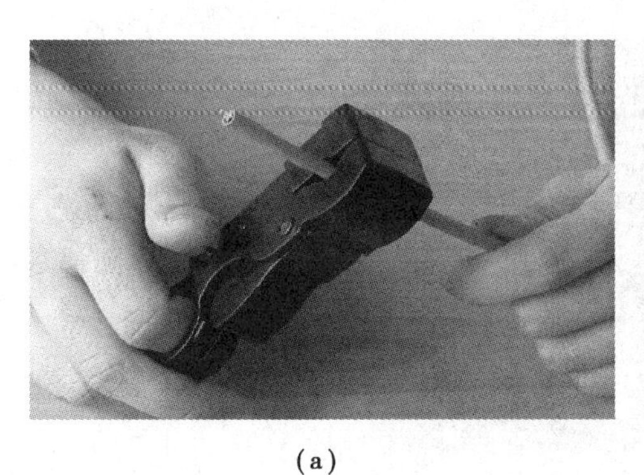

(a)

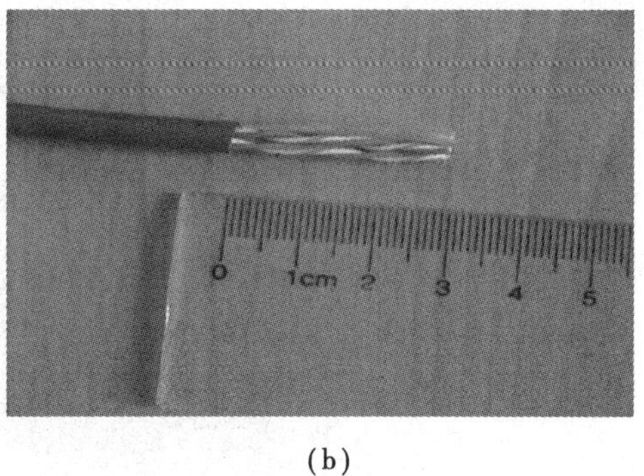

(b)

图 2.16

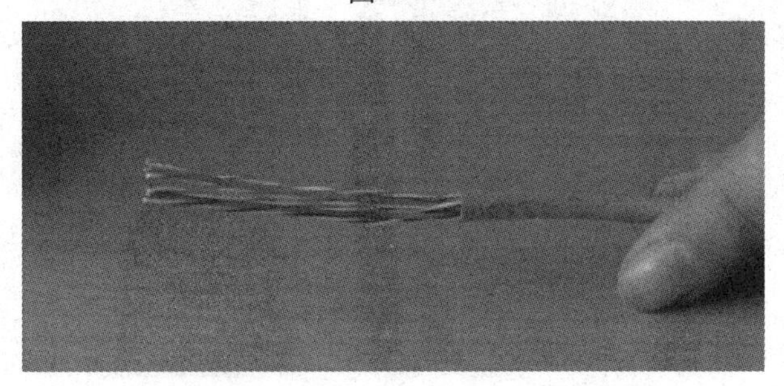

图 2.17

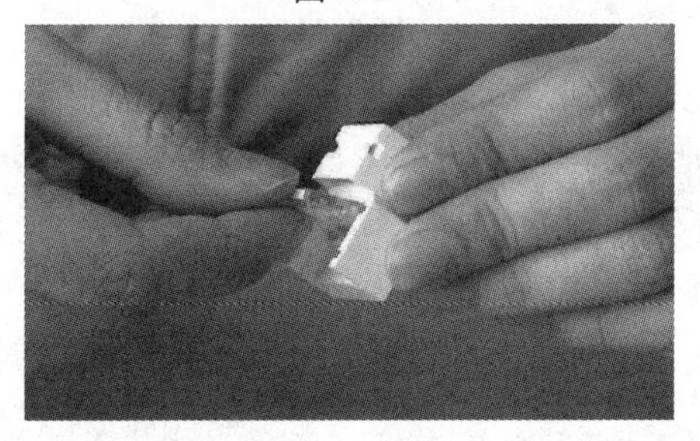

图 2.18

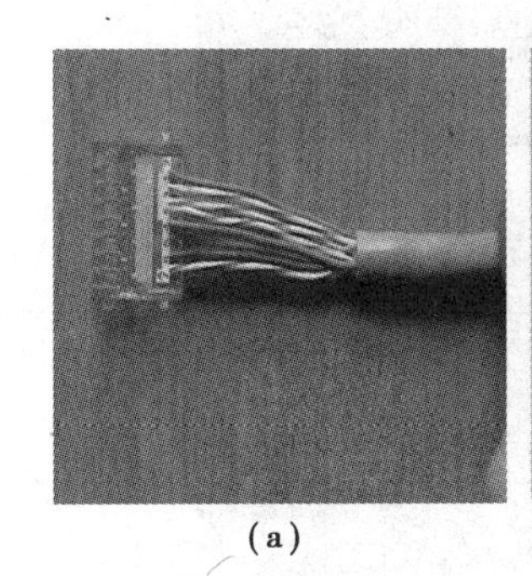

(a)

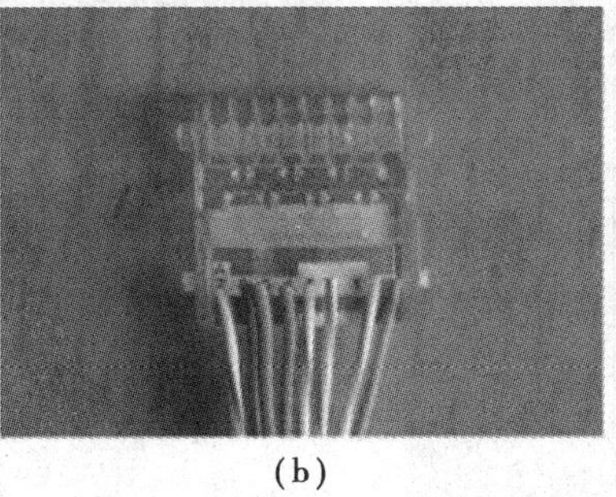

(b)

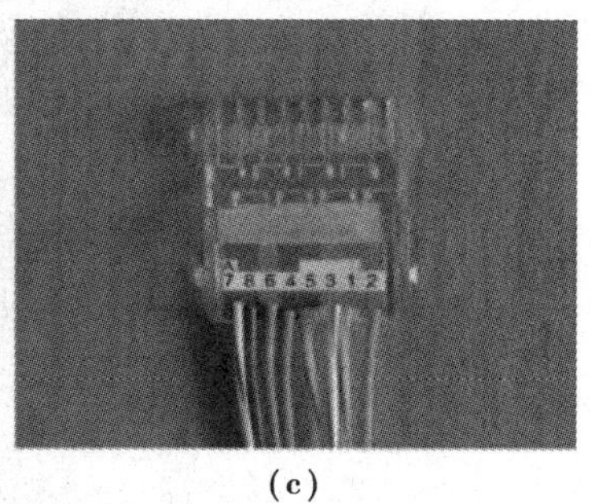

(c)

图 2.19

⑥用剪刀把导线按约 45°斜角剪齐,如图 2.20 所示。

⑦把按顺序理好的导线按相应顺序穿入压线盖上的相应槽孔内,如图 2.21 所示。

图 2.20

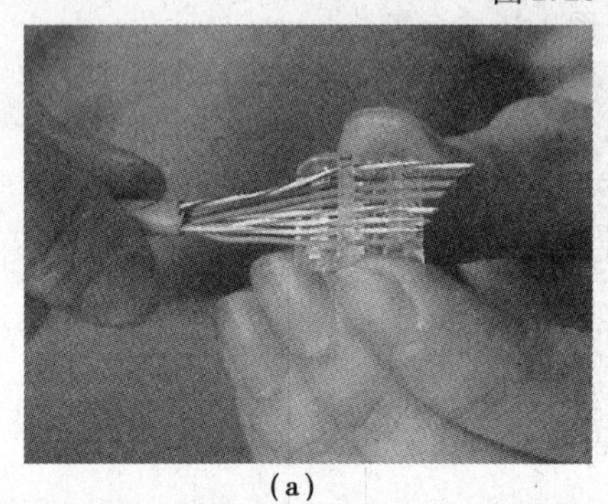

(a)

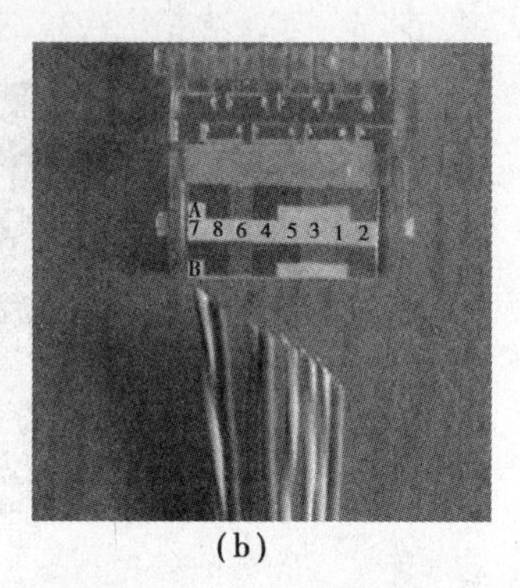

(b)

图 2.21

⑧收紧相关线并弯曲整齐,如图 2.22 所示。

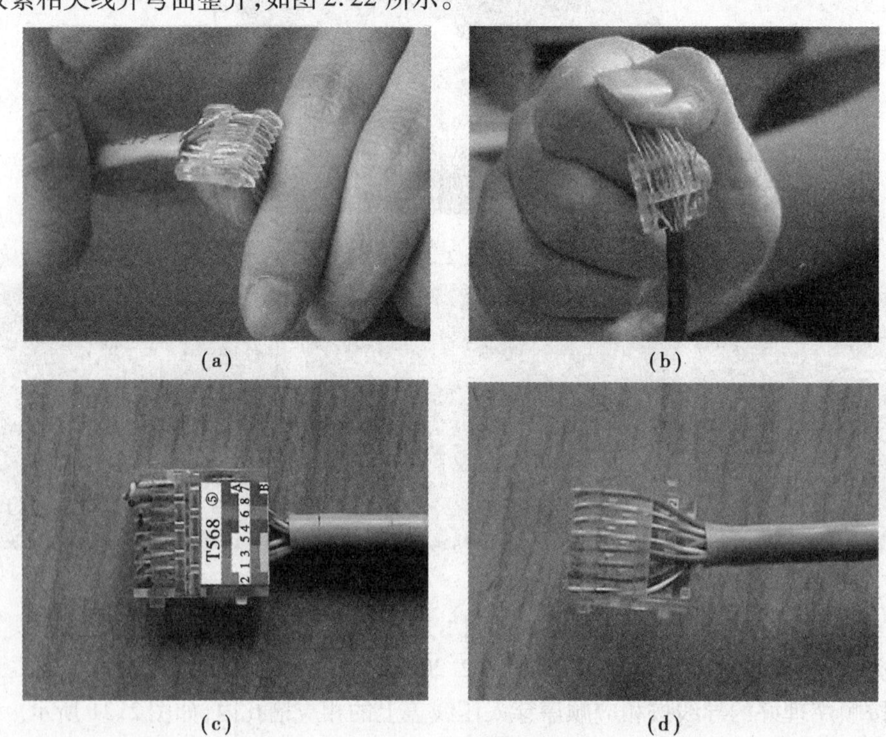

(a) (b)

(c) (d)

图 2.22

⑨用剪刀剪去多余部分,如图 2.23 所示。

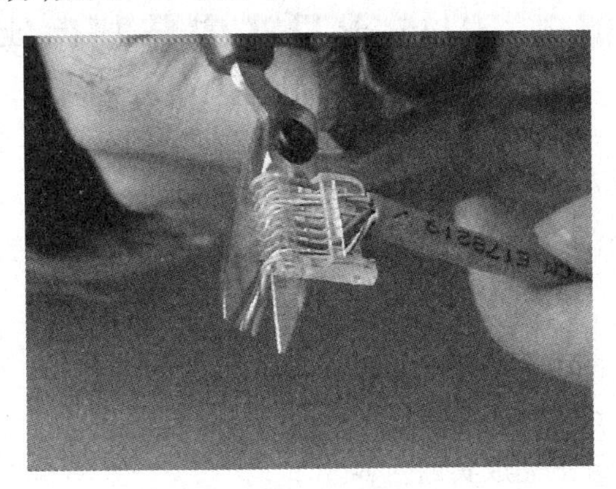

图 2.23

⑩压线盖放入模块定位槽中并压下,如图 2.24 所示。

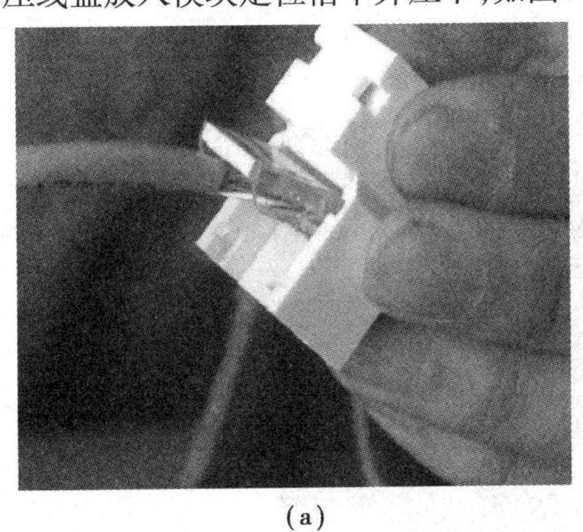

(a)

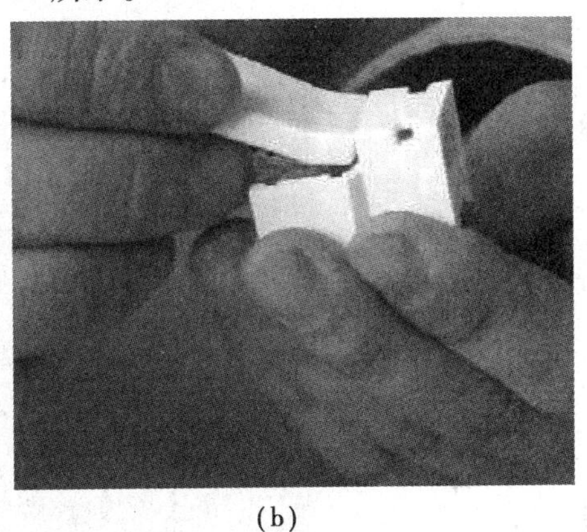

(b)

图 2.24

做好的模块如图 2.25 所示。

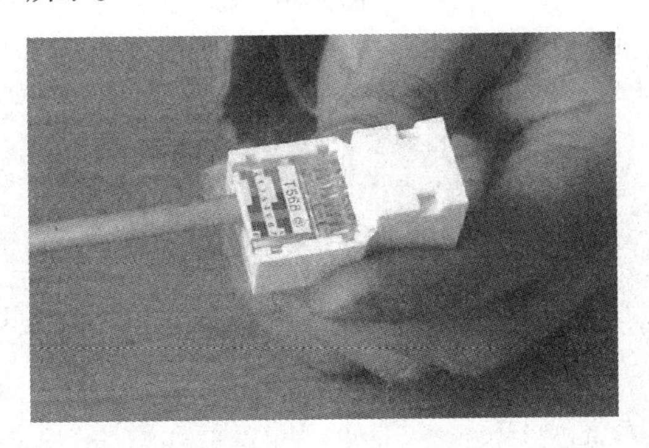

图 2.25

(五)注意事项

①信息模块的压接分 EIA/TIA568A 和 EIA/TIA568B 两种方式。

②剥线时避免划伤内线,引起信号干扰。剪线过程中要把线剪平整。

实训2　RJ45 水晶头安装制作实训

(一)实训目的

①掌握水晶头的制作方法。

②动手制作一条跳线。

③提高动手操作能力。

(二)实训要求

①在压接之前认真阅读压接的操作流程。

②剪线要规范,避免材料浪费。

③在专业课老师的指导下完成实训内容。

(三)实训仪器

水晶头若干;双绞线若干;剥线钳1把;压线钳1把;剪刀1把。

(四)实训步骤

①将水晶头、双绞线及工具准备好,如图2.26所示。

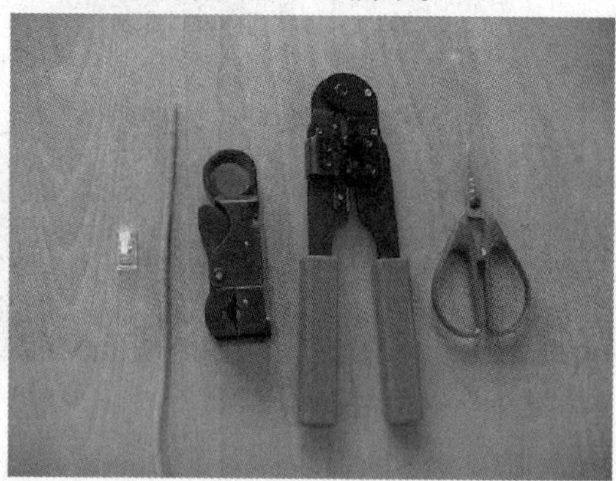

图2.26

②将UTP电缆套管自端头剥去20 mm,如图2.27所示。

(a)

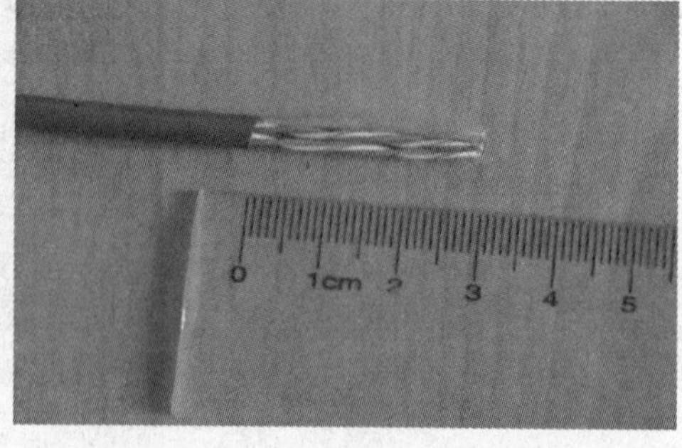

(b)

图2.27

③将解扭后的导线理直,将导线按TIA/EIA568A(白绿、绿、白橙、蓝、白蓝、橙、白棕、棕)或TIA/EIA568B(白橙、橙、白绿、蓝、白蓝、绿、白棕、棕)的顺序理齐,如图2.28所示。套管内不应有未扭绞的导线。

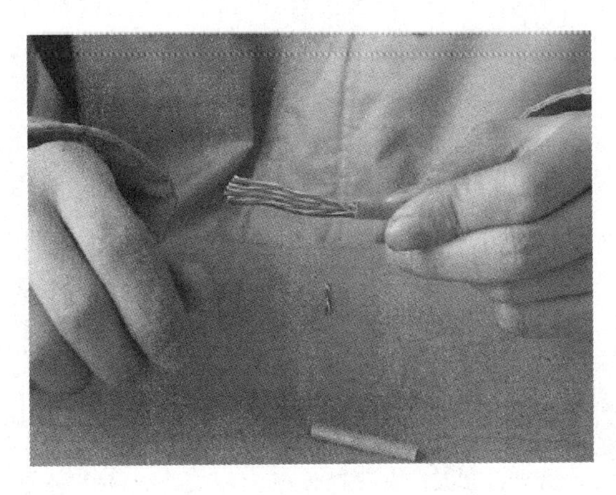

图 2.28

④导线经修整后(导线端面应平整,避免毛刺影响性能),距导管的长度为 14 mm;线头开始,至少 10 mm 导线之间不应有交叉,如图 2.29 所示。

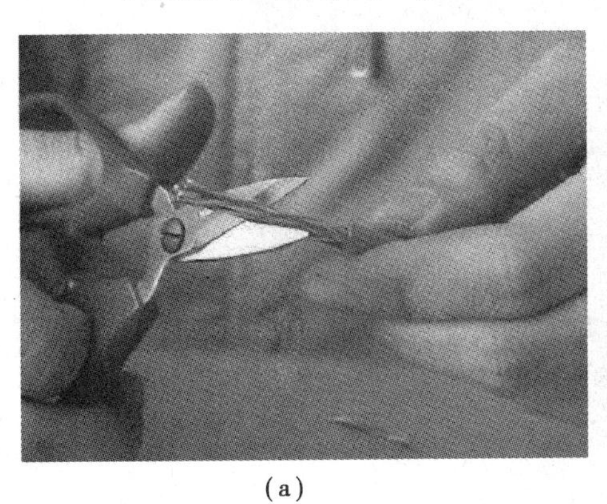

(a)

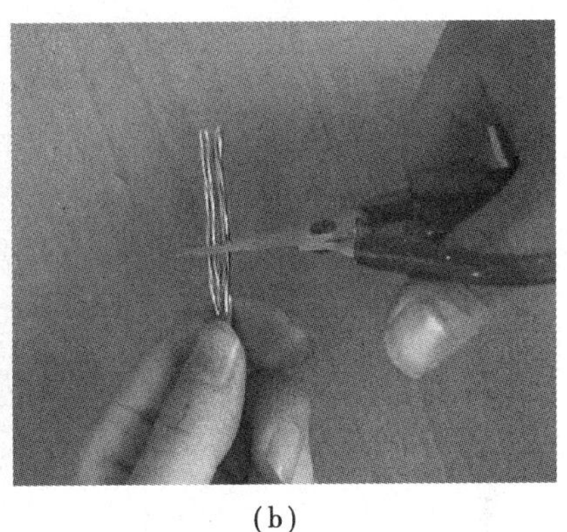

(b)

图 2.29

⑤将导线插入 RJ45 插头的插塞内,导线在插塞前端应升到最底部,套管深入插塞后端至少 6 mm,如图 2.30 所示。

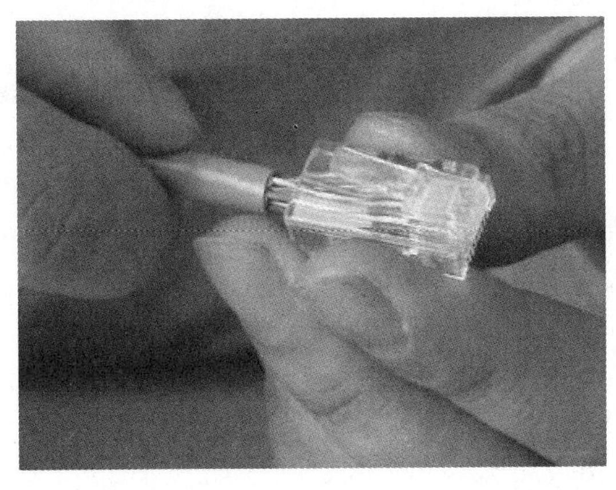

图 2.30

⑥用 RJ45 压线钳压好插塞,再检查一次套管和导线长度是否符合要求,如图 2.31 所示。

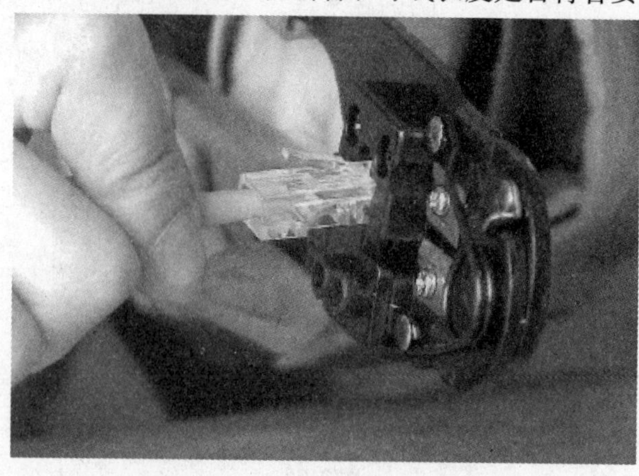

图 2.31

⑦做好的成品跳线,如图 2.32 所示。

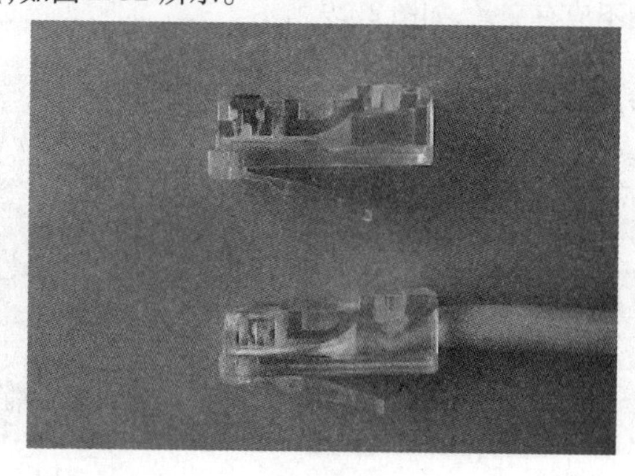

图 2.32

(五)注意事项

①剥线时避免划伤内线而引起信号干扰。

③剪线过程中要把线剪平整。

实训 3　大对数电缆理线、打线、轧线操作

(一)实训目的

①掌握大对电缆的理线、打线、轧线操作。

②加深对大对数电缆的认识。

③提高动手操作能力。

(二)实训要求

①打线之前要认真检查理线的正确性。

②在专业课老师的指导下完成实训内容。

(三)实训仪器

大对数电缆若干;打线钳 1 把;绕线架 1 个。

(四)实训步骤

①将4对双绞线依蓝、橙、绿、棕的顺序依次压入相应槽内,白色在前,如图2.33所示。

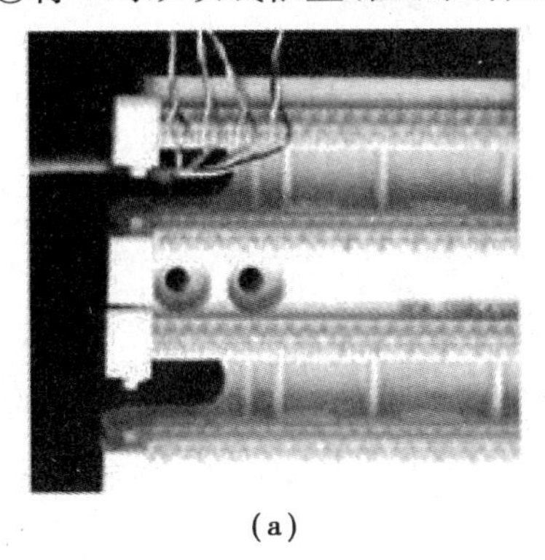

(a)

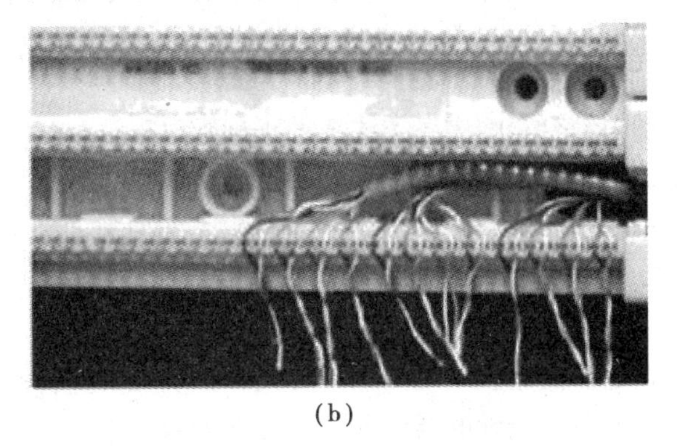

(b)

图2.33

②用专用工具将线头切断,如图2.34所示。

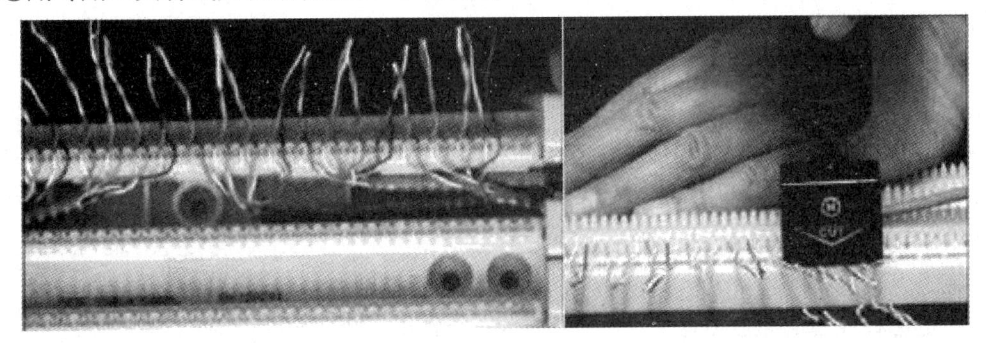

图2.34

③大对数电缆的安装应注意现对色序的排列,如图2.35所示。

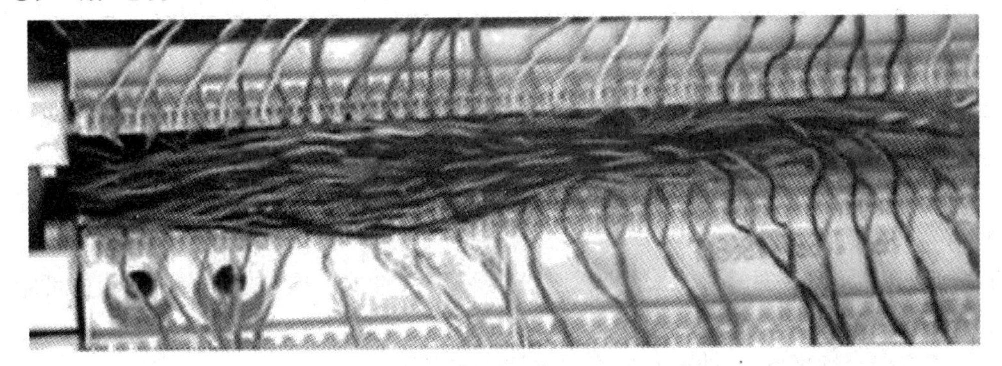

图2.35

(五)注意事项

①大对数电缆线对多,线色相近,应注意区分。

②埋线要正确,一个线槽只可埋入1根线。

③埋好线之后整理线对,避免打结。

④打线的时候注意使用的力度,正确使用打线钳才可将线稳当地打入线槽。

实训4　线路的正确连接方法

(一)实训目的

①学习综合布线中各类线缆的正确敷设方法。

②为以后动手布线打下良好的基础。

③进一步了解线缆的传输所受影响因素种类。

(二)实训要求

①认真阅读实训内容,学习工程知识。

②在之后的敷设线缆操作中要按照正确方式进行。

③在专业课老师的指导下完成实训内容。

(三)实训仪器

各类线缆若干;剪线工具1批;打线工具1批;水晶头若干。

(四)实训步骤

1.预先注意事项

①选择合适的室内/室外类型线缆。常用的水平线缆绝大部分是室内线缆,但由于室内线缆的护皮不能防护雨水,潮气等,故室内线缆可能受潮,性能会完全改变。

②确认线管内干燥,如果有潮湿,可以用吹风装置(或吸尘器)将管道吹干,在管道内预穿拉绳或钢丝。

2.施工方案规划

①确定每种线缆的布放方法。

②确认有所需要的线缆和足够的长度。

③准备合适的拉线工具、拉线设备和辅助材料。

④确定拉线路由上的各个操作位置(线路拐弯点、转接盒、过线盒等)。

⑤确定所需人员数量和各人的职责。

⑥准备好安装人员的通信工具。

3.线管、线槽填充率

①线管、线槽内穿放的线缆总截面积应为1/3~1/2线管、线槽截面积。直线管、线槽填充率为1/2,弯曲线管、线槽填充率为1/3。

若现场的管、槽规格过小,穿线填充过度,会影响线缆性能。施工人员应告知用户可能会造成性能损害,分清责任。

②线管弯曲必须平滑,弯曲半径要大于6倍线管外径。

4.线缆布放要点

①最小弯曲半径不能小于4倍外径。

②避免锐角的弯折。

③线缆不应有折痕。有弯折后,应立即抚平,恢复线缆正常性能(虽然不能完全恢复原有性能)。

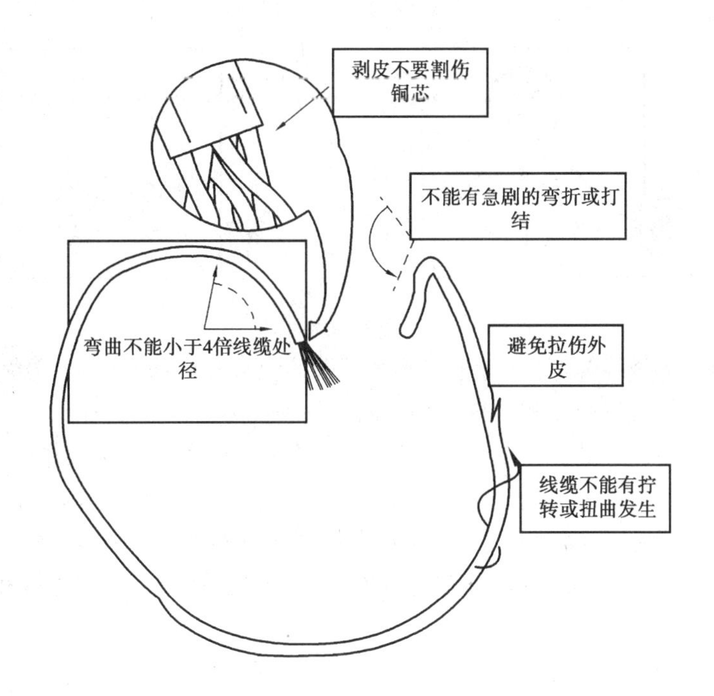

图 2.36

④线缆不能有拧转或扭绞,不能打结,如图 2.37 所示。拧转、扭绞和打结会破坏双绞线内各线对相对位置结构和线对绞合结构,使串扰增加和回损增加。

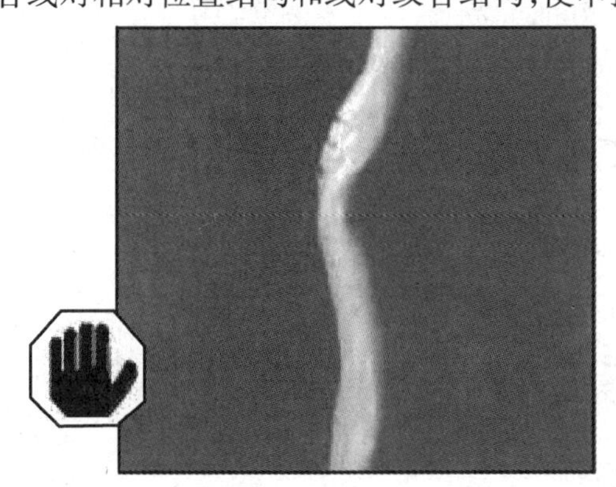

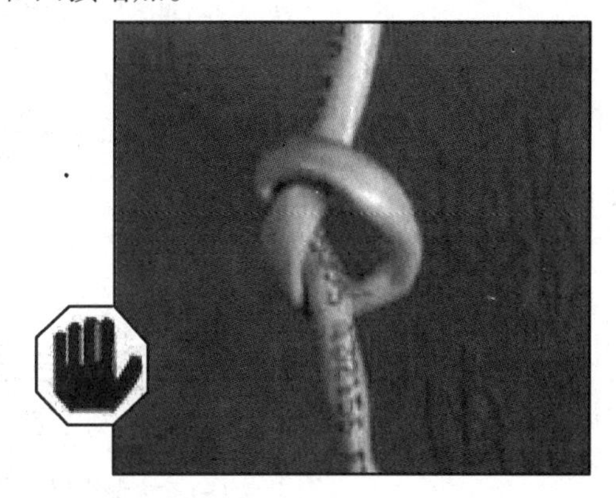

图 2.37

⑤不要用力拉扯线缆,如图 2.38 所示。拉力过大会拉细甚至拉断铜导线,造成衰减增加或断线。

a. 单条 4 对双绞线拉力不能大于 10 kg。

b. 两条 4 对双绞线拉力不能大于 15 kg。

c. 多条 4 对双绞线拉力不能大于 40 kg。

⑥不要将多根双绞线捆绑成一股线,这样会增加线缆间的串扰。

5. 牵拉水平线缆

①计算拉线距离(包括上下天花板和路段预留距离)。

②确认线轴、线箱内有足够线缆。

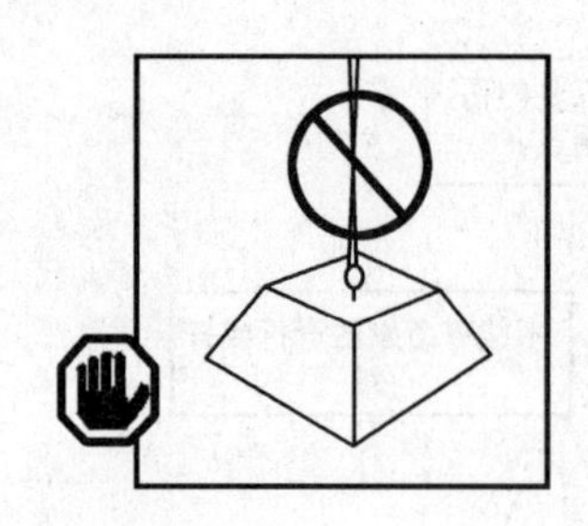

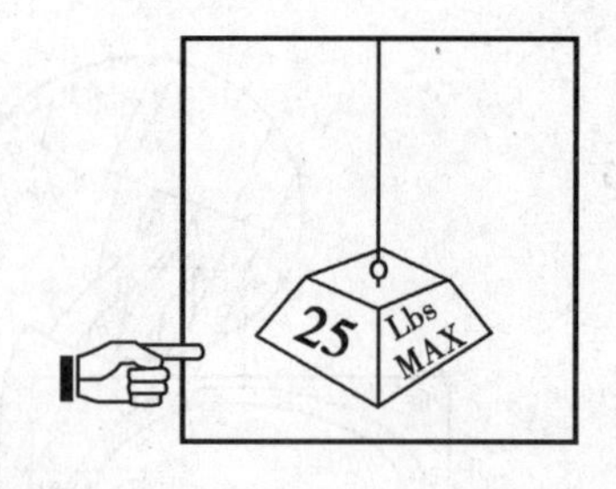

图 2.38

③在线缆每一端做线缆标记(标记应离开两端的线头有几米的距离,避免拉绳裹住标记)。

④拉线时注意保持进线点和转弯点的弯曲半径和拉力。

⑤在通信间内留足够的冗余线缆(光纤比铜缆多留 3 m 以上),在工作区留至少 30 cm 线头(光纤留 1 m 以上)。

⑥在线管内拉线时,可使用润滑剂(如凡士林、滑石粉等)以减少摩擦力,避免超过拉力上限。拉光缆时,拉绳须和光缆的抗拉纤维(黄色纤维)绑扎后牵拉,不能直接和光缆外皮绑扎牵拉光缆。

线缆拉绳绑扎如图 2.39 所示。

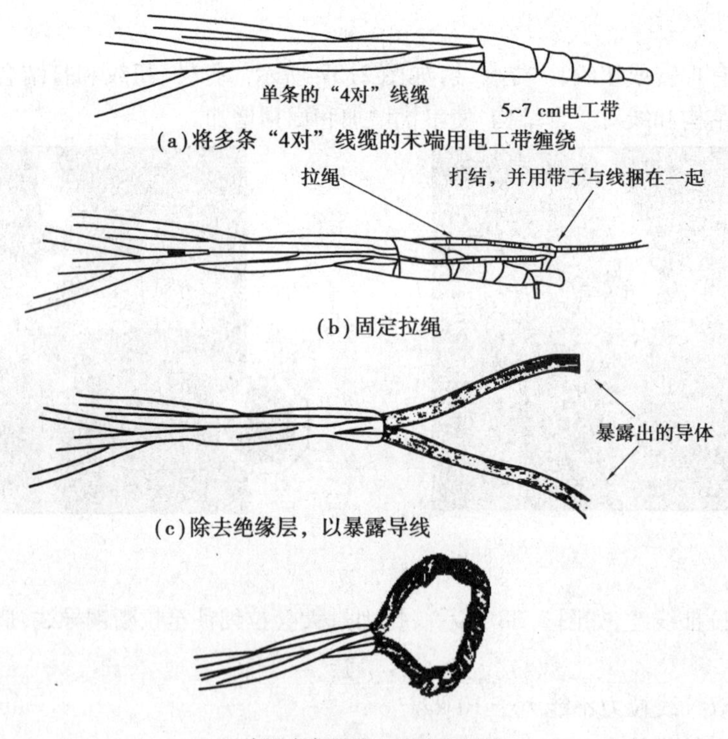

图 2.39

绑扎和牵拉光纤如图 2.40 所示。

a. 光缆牵拉时的弯曲半径不能小于 10 倍光缆外径。

b. 光缆在静止时的弯曲半径应为 20 倍光缆外径。

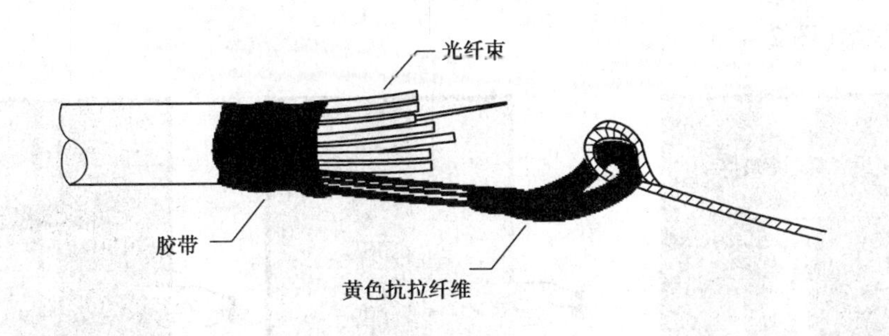

图 2.40

c. 光缆两端应比铜缆留出更长的冗余线缆。

6. 线缆支撑(图 2.41)

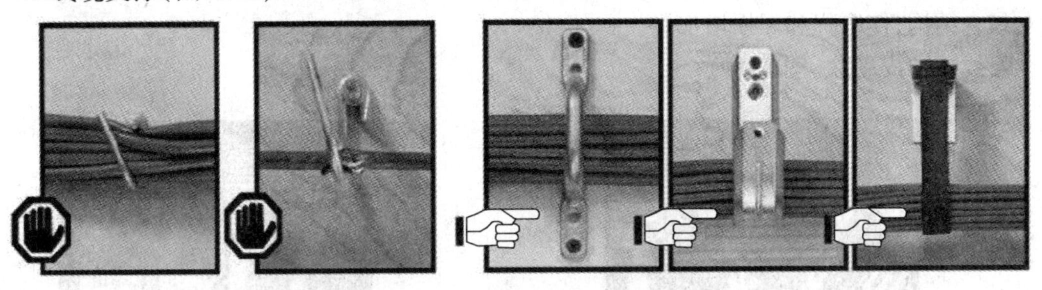

图 2.41

①不要挤压线缆,挤压会破坏双绞线内各线对相对位置结构和线对绞合结构,使串扰和回损增加。

②不要弄破或磨破线缆外皮。

7. 线缆捆扎(图 2.42)

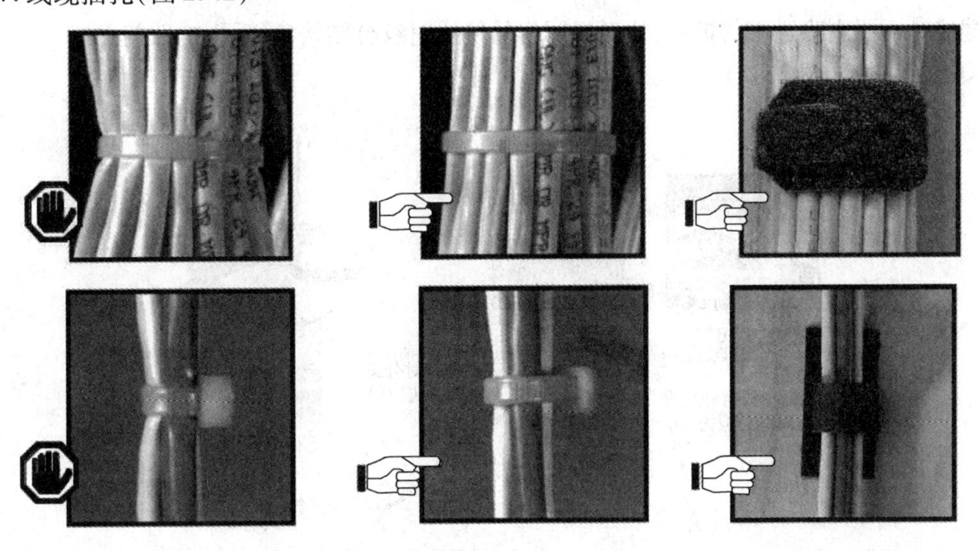

图 2.42

扎带不要捆扎过紧,过紧会破坏双绞线内各线对相对位置结构和线对绞合结构,使串扰和回损增加。

8. 固定线缆(图 2.43)

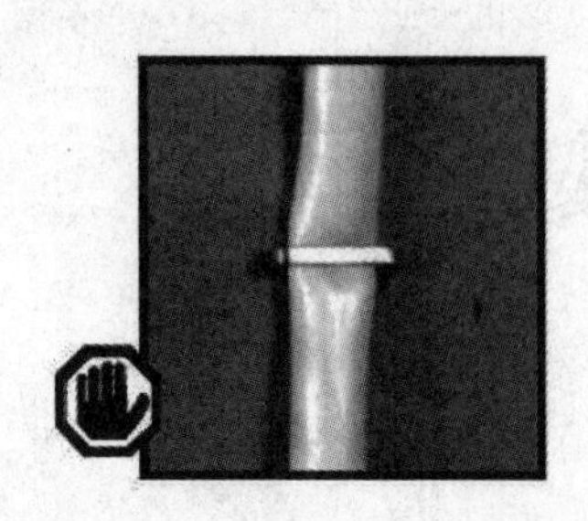

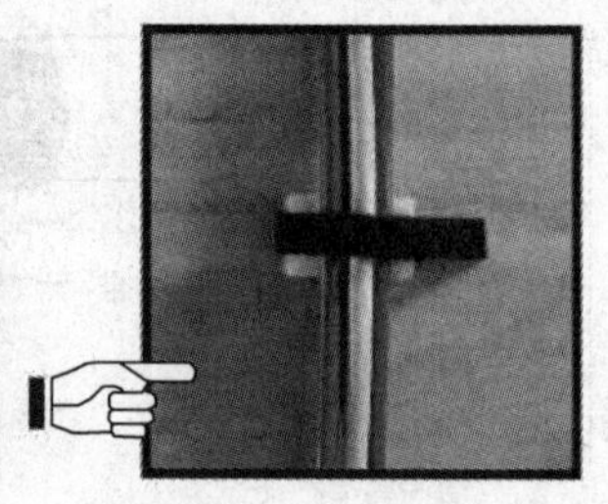

图 2.43

不要采用钉书钉固定线缆(过度挤压线缆),挤压会破坏双绞线内各线对相对位置结构和线对绞合结构,使串扰和回损增加。

9. 线缆护皮剥除(图 2.44)

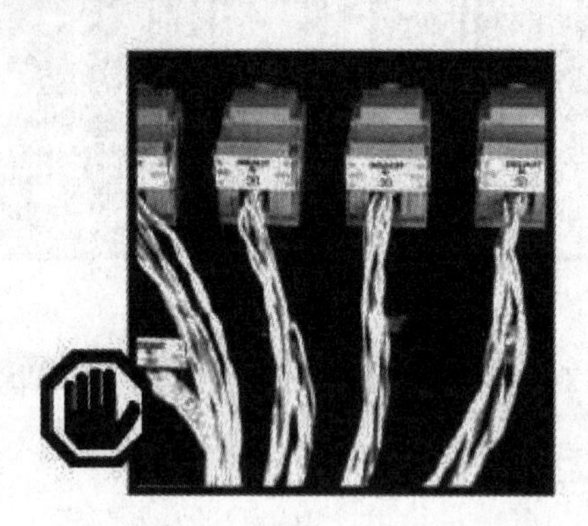
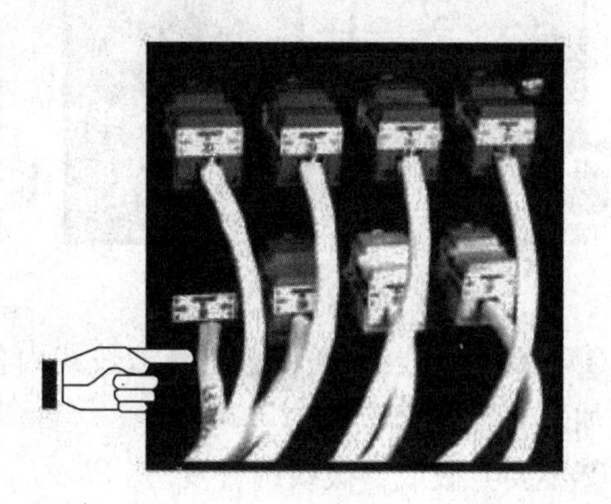

图 2.44

端接时不要剥除过多的护皮,线对裸露容易使线对绞合结构破坏,影响性能。

10. 线缆端接(图 2.45)

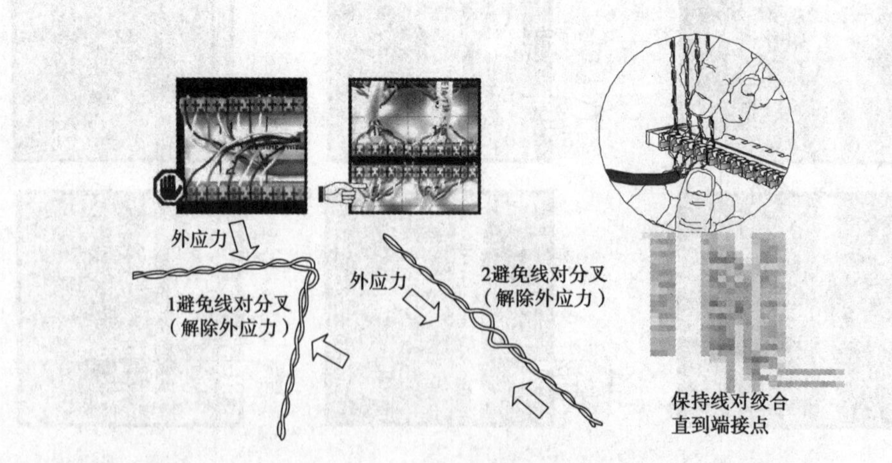

图 2.45

端接时线对绞合松开不能大于 13 mm,应尽可能小地解开绞合,避免线对分叉,松开绞合会影响性能。

11.100 米问题(图 2.46)

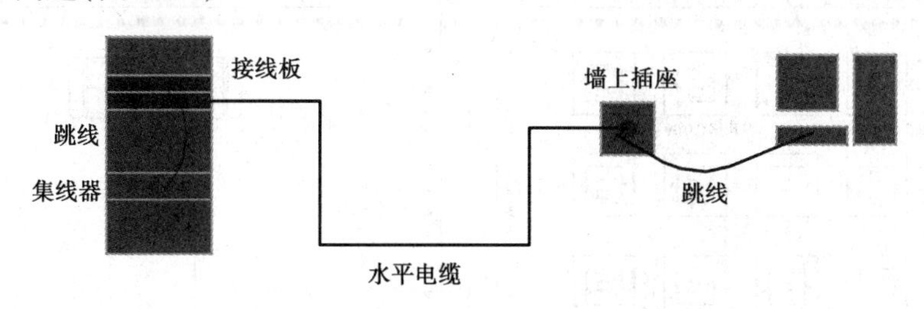

图 2.46

(1)从布线系统衰减(Attenuation)的角度理解

(2)从网络响应时间的角度理解

(五)注意事项

在操作过程中,除了保证线缆敷设的正确性外,还要注意的是美观及整洁,避免扎线过于凌乱。这会影响美观,也影响到之后的维护工作,甚至会埋下安全隐患。

实训 5　实训操作台的接线操作

(一)实训目的

①通过实训使学生了解综合布线系统设备及接线。

②提高学生的动手操作能力。

③使学生掌握综合布线原理。

④使学生掌握打线要点。

(二)实训要求

①接线过程中要注意端口的正确性。

②需要制作水晶头的时候要复习前面的实训知识。

③在专业课老师的指导下完成实训内容。

(三)实训仪器

螺丝刀、老虎钳、尖嘴钳等各种配件 1 批;剥线钳 1 把;压线钳 1 把;接线模块若干;标签及胶条若干。

(四)实训步骤

①设备安装:

a. 将要安装的设备、需要的工具及配件准备好。

b. 照实训操作台的布置图,将设备一一安装。

c. 配线架等安装在机柜中。

②实训台综合布线系统设备布置图如图 2.47 所示。

③实训台综合布线系统背面接线图如图 2.48 所示。

④实训台综合布线系统正面跳线图如图 2.49 所示。

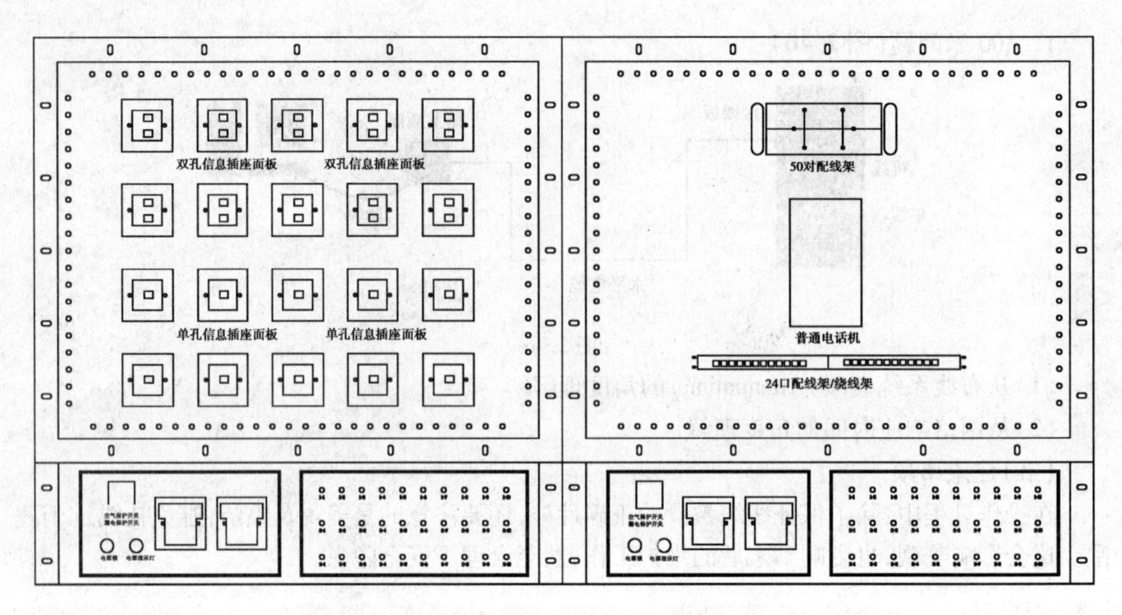

图2.47　实训台综合布线系统设备布置图

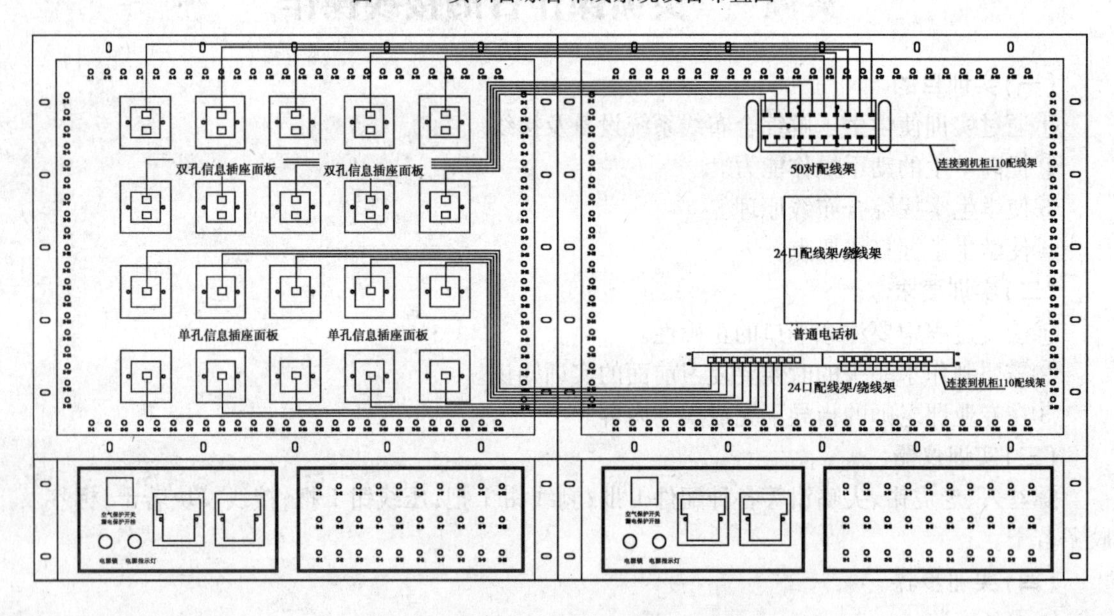

图2.48　实训台综合布线系统背面接线图

(五)注意事项

①接线过程中要正确规范,避免损坏设备。

②操作前要准备足够的跳线。

本实训主要是训练设备间的接线能力,培养学生对综合布线设备结构及连接的认识。设备的安装部分可详细查看设备的接口,物理性安装过程简单易懂,但要注意避免在安装过程中损坏设备。

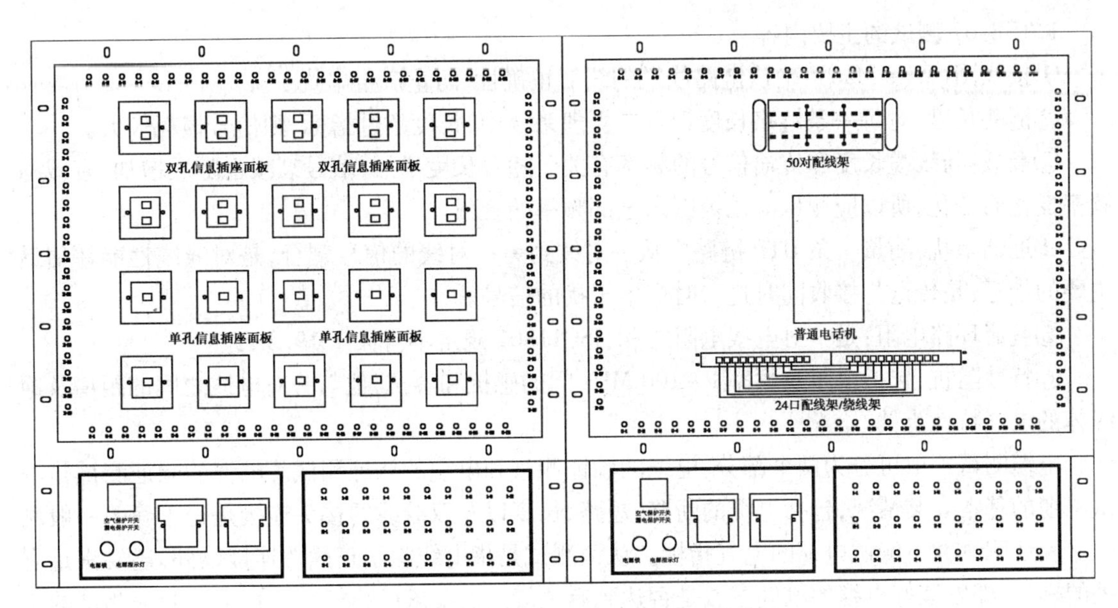

图2.49 实训台综合布线系统正面跳线图

实训6 线路的测试实训

(一)实训目的

①通过实训使学生了解综合布线系统中各种线缆性能参数的重要性。

②使学生初步了解综合布线中光缆设备的性能参数。

③使学生对综合布线中线缆的传输有全面性了解。

(二)实训要求

①认真阅读各类线缆的性能参数,并作出比较。

②熟记常用线缆的性能参数,以备使用。

③在专业课老师的指导下完成实训内容。

(三)实训仪器

各种网络模块接口及各种规格网络传输线缆;网络工具(网钳、打线工具、螺丝刀、测试仪);交换机、配线架。

(四)实训步骤

现今所有的网络都支持五类双绞线,用户需要确定所用电缆系统是否满足五类双绞线的规范。为了满足用户需求,EIA(美国电子工业协会)制定了EIA586和TSB-67标准,他用于已安装好的双绞线连接网络,提供一个“认证”双绞线是否达到五类线要求的标准。TIA568标准定义了UTP(非屏蔽双绞线)布线中的电缆与连接硬件的规范,没有对现场安装的五类双绞线(UTP5或STP5)做出规定;TSB-67标准包含了验证TIA568标准定义的所有规范,对UTP链路测试作了进一步的规范,它是TIA568A标准的一个附本,适用于现场安装的五类双绞线的认证标准。

1. TSB-67 测试的主要内容

①接线图(Wire Map):确认链路线缆的线对正确性,防止产生串扰。

②链路长度:对每一条链路长度记录在管理系统中,长度超过指标,则信号损耗较大。

③衰减:与线缆长度和传输信号的频率有关。随着长度增加,信号衰减也随之增加,衰减随频率变化而变化,所以应测量应用范围内全部频率的衰减。

④近端串扰:测量一条 UTP 链路中从一对线到另一对线的信号耦合,是对线缆性能评估最主要的指标,是传送与接收同时进行时产生干扰的信号。

⑤直流环路电阻:是一对电线电阻之和,ISO11801 规定不得大于 19.2 Ω。

⑥特性阻抗:包括电阻及频率 1 ~ 100 MHz 间的感抗和容抗,他与一对电线之间的距离及绝缘体的电气特性有关。

电缆测试一般可分为两个部分:电缆的验证测试和电缆的认证测试。电缆的验证测试是测试电缆的基本安装情况,包括电缆的断路、短路、长度以及双绞线的接头连接是否正确等一般测试。验证测试并不测试电缆的电气指标。认证测试是指电缆除了正确的连接以外,还要满足有关的标准,即安装好电缆的电气参数是否达到有关规定所要求的指标。它包括了验证测试的全部内容及标准测试电缆的指标,如衰减,特性阻抗等。验证测试不能保证所安装的电缆是否可以通过高速的网络数字信号,例如 100 MHz。只有通过了认证测试,才能保证所安装的电缆可以支持 100 MHz 的信号。目前,不少用户对所安装的双绞线不进行认证测试,而是在网络调试过程中进行检验,当网络可以连通时就认为所安装的电缆是合格的。这种做法不仅是错误的而且是十分危险的。网络调试可以连通并不表示该电缆符合安装标准,也不表示该电缆在网络正常运行时可以准确无误地工作。另外,目前大部分用户安装的是五类双绞线,运行的网络是 10BASE-T,但是 10BASE-T 可以运行并不代表 100BASE-TX 也可以运行。因此,对安装的电缆是否可以支持高速信号一定要通过有关的认证测试才可以证明其性能,否则,当升级到高速网时才发现电缆有问题,此时已经很难进行修复了。

选择 UTP(非屏蔽双绞线)电缆和 STP(屏蔽双绞线)电缆屏蔽系统是为了保证在有电磁干扰环境下系统的传输性能,这种干扰包括外来的电磁干扰以及系统本身信号传输时的电磁辐射。实际上,采用屏蔽双绞线还是非屏蔽双绞线很大程度上取决于布线市场的消费观念。在欧洲,屏蔽系统占主流;在北美,则推行非屏蔽布线系统。不论是哪种系统,只要经过符合标准的完善设计及安装,都可以达到预期的效果,只不过是价格、安装难易要求不同。

对于屏蔽双绞线,单有一层金属屏蔽是不够的,更重要的是将屏蔽层完全良好地接地,这样才能把干扰电流有效地导入大地。在实际施工时,对使用屏蔽双绞线的布线系统能做到全程屏蔽非常困难,如果屏蔽接地不良,将导致其性能反而不如非屏蔽双绞线。

对于非屏蔽双绞线,信号传输的非屏蔽通道中所接收的外部电磁干扰在传输中同时载在一对线缆的两条导体上,形成大小相等相位相反的两个电压。到接收端时,它们相互抵消来达到消除电磁干扰的目的。一对双绞线的绞矩与所能抵御的外部电磁干扰是成正比的,在施工上比屏蔽双绞线更容易操作,并有统一的认证标准。UTP(非屏蔽双绞线)是目前较为可靠、成熟的布线技术,在通常情况下完全可以满足在干扰环境下的使用要求。如果环境干扰较大,既可以采用金属桥架和管道做屏蔽层的布线方法,也可使用光缆取代非屏蔽双绞线以达到抗干扰目的。

2. 确定电缆链路(Link)和电缆信道(Channel)

以前的 LAN 主要使用细缆或三类双绞线,由于网络速度的提高,用户现在大量采用五类、超五类双绞线。根据什么标准才能认证用户安装的 UTP5 类线达到 100 MHz 指标,以可以支持高速网络呢? TSB-67 对 UTP5 类线的安装和现场测试规定了具体的方法和指标。TSB-67 标准对大量的水平连接进行了定义,它将电缆的连接分为基本链路(BasicLink)和信道(Channel)。基本链路是指建筑物中固定电缆部分,不包含插座至网络设备末端的连接电缆;信道是指网络设备至网络设备的整个连接,上述两种连接所适用的范围不同。基本链路适用于电缆安装公司,其目的是对所安装的电缆进行认证测试,信道适用于网络用户,因为他们关心网络整体性能,所以应对网络设备之间的整个电缆部分(Channel)进行认证测试。特别强调的是链路不等于电缆,电缆只是链路中的一部分。如果希望所安装的电缆系统可以支持 100 MHz 的带宽,应该是链路才能具有这种能力而不只是电缆。

3. 超五类双绞线与超五类链路

超五类双绞线是一些电缆生产厂商最近推出的用于局域网的双绞线。这些厂商声称这种超五类线可以支持 300 MHz 的信号传输频率,但实际应用中根本达不到上述指标,目前的局域网最高的传输频率都没有超过 100 MHz。100Base-TX 这种比较新的快速以太网也没有超过 100 MHz 的传输频率,所以在近期还没有看到其实际的应用。电缆不同于链路,电缆可以达到 300 MHz 的传输频率,但不等于链路也可以达到如此高的频率。因为链路是由电缆、插头、插座甚至耦合器、配线架构成的。如果要获得超五类的链路,必须保证链路中所有的元件都要达到超五类的标准。只有电缆为超五类而链路达不到超五类是没有实际意义的。目前对安装的超五类链路还没有办法在现场对其进行认证测试,也就是说目前没有标准在现场测试这些高速电缆的实际性能,也就无法从根本上保证实际的投资。

4. 串扰的产生和测量

在一条双绞线中,当信号在一对线缆上传输时,同时会在相邻的线对中产生感应信号,即一对线发送信号时另一相邻的线对中将收到信号,这种现象为串扰。串扰分为近端串扰(NearEndCrosstalk)和远端串扰(FarEndCrosstalk)。近端串扰是出现在发送端的串扰,远端串扰是出现在接收端的串扰。对信号传输影响较大的是近端串扰,近端串扰损耗与信号频率和通道长度以及施工工艺有关。

近端串扰损耗的测量应包括每一个线缆通道两端的设备接插软线和工作区电缆。近端串扰并不表示在近端点所产生的串扰,只表示在近端所测量到的值。测量值会随电缆的长度不同而变化,电缆越长,近端串扰值越小。实践证明在 40 m 内测得的近端串扰值是真实的,并且近端串扰损耗应分别从通道的两端进行测量,现在的测试仪都有能在一端同时进行两端的近端串扰的测试功能。

在综合布线施工中,要优选线缆、信息模块等布线材料,聘请资深的专业施工单位进行设计,聘请专业公司进行综合布线认证测试,依据测试报告对工程进行验收,并保留所有综合布线文档,以便更好地维护网络系统。

(五)注意事项

学习过程中注意线缆的类型,还有各类不同的线缆所适用的子系统。

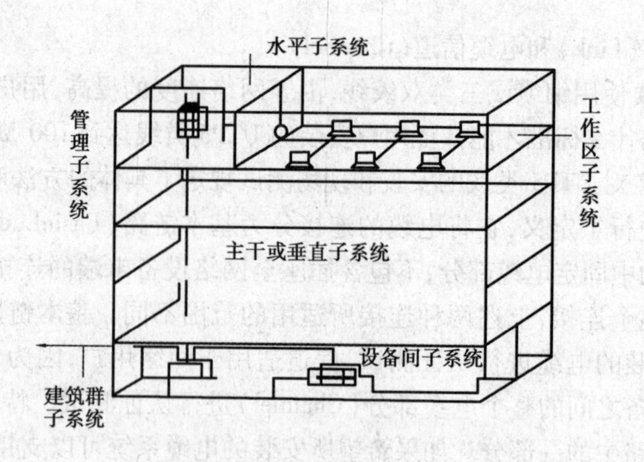

图 2.50　综合布线系统结构的简单描述

实训 7　设计并安装一个简易应用系统

（一）实训目的

①加深对综合布线系统的整体认识。

②培养综合布线系统的配置设计能力。

（二）实训要求

①收集相关知识和材料，对综合布线系统有较深入的了解。

②在动手进行设备上电操作之前，将系统连接图绘制好。

③在专业课老师的指导下完成实训内容。

（三）实训仪器

综合布线系统 1 套；连接跳线若干；螺丝与螺丝刀等辅助工具 1 批。

（四）实训步骤

1. 设计并在实训报告中画出一个能利用综合布线系统实训台上的现有资源的简易布线图。

2. 在实训台面板图上确定需要使用哪些配线架和信息插座，并把连接方案用单线画在实训报告中的画板图上。

3. 利用综合布线实训台上的各种配线架和信息插座通过网线将它们连接起来。

4. 对已连接好的综合布线系统用跳线和导通测试仪进行测量，确认线路是否正确，如果认为正确，实训内容完成，若不正确，分析原因，并进行修改直至正确为止。

（五）注意事项

①要认真学习综合布线系统的结构，配置要合理。

②进行设备的连接操作过程中，避免损坏设备。

项目3　防盗报警系统实训

3.1　防盗报警系统概述

防盗报警系统是在探测到被防范现场有入侵者时能及时发出报警信号的专用电子系统，一般由探测器、传输系统和报警控制器组成。探测器检测到有外界入侵时产生报警信号，自动通过电话通知当事人，或将报警信号自动传送给上级（或110）值班中心。防盗报警系统在当前的安防系统中还可以细分如下：

3.1.1　室外防范系统（周界防范系统）

室外防范系统由前端探测器（对射探头）和报警主机及一些辅助设备（电源、显示地图、警号、探头安装支架）构成。室外防范系统是防盗报警系统中的一个经常应用的系统，它广泛应用于小区、学校、医院、厂矿企业等场所。它通过几组或者十几组红外对射探测器就可以组成较封闭的“电子围墙”；在设防状态下，如果有人入侵则会在报警中心显示相应的报警区域显示，形成全防范的“天网”。

探测器的种类很多，按所探测的物理量的不同，可分为微波、红外、激光、超声波和振动等方式；按电信号传输方式不同，又可分为无线传输和有线传输两种方式。

（1）系统的基本组成

红外线报警器是利用红外线的辐射和接收构成的报警装置，根据工作原理又可分为主动式和被动式两种类型。一般对射、栅栏探测器属于主动式红外探测器，空间探测器、玻璃破碎探测器、门磁、紧急按钮等属于被动式红外探测器。

主动式红外探测器是由收、发装置两部分组成。发射装置向装在几米甚至于几百米远的接收装置辐射一束红外线，当被遮断时，接收装置即发出报警信号，因此，它也是阻挡式报警器，或称对射式探测器。通常，发射装置由多谐振荡器、波形变换电路、红外发光管及光学透镜等组成。振荡器产生脉冲信号，经波形变换及放大后控制红外发光管产生红外脉冲光线，通过聚焦透镜将红外光变为较细的红外光束并射向接收端，如图3.1所示。

（2）其他说明

发射端发出多束有效宽度为100 mm的人视觉不可见的防卫射束构成网状，接收端在收到防卫射束时，进入防卫状态，如图3.2所示。

当任一条防卫射束被完全遮断超过40 ms时，接收端的蜂鸣器会产生现场提示音，报警信号输出电路立即向主机发出无线报警信号，如图3.3所示。

如果有飞禽（如小鸟、鸽子）飞过被保护区域，由于其体积小于被保护区域，仅能遮挡一条红外射线，则发射端认为正常，不向报警主机报警，如图3.4所示。

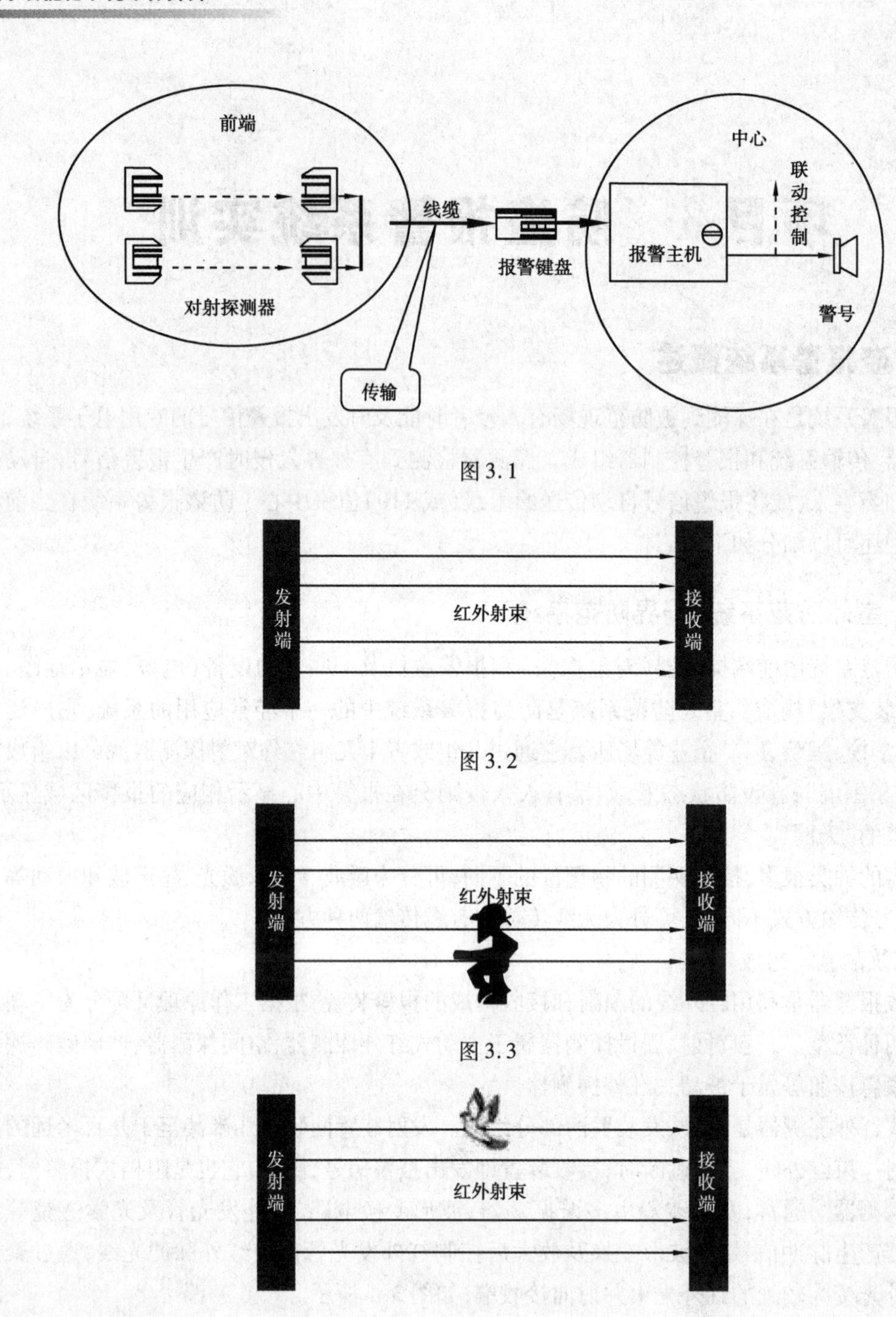

图 3.1

图 3.2

图 3.3

图 3.4

接收装置由光学透镜、红外光电管、放大整形电路、功率驱动器及执行机构等组成。光电管将接收到的红外光信号转变为电信号，经整形放大后推动执行机构启动报警设备。主动式红外报警器有较远的传输距离，因红外线属于非可见光源，入侵者难以发觉与躲避，防御界线非常明确。主动式红外报警器是点型、线型探测装置，除了用作单机的点警戒和线警戒外，为了在更大范围有效地防范，也可以利用多机采取光墙或光网安装方式组成警戒封锁区或警戒封锁网，乃至组成立体警戒区。单光路由一个发射器和一个接收器组成。双光路由两对发射器和接收器组成。两对收、发装置分别相对,是为了消除交叉误射。多光路构成警戒面,反射单光路构成警戒区。

3.1.2 室内防范系统

室内防范系统由前端探测器(空间探测器、玻璃破碎探测器、门磁、紧急按钮)和报警主机及一些辅助设备(电源、显示地图、警号、探头安装支架)构成,主要对门、窗、阳台和主要通道进行监控,按物理特性分也可称为被动式红外探测器。

被动式红外报警器不向空间辐射能量,而是依靠接收人体发出的红外辐射来进行报警的。任何有温度的物体都在不断向外界辐射红外线,人体的表面温度为27~36 ℃,其大部分辐射能量集中在8~12 μm的波长范围内。被动式红外报警器在结构上可分为红外探测器(红外探头)和报警控制部分。红外探测器目前用得最多的是热释电探测器,可作为将人体红外辐射转变为电量的传感器。如果把人的红外辐射直接照射在探测器上,当然也会引起温度变化而输出信号,但这样做,探测距离不够远。为了加长探测器探测距离,须附加光学系统来收集红外辐射,通常采用塑料镀金属的光学反射系统或塑料做的菲涅耳透镜作为红外辐射的聚焦系统。在探测区域内,人体透过衣饰的红外辐射能量被探测器的透镜接受并聚焦于热释电传感器上。当人体(入侵者)在这一监视范围中运动时,顺次地进入某一视场又走出这一视场,热释电传感器对运动的人体一会儿看到,一会儿看不到,于是人体的红外线辐射不断地改变热释电体的温度,使它输出一个又一个相应的信号,此信号就是报警信号。

系统示意图(供参考)如图3.5所示。

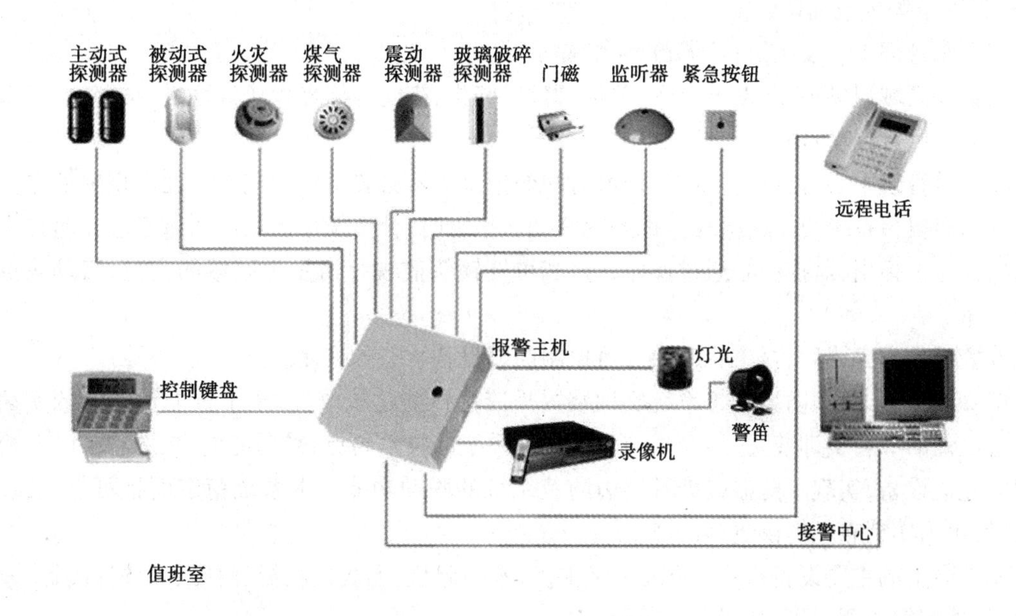

图3.5 防盗报警系统

由于被动式红外报警器不主动发射红外线,因此其功耗非常小,安装方便,可针对不同的环境、需要根据要求选用相应的产品。

(1)根据布防要求,前端选用各种类型的报警探测器

①瓦斯泄漏探测器。厨房内设瓦斯泄漏探测器,如发生瓦斯泄漏,并达到一定浓度时,探测器就会被触发。

②红外移动探测器。在阳台、窗、通道、门等位置可设置红外移动探测器,可探测非法人员的入侵行为。

③紧急按钮。在卧室床头位置可设置一个紧急按钮,当遇到紧急情况时,可用来向控制中心报警。

④门磁探测器。大门或窗户可设有门磁探测器,在布防期间,当门或窗被打开时将报警。

与微波报警器相比,红外波长不能穿越砖头水泥等一般建筑物,在室内使用时不必担心由于室外的运动目标会造成误报。在较大面积的室内安装多个被动红外报警器时,因为他是被动的,所以不会产生系统互扰的问题。工作不受声音的影响,即声音不会使他产生误报。

(2)系统设计要点

①现场探测器,可直接安装在墙上、天花板上或墙角。

②布置时要注意探测器的探测范围和水平视角。

③探测器不要对准加热器、空调出风口管道。

④探测器不要对准强光源和受阳光直射的门窗。

⑤警戒区内注意不要有高大的遮挡物遮挡和电风扇叶片等的干扰,也不要安装在强电处。

(3)能够实现的功能

①处于警戒的探测器立即发出报警信号到报警管理中心,报警管理中心通过电子地图(GIS)识别报警区域确切位置。

②报警管理中心发出语音、警笛、警灯提示。

③翻越区域现场报警,发出语音、警笛、警灯、警告;夜间与周界探照灯联动,报警时,警情发生区域的探照灯自动打开。

④报警管理中心进行报警状态、报警时间的记录。若必要可设置向110发出报警信号。

⑤周界报警系统与闭路电视监视系统联动。报警时,警情发生区域的图像自动在监控中心图像监视器上弹出,监控中心通过操作云台和可变镜头监视警情发生区域的实况,启动录像机进行录像。

⑥警情处理完毕后,报警管理中心可控制前端设备状态的恢复。

ST-2000B-FDⅡ型防盗报警系统实训装置是依据目前建筑电气、楼宇智能化专业的实训内容精心设计的综合实训装置,结合当前防盗报警系统的技术要点,采用博世、豪恩、艾礼富、松大公司等先进设备,实现了防盗报警及周边防范系统的联动功能。本系统稳定而且可靠,安装简单易学,可为实训教学提供更多研究。

实训台上的主要设备是:40防区报警主机、液晶键盘、无线接收器、门磁、红外探测器、紧急按钮、红外窗帘探测器等,如图3.6所示。

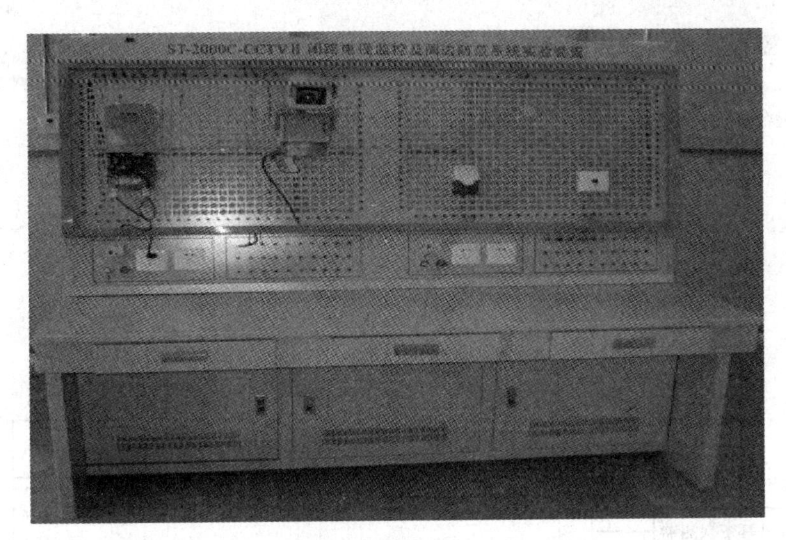

图 3.6 防盗报警系统实训台效果图

3.2 防盗报警系统的设备组成

防盗报警系统的设备组成如表 3.1 所示。

表 3.1

序号	器材名称	型　号	品牌产地	单位	数量
管理中心设备					
1	40 防区报警主机	DS7400	博世	个	1
2	液晶键盘(可编程)	DS7447I	博世	个	1
3	无线接收器	RF3222E	博世	个	1
4	可充电池	DS127	博世	个	1
5	18 V 变压器		博世	个	1
6	串行口接口模块	DS4010I	博世	个	1
7	32 路继电器输出板		博世	个	1
实训操作台设备					
1	无线门磁	RF3401E	博世	个	1
2	无线红外探测器	RF920E	博世	个	1
3	有线红外幕帘探测器	LH-912D	豪恩	个	1
4	有线紧急报警按钮	HO-01B	豪恩	个	1
5	有线门磁	HO-03F	豪恩	个	1
6	声光警号	HC-103	豪恩	个	1
7	30 m 红外对射探测器	ABT-40	艾礼富	个	1
8	实训台电源开关	定做	松大	个	1
9	琴台式实训台	1.8 m×0.8 m×1.65 m	松大	个	1

实训台防盗报警系统图如图 3.7 所示。

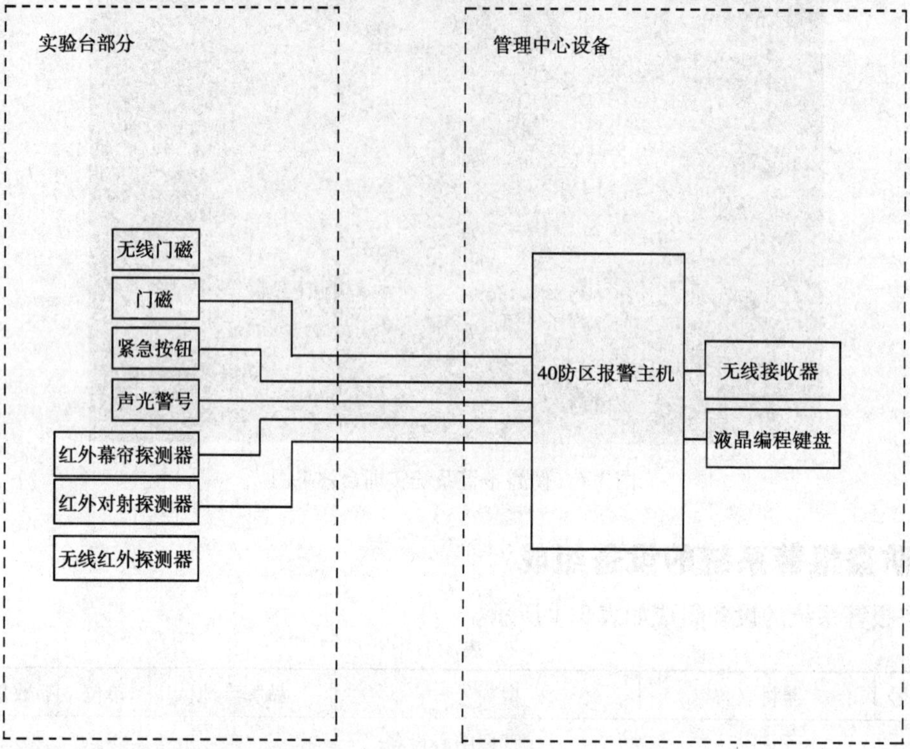

实验台部分
无线门磁
门磁
紧急按钮
声光警号
红外幕帘探测器
红外对射探测器
无线红外探测器
管理中心设备
40防区报警主机
无线接收器
液晶编程键盘

图 3.7 实训台防盗报警系统图

3.3 防盗报警系统实训内容

实训 1 40 防区报警主机安装操作

(一)实训目的

①加强对报警主机的认识。

②了解报警主机的基本安装及摆放位置。

(二)实训要求

①矩阵设备很重,价格高,安装时候注意不要损坏设备。

②安装到位后不可马上开通电源,要先检查接线和设备的连通是否正确。

③在专业课老师的指导下完成。

(三)实训仪器

报警主机 1 台;液晶键盘(可编程)1 个。

(四)实训步骤

取出报警主机,平放于实训台上,按最佳位置固定好,并按照说明书将报警主机连接到相关的控制键盘及电源上。

(五)注意事项

报警主机安装时要注意设备的摆放正确,在接线的时候要看准接线端口。键盘与报警主机直接的连接也要注意正确。

实训2 各设备间接线操作

(一)实训目的

①掌握防盗设备的接线操作过程。

②加深对防盗设备传输信号类型的了解。

(二)实训要求

①设备的接线过程在系统断电的情况下完成。

②完成接线后不可马上给系统通电,要检查接线的正确与否再上电实训。

③在专业课老师的指导下完成。

(三)实训仪器

40防区报警主机1台;液晶键盘(可编程)1个、无线接收器1个;有/无线门磁各1个;有/无线红外探测器各1个;30 m红外对射探测器;声光警号等。

(四)实训步骤

报警主机:打开主机机盖,仔细观察端子接线有无掉线、虚接等现象。检查背面与端子的接线有无掉线、虚节等现象。

操作键盘:观察键盘引线与实训台的接线端子之间的接线是否接好,有无掉线、虚接等现象。

有线探测区:观察各探测器的接线是否完好。

无线探测区:观察各探测器的接线是否完好。

1.安装设备

将设备固定,安装在实训台板面上,安装过程中要注意防止设备损坏。

2.实训台的布置图

布置图如图3.8所示。

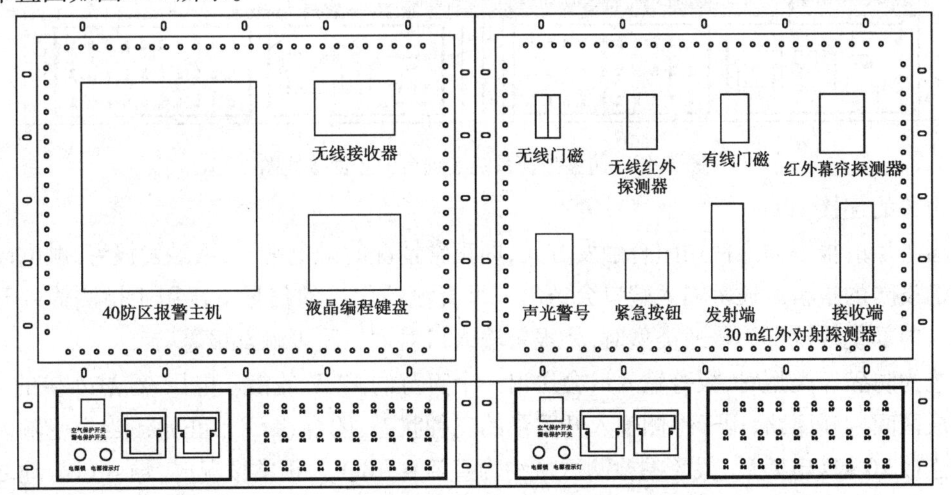

图3.8 防盗报警系统实训台的布置图

3. 实训台背面接线图

根据实训台背面接线图,如图3.9所示,将设备引线一一对应地接到实训台接线端子的背后。

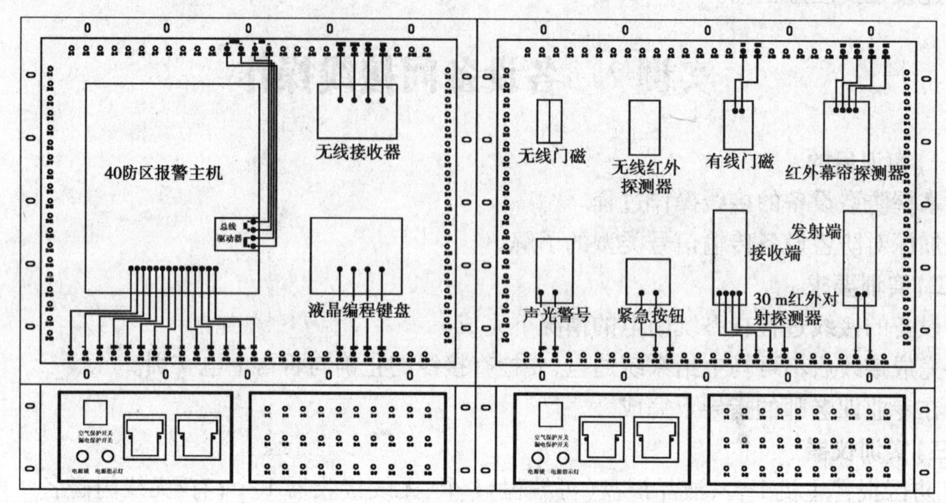

图3.9　防盗报警系统实训台的背面接线图

4. 实训台正面接线图

按照实训台正面接线图,进行正面跳线的连接,如图3.10所示。

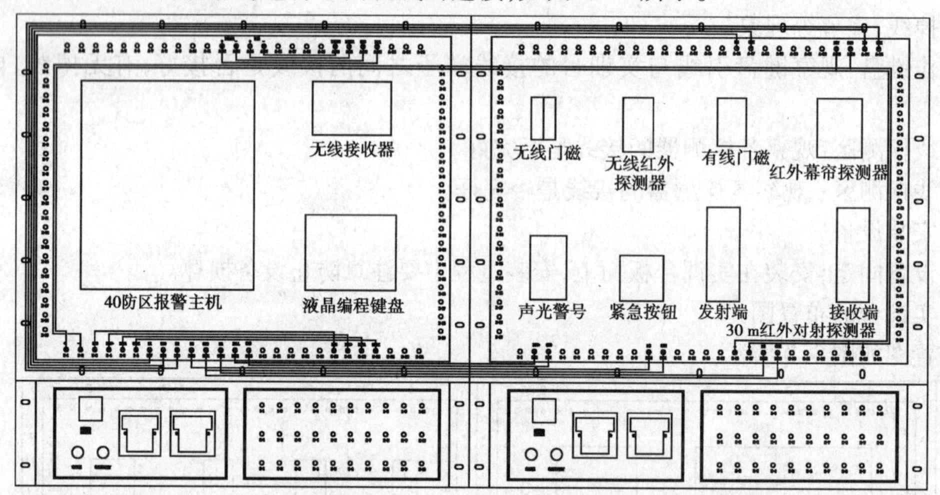

图3.10　防盗报警系统实训台的正面接线图

5. 报警的连接

普通类型的报警输入使用闭合触发方式,即正常情况时触电常开,不触发报警,触电闭合时将触发已设防的报警。通常输入端口会送出一个直流约5 V的信号电压用于检测输入开关量的状态。内部跳线设置为普通类型时,将报警输入口对地短路可触发报警。

设置为防破坏类型时,报警输入口会送出一个直流约12 V的信号电压,经过外接的10 kΩ电阻形成区间判断回路,用于检测输入开关量的三种状态:闭合、断开和正常。当报警输入口与地之间连接10 kΩ电阻后,报警的检测区域约为直流4~8 V。正常情况时,输入口与地之间电压约为6 V,当报警输入口发生对地短路或断路,引起电压变化,当电压小于4 V或约大于8 V

时，都会触发报警。

6. 报警主机的连接图

报警主机接线图如图 3.11 所示。

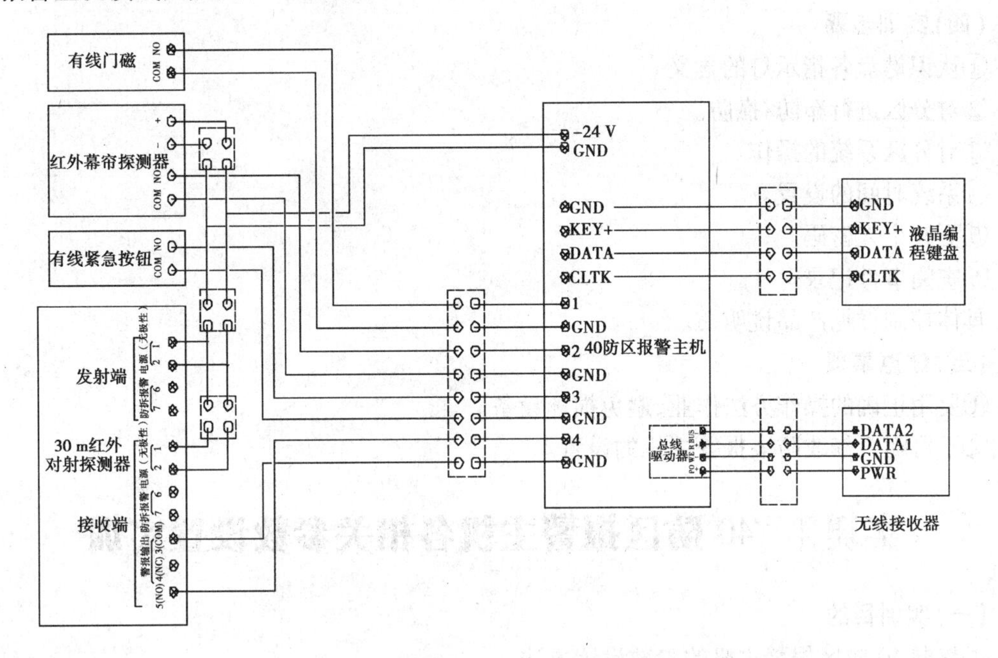

图 3.11　实训台报警主机的接线图

7. 其他设备根据系统接线图连接

用万用表检查系统线路，保证设备间无断线和短路现象。

8. 系统加电

将系统的电源插头插到电源插座板即可对系统加电，但在接通电源前应核对电网电压是否与机器所要求的电压相符。

9. 上电后检查

在上电后迅速观察设备有无冒烟、发出异味等异常情况，如果出现异常，应马上停电检查。如无异常，则进入系统的调试。

（五）注意事项

①注意电源线接线端的正负极，不可反接，以免烧坏设备。

②接线过程中确保系统已经断电再进行操作，确保人身安全。

③系统在上电运行过程中不可随意拔插设备的跳线，以免损坏设备。

实训 3　控制键盘使用控制操作

（一）实训目的

①掌握液晶键盘（可编程）的使用方法。

②进一步认识防盗报警设备的控制方式。

（二）实训要求

①操作之前要认真阅读键盘的操作说明书。

②在专业课老师的指导下完成操作。

(三)实训仪器

防盗报警系统1套;液晶键盘(可编程)1套。

(四)实训步骤

①认识键盘各指示灯的含义。

②对分区进行布防/撤防。

③对分区系统的操作。

④系统时间的设置。

⑤更改个人密码。

⑥查阅事件记录。

具体控制详见产品说明书。

(五)注意事项

①要用正确的操作方法作业,避免损坏设备。

②不可随意修改防盗报警主机的设置。

实训4　40防区报警主机各相关参数设置实训

(一)实训目的

①掌握40防区报警主机的参数设置方法。

②进一步学会40防区报警主机的操作。

(二)实训要求

①操作前要仔细阅读相关的产品说明书。

②在专业老师的指导下完成操作。

(三)实训仪器

40防区报警主机1台;配套的液晶键盘(可编程)1个。

(四)实训步骤

①通过液晶键盘划分防区,并对划分的防区进行布防和撤防设置。

②系统参数的设定、安全保护密码的设定等。

具体设置详见产品说明书。

(五)注意事项

设置过程中如有不明白的地方要仔细阅读产品说明书。

实训5　防盗报警系统调试操作

(一)实训目的

①掌握防盗报警系统的调试操作过程。

②对防盗报警系统有进一步的认识。

(二)实训要求

①操作前认真阅读相关的说明书。

②在专业课老师的指导下完成操作。

(三)实训仪器

40 防区报警主机 1 台;液晶键盘(可编程)1 个、无线接收器 1 个; 有/无线门磁各 1 个;有/无线红外探测器各 1 个;30 m 红外对射探测器;声光警号等。

(四)实训步骤

系统在正确编程后,使用出厂值用户码(PIN)是 1234,可参照图 3.12 步骤进行调试。

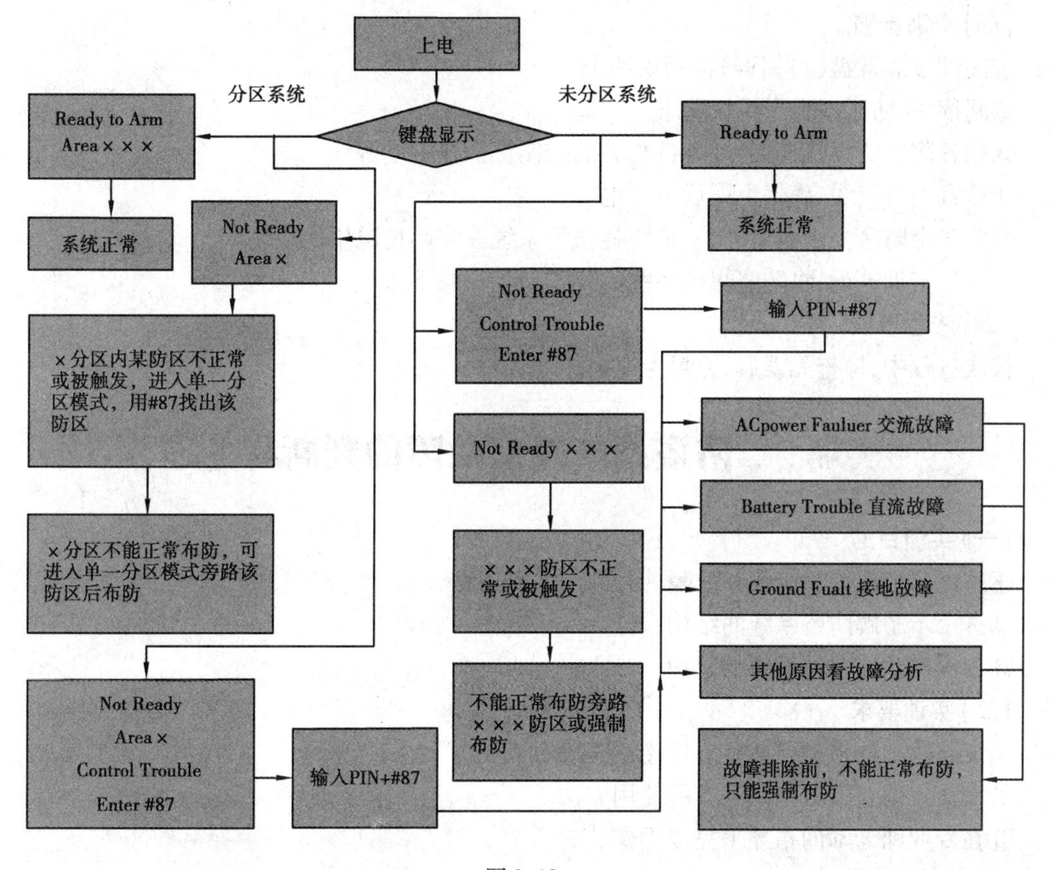

图 3.12

如果系统接 PC 机管理,按照框图步骤先将 DS7400XI 系统调试,然后在地址 4019 和 4020 中将通信开发(方法参考编程部分)。这样,以系统的管理将由软件实现,具体操作请参见有关软件的说明。

(五)注意事项

调试过程中如有不明白的地方要仔细阅读产品说明书。

实训 6 防盗报警系统应用

(一)实训目的

①掌握防盗报警系统的操作流程。

②进一步加深对防盗报警系统的认识。

(二)实训要求

①操作之前要认真阅读相关使用说明书。

②在专业课老师的指导下完成操作。

(三)实训仪器

40 防区报警主机 1 台; 液晶键盘(可编程)1 个、无线接收器 1 个; 有/无线门磁各 1 个;有/无线红外探测器各 1 个; 30 m 红外对射探测器;声光警号等。

(四)实训步骤

①阅读液晶键盘(可编程)使用说明书。

②阅读 40 防区报警主机说明书。

③把各防区的设备连接好,并把相关的控制键盘接上电源线。

④检查设备接线,确保无误后可通电。

⑤对各个防区分别做实训,模拟防盗报警系统在实际情况中的应用。

⑥做好实训笔记,将防盗报警系统的工作流程记录下来。

(五)注意事项

接线过程中,检查无误后,方可上电。

实训 7　防盗系统线路故障的判断与处理

(一)实训目的

①掌握防盗报警系统线路故障的判断与处理方法。

②进一步了解防盗系统的结构。

③加深对防盗报警系统的认识。

(二)实训要求

①线路故障的检测之前要确保连线正确。

②操作之前要学习测试工具的使用方法。

③在专业课老师的指导下完成操作。

(三)实训仪器

防盗报警系统实训装置 1 套;测试导线若干;万用表 1 个。

(四)实训步骤

①用测试工具万用表测量线路是否短路。选择正确的万用表挡位,如果万用表显示阻值并发出提示音说明线路是好的,没有阻值也没有语音提示说明线路处于断路的状态。

②确定线路短路后进行故障确定。若线路确定为断路状态则可能是路的焊接点出现虚焊或在拉线的过程中被割断。如是虚焊,则找到接头所在的地方重新焊接。如是割断,则需要重新进行拉线。

(五)注意事项

万用表要正确使用,不然会影响对线路作出的判断。在做焊接操作的时候要在老师的指导下完成,焊接是高温作业,注意安全。

实训8 设备故障的判断与处理

(一)实训目的

①掌握防盗系统中设备故障的判断与处理方法。

②进一步了解防盗报警系统的组成。

③掌握设备故障的检查与判断能力。

(二)实训要求

①设备的检查过程中也要注意不要让设备二次受损。

②操作前要进一步了解设备的结构。

③在专业课老师的指导下完成操作。

(三)实训仪器

各类防盗报警设备1批;万用表等检测工具1批;连接导线若干。

(四)实训步骤

①检查设备是否正常供电。检查设备的供电接口,看电源线插接是否稳当,有没有忘接线或接触不良等现象。

②检查线路是否连接正确。检查线路的连接有无连接错误,如通信线路是否与电源线存在错接。

③检查线路是否正常。线路出现断路的先将线路维修好。

④检查设备是否故障。如同型号的设备更换后运行正常,说明是设备出现故障。

(五)注意事项

设备在通电的情况下请勿随意拔插连线,以免触电。

实训9 设计并安装一个简易应用系统

(一)实训目的

①加深对防盗报警系统的整体认识。

②培养防盗报警系统的配置设计能力。

(二)实训要求

①收集相关知识和材料,对防盗报警系统有深入的了解。

②在动手进行设备上电操作之前,将系统连接图绘制好。

③在专业课老师的指导下完成实训内容。

(三)实训仪器

防盗系统1套;连接跳线若干;螺丝与螺丝刀等辅助工具1批。

(四)实训步骤

①设计一个简单的防盗报警系统,确保系统的可行性和完整性。

②绘制系统结构图。

③绘制系统设备接线图,标出线型和连接端口名称。

④在专业课老师检查无误后可以进行设备连接操作。
⑤设备上点前再次检查系统的接线是否正确。
⑥系统得到验证后写下实训总结。

(五)注意事项

①要认真学习防盗报警系统的结构,配置要合理。
②进行设备的连接操作过程中避免损坏设备。

项目4　楼宇对讲与室内安防系统实训

4.1　系统概述

楼宇对讲及室内安防系统广泛运用于住宅小区、商住楼、别墅等智能小区项目,已进入人们的日常生活当中。他提供了房屋业主、访客及物业管理中心三方呼叫、通话、开锁及联网管理等功能,并为业主提供多个防区的报警功能,是智能住宅社区项目必不可少的配套工程。

"ST-2000B-DJⅡ型对讲及室内安防系统实训装置"依据目前我国高等院校建筑电气、楼宇智能化系统的发展方向,采用深圳视得安可视对讲系统的全套设备,集微电脑技术、视频监控、传输技术、数码通信技术、电话机技术于一身,并且在设计上充分考虑了建筑工地现场设备安装调试的实际情况及方便学生动手实训的各种因素,在结构上采用端子接线方式,可实现在实训过程中对系统设备的有效保护,又可全面提高实训教学质量,是理想的建筑智能化实训教学产品。

可视对讲及室内安防系统是在对讲机-电锁门的基础上加电视监控和安全防范系统而成。系统在楼宇(小区)的入口处设有电锁门,上面装备有电磁门锁。平时门总是关闭的,在入口的门边安装有门口机。来访者需要在门口主机上输入被访者资料(楼层和门牌号码),此时,被访者的室内分机铃响,室内机屏幕显示来访者图像(须可视分机,如来访者认识,不需通话,按下开门按钮即可开启楼下电锁),这时就可拿起话筒对话。当被访者问明来意并同意探访时,即可按动室内分机上的开门按钮。楼下电锁开启,来访者即可开门进入。反之,拒之门外,达到保安目的。在使用安保型可视(非可视)分机的室内,还安装有多种探测设备,以确保居家的安全。可视(非可视)对讲及室内安防系统由门口主机、可视(非可视)室内分机、不间断电源、电控锁等组成,系统如图4.1所示(参考)。系统实训台如图4.2所示。

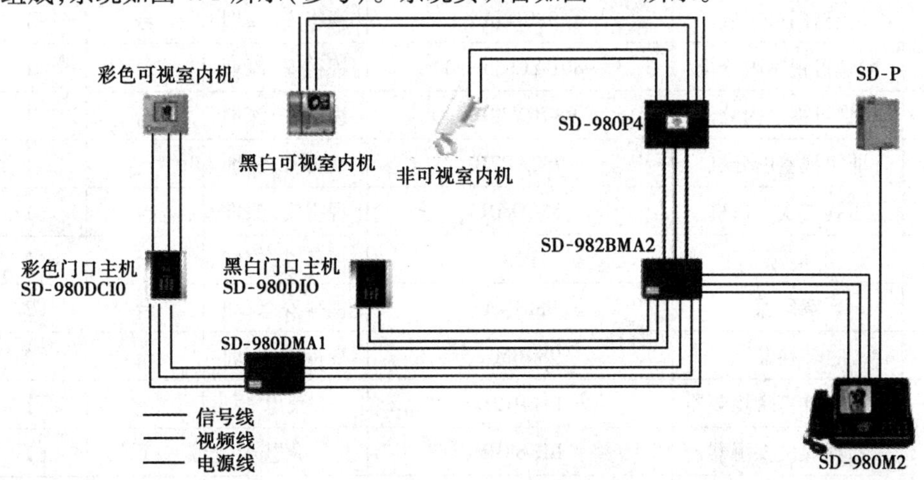

图4.1　系统结构

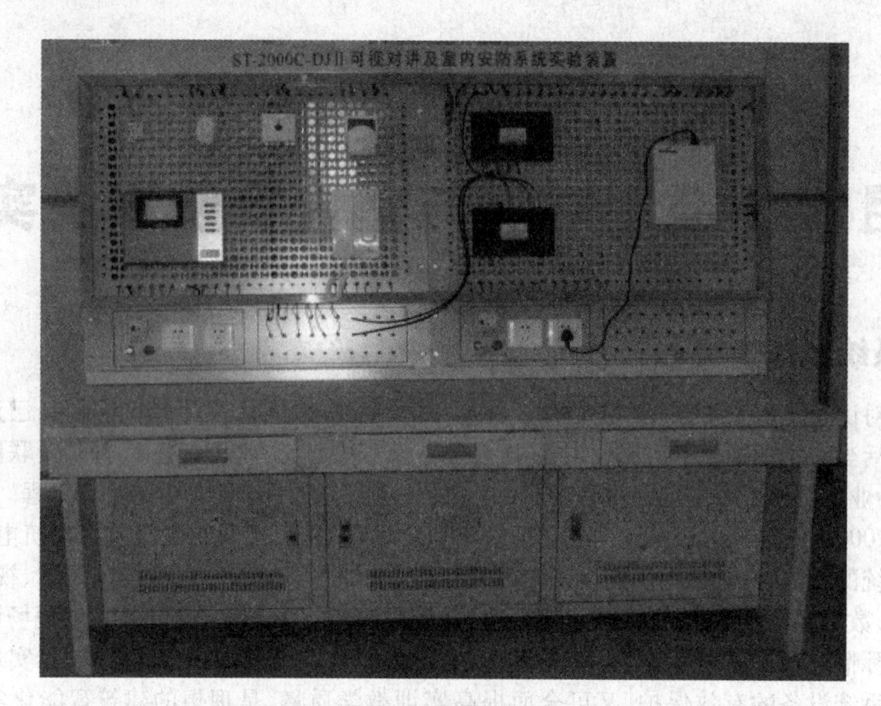

图 4.2　可视对讲系统实训台图

4.2　楼宇对讲及室内安防系统设备组成

对讲及室内安防系统设备组成如表 4.1 所示。

表 4.1

序号	器材名称	型　号	品牌产地	单　位	数　量
实训台可视对讲部分					
1	彩色门口主机	980DC11	视得安/深圳	台	1
2	黑白门口主机	980D6A	视得安/深圳	台	1
3	彩色可视室内分机	980RYC635.6B	视得安/深圳	台	1
4	黑白可视室内分机	980RY32BS	视得安/深圳	台	1
5	非可视室内分机	980AR7B	视得安/深圳	台	1
6	可视二次门口机	880D801	视得安/深圳	台	1
7	电源	P18	视得安/深圳	台	2
8	解码器	980P4A	视得安/深圳	台	2
9	转换器	980BMA	视得安/深圳	台	2
10	有线红外幕帘探测器	LH-912D	豪恩	个	1
11	有线煤气探测器	LH-88IIF	豪恩	个	1
12	有线紧急报警按钮	HO-01B	豪恩	个	1

续表

序号	器材名称	型　号	品牌产地	单　位	数　量
13	有线门磁	HO-03F	豪恩	个	1
14	实训台电源开关	定做	松大	个	1
15	琴台式实训台	1.8 m×0.8 m×1.65 m	松大	个	1
可视对讲控制中心					
1	管理中心机	SD-980MC3	深圳视得安	台	1

4.2.1　管理中心机 SD-980MC3

1)特点

①总线制传输、布线方式简便。

②可连接 999 个单元可视对讲系统。

③可与小区内任一主机、分机实现互相呼叫、对讲、监看功能。

④7 位码显示,操作简单。

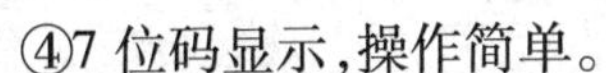

图 4.3

⑤可转接住户间的呼叫、通话。

⑥有报警警情提示。

⑦可多台管理中心联网,可互相呼叫、通话。

⑧可连接电脑。

⑨待机:4 W,工作:19.8 W。

⑩外形尺寸:335 mm×285 mm×160 mm。

⑪质量:2.5 kg。

2)管理机号的设置

管理中心机号采用十六进制编码,设置范围为 01～15。

3)识别显示屏

识别显示屏如图 4.4 所示。

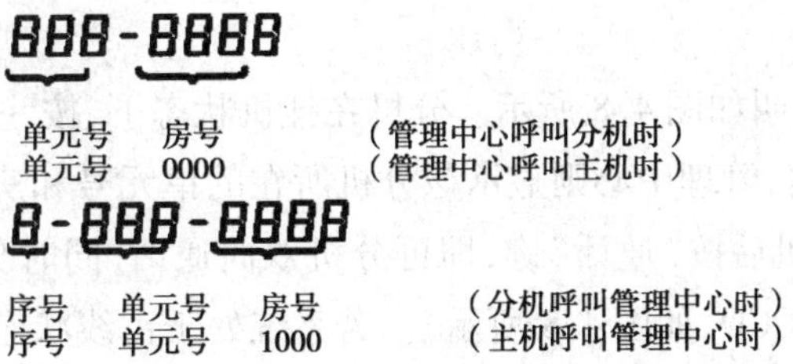

888-8888

单元号　房号　(管理中心呼叫分机时)
单元号　0000　(管理中心呼叫主机时)

8-888-8888

序号　单元号　房号　(分机呼叫管理中心时)
序号　单元号　1000　(主机呼叫管理中心时)

图 4.4

4)功能说明

(1)呼叫功能

管理中心可以呼叫分机、主机及其他管理中心(如整个系统中有多台管理中心时)。

①管理中心呼叫分机如图4.5所示。如被呼叫分机所在的单元系统处于静态(未占线),则在管理中心上输入该分机的单元号和房号门(7位码),再按"#"号键,则管理中心视频打开,分机有振铃,分机的视频打开(如果管理中心连接了CCD,则分机显示管理处图像)。此时,管理中心摘机可与分机(分机也摘机)双向通话。

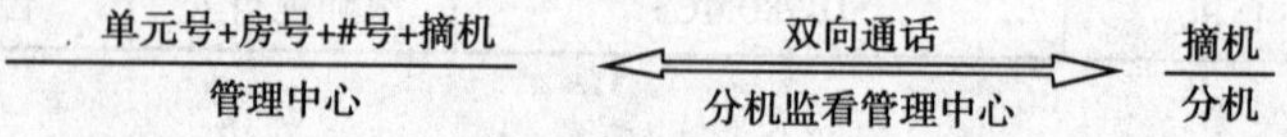

单元号+房号+#号+摘机
管理中心
双向通话
分机监看管理中心
摘机
分机

图4.5

如被呼叫分机所在的单元系统处于使用中(占线),则管理中心呼叫该分机无效。

②管理中心呼叫主机(仅限SD-980系统如图4.6所示)。如被呼叫主机处于静态时,则在管理中心上输入单元号和"1000"(七位码),再按"#"号键,则管理中心视频打开,显示主机图像,此时摘机即可与主机双向通话,同时按"开锁"键也可启主机电锁。

单元号+0000+#号+摘机
双向通话,显示主机图像
按开锁键开启主机电锁
主机

图4.6

如被呼叫主机处于使用中,则管理中心呼叫该主机无效。

③管理中心呼叫其他管理中心如图4.7所示。同一小区系统中如连接了多台管理中心,则管理中心之间可以互相呼叫。按"通报"键后输入被呼叫管理中心的机号(2位码),再加"#"键,呼通后,双方摘机即可双向通话,如图4.7所示。

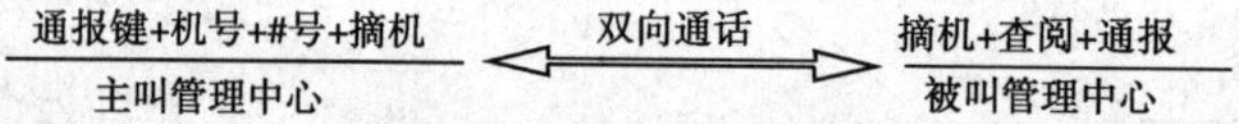

通报键+机号+#号+摘机
主叫管理中心
双向通话
摘机+查阅+通报
被叫管理中心

图4.7

(2)被呼叫功能

管理中心可以被本小区系统的分机、主机、其他管理中心(如小区系统中连接了多台管理中心)呼叫。

①管理中心被分机呼叫如图4.8所示。分机在挂机状态下,按一下"呼叫"键,免提可视分机直接按一下"管理处"键,管理中心则显示该分机所在的单元号和房号,并有提示音。如此时管理中心处于静态,则摘机后按"通话"键,即可分机双向通话,同时分机视频打开显示管理中心图像(管理中心连接了CCD,如图4.8所示)。若系统处于占线状态,分机则只能将码信号发到管理中心。

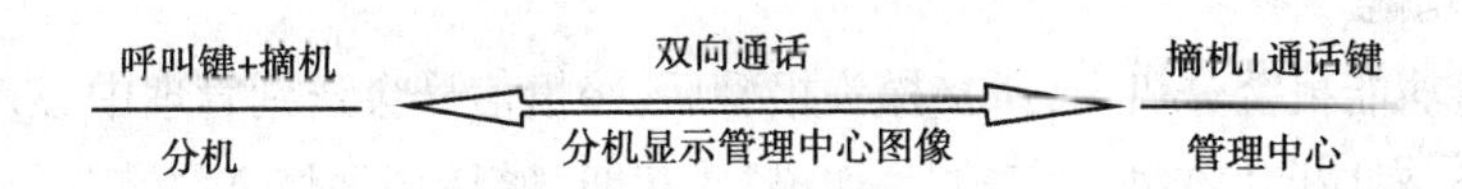

图 4.8

②管理中心被主机呼叫如图 4.9 所示。主机按“1000”,再按“#”号键可呼叫管理中心(直按式主机按“管理中心”键),管理中心显示该主机单元号 +“0000”,并发出提示音。如管理中心处于静态,则摘机后按“通话”键,即可与主机双向通话,且管理中心显示主机图像,此时按“开锁”键,可开启主机电锁。

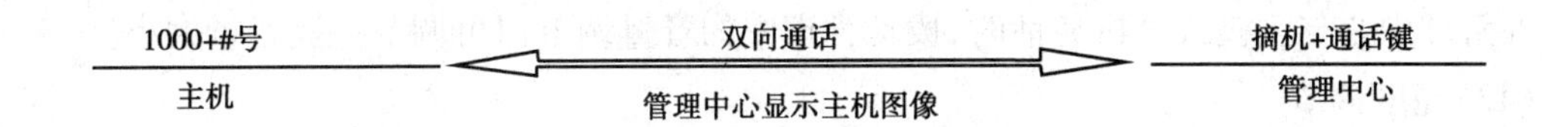

图 4.9

(3)三方通话功能

整个小区系统中,如一台分机要与另一台分机通话,则主叫分机先呼叫管理中心,与管理中心通话后,告诉管理员被呼叫分机的“单元号”和“房号”;管理中心先按“#”键,然后输入另一分机的单元号和房号,再按“#”键,被叫分机摘机后,三方可同时通话;此时管理中心挂机,则两台分机之间仍然通话,如图 4.10 所示。仅 SD-980 系统有此功能。

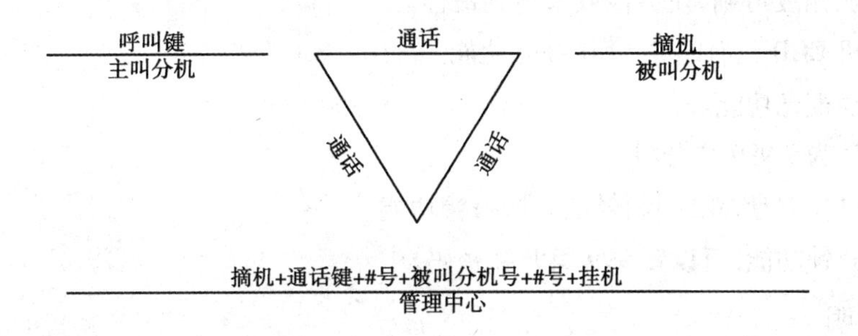

图 4.10

(4)免提通话功能

主呼和被呼通之后,挂机状态下,按“通话”键,即可进行免提通话。

(5)报警号码存储功能

管理中心可存储最后 5 个报警号码(含警情)。

(6)警号码查阅功能

按“查阅”键可逐一查阅所存储的报警号码。

(7)报警号码清除功能

按一下“清除”键,可清除当前显示的报警号码。

(8)警情指示功能

如系统中有多功能报警分机,其所接探头报警后,警情信号会送到管理中心,管理中心除显示该分机的号码外,对应的"红外""门磁""烟感" "瓦斯"警情指示灯亮。

(9)连接电脑功能

管理中心有 RS232 串行口,可通过电脑进行安防报警信息管理、月报打印。

(10)通话与通报状态切换

当管理中心与主机或分机处于通话状态时,按下通报键即可转换到通报状态(即联网管理中心相互之间通话状态);当管理中心处于通报状态时,按下通话键,即可转换到通话状态。

(11)音量调节

在管理中心与主机或分机通话时,拨动管理中的音量调节钮可调节免提音量大小。

(12)亮度调节

在管理中心正常显示主机图像时,旋动亮度调节钮可以调节图像亮度。

(13)对比度调节

在管理中心正常显示主机图像时,旋动对比度调节钮可以调节图像对比度。

4.2.2 彩色/黑白门口主机 SD-980DC11/SD-980D6A

1)特点

①LCD 中文菜单操作提示。

②CCD 镜头角度可调,使摄像效果达到最佳。

③彩色主机 CCD 具有超亮 LED 补光功能。

④按键自动夜光功能。

⑤最大容量为 9 999 户分机。

⑥数码式操作键盘、总线制布线、防拆报警功能。

⑦有密码开锁功能,可设置 999 组开锁密码。

2)功能说明

(1)呼叫功能

主机可以呼叫所在单元的分机及所在小区的管理中心。

①主机呼叫分机,如图 4.11 所示。如主机所在的单元系统处于静态(未占线),则在主机上输入分机所在的楼层号和房号(四位码),再按"#"键,该分机有振铃并且视频被打开,此时该分机摘机可与主机双向通话,同时可按"开锁"键开启主机所带电锁。如主机所在的单元系统处于使用中(占线),则呼叫无效,请稍等片刻再继续呼叫。

②主机呼叫管理中心,如图 4.12 所示。如管理中心处于静态时,则在主机上输入"1000" + "#"键,管理中心有提示声,摘机后按"通话"键,即可与呼叫主机通话,并且管理中心显示主机图像,此时管理中心按"开锁"键即开启主机电锁。

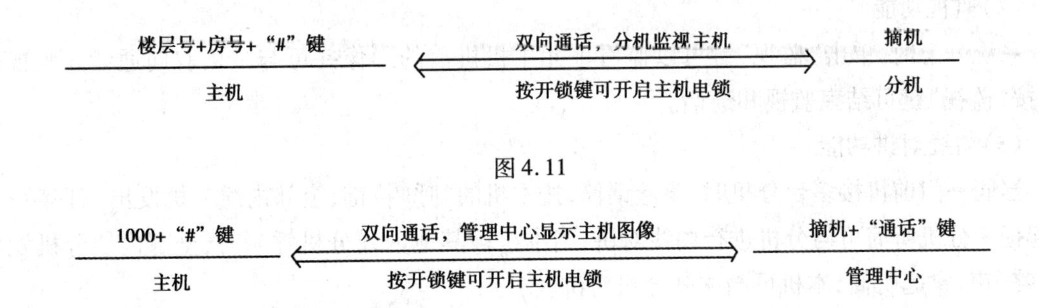

图 4.11

图 4.12

③被监视功能如图 4.13 所示。主机可被所在单元的分机监视，如该单元系统处于静态（未占线），分机按下“监视”键，则分机显示主机图像，摘机可与主机通话，此时按“开锁”键可开启主机所带电锁。

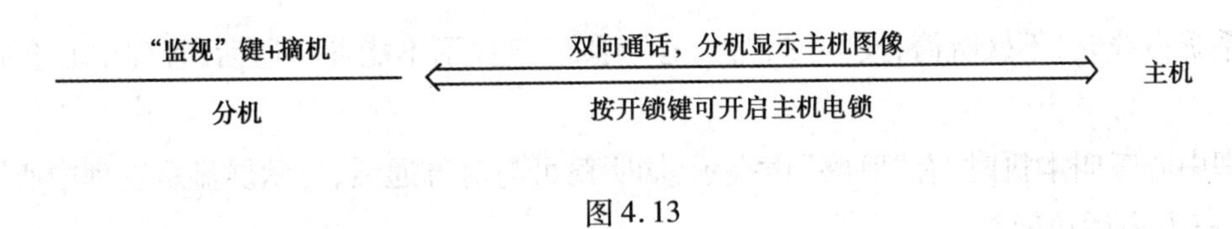

图 4.13

(2) 被呼叫功能

主机可被所在小区的管理中心呼叫。如被呼叫主机处于静态时，管理中心输入单元号和“房号”（四位码）再按“#”键，则管理中心视频打开显示主机图像，此时摘机即可与主机双向通话，同时也可按“开锁”键开启主机电锁。

(3) 清除功能

主机呼叫分机或管理中心时，如发现输入号码有误，按“ * ”键清除，然后重新输入。

(4) 密码开锁功能

先按“#”键，然后输入开锁密码，再按“#”键，若密码正确，则电锁自动打开。

(5) 黑白主机 CCD 具有红外线夜视功能

彩色主机 CCD 具有超亮 LED 补光功能。

4.2.3 彩色/黑白可视室内分机(SD-980RYC635.6B/SD-980RY32BS)

1) 特点

可视报警分机功能齐全，可免提通话，外观新潮，壁挂式安装，高清晰度彩色图像显示。它可与管理中心联网将单元系统联网成小区总线系统，轻松实现住户分机、单元门主机以及管理中心之间的通话、监视、开锁功能。

2) 功能说明

(1) 被呼叫、呼叫、开锁功能

当本机响起“叮咚”声时，表示有访客，本机显示访客影像。

(2)监视功能

系统静态时,单击"监视"键可以监看单元主机机前的影像并可与主机双向通话。监视期间,按"监视"键可结束监视和通话。

(3)内线对讲功能

当同一门前机接多台分机时,拿起话筒,按本机的"呼叫"键,全部内线分机发出"叮咚"声,提起任一分机听筒可与分机进行内线对讲;当本机被其他内线分机呼叫时,全部内线分机发出"叮咚"声,拿起听筒,本机可与主呼分机对讲。

(4)户户通功能

本单元及被呼叫的单元均为静态时,在本机的键盘上输入"被呼叫方单元号 + XXXX"后按"#"键确认,即可呼通该单元的"XXXX"号分机,分机摘机后可进行双向通话。

(5)与管理中心通信功能

静态时,不摘听筒,按"呼叫"键,占线灯亮,显示屏打开并显示管理中心影像,拿起听筒可双向通话。

在系统占线时,不摘听筒,按"呼叫"键,有"叮咚"声提示不能参与通话,管理中心会收到本机号码。

管理中心呼叫本机时,有"叮咚"声提示,摘听筒可与对方通话,显示屏显示管理中心图像。

(6)三方通话功能

另一台分机与管理叫心工作时,管理中心以三方呼叫的方式可呼通本机,此时可实现本机、另一台分机与管理中心之间的三方通话。管理中心挂机后,本机和此分机仍可继续通话。

(7)定时自动关机功能

本机被单元主机、门前机等呼通后,若未摘机应答,约 30 s 后自动关机,

本机被呼通后,如 30 s 内摘听筒,则本机重新定时,再过约 90 s 后自动关机。

本机呼叫管理中心时,工作约 90 s 后自动关机。

按"监视"键监视主机时,本机定时约 30 s 自动关机。

(8)手动关机功能

本机被呼通时,摘听筒可进行通话,若按一下"监视"键,执行手动关机功能。

(9)紧急报警功能

按紧急报警或者按外接手动报警按钮,迅速将本机紧急报警信息传送到管理中心。

(10)信息发布功能

系统静态时,按住"监视"键,显示屏显示收到的信息,再按"监视"键关机。

(11)撤防

防区撤防后,相应防区的指示灯灭(报警声停止),撤防信息将传送到管理中心。

4.2.4 非可视室内分机 SD-980AR7B

1)特点

SD-980AR7B 是 SD-980 可视对讲系统中新一代具有安全防范报警功能的非可视对讲分机,如图 4.14 所示。它可与 980 系列主机连接成单元总线系统,通过管理中心又可将单元总线系统联网成小区总线系统,从而实现住户分机、单元门机以及管理中心之间的通话、安全防范报警等安防管理功能。

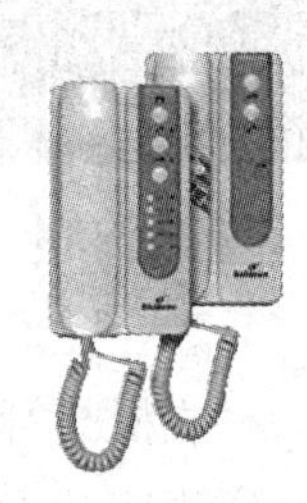

图 4.14

2)功能说明

系统静态时,按一下呼叫键后,占线灯亮并响叮咚声 3 次,管理中心应答后可进行双向通话,工作 90 s 左右自动关机。系统占线时,按一下呼叫键后,响叮咚声 1 次,将本机号码传送到管理中心,发码后本机恢复静态。

①被呼叫:当本机被主机或管理中心呼通后,响叮咚声 3 次,占线灯亮,30 s 内摘取听筒,可与对方通话,本机工作 90 s 左右自动关机。本机响叮咚期间,若有摘机或挂机的操作,则立即停止叮咚声。

②开锁:本机与主机工作期间,按一下本机的开锁键可开启主机所控制的电锁,且“开锁”灯亮。

③自锁、互锁:当系统占线时,按一下呼叫键,虽不能通话,但可将本机号码传送至管理中心。

④定时关机功能:本机被呼通时,不摘机,30 s 左右自动关机。本机被呼通后,25 s 内摘机,通话 90 s 左右自动关机。

⑤三方通话:另一台分机呼通管理中心后,管理中心以三方通话的方式可呼通本机,实现三方通话。按一下分机上的“紧急”或外接的“紧急”按钮,分机即刻将紧急信号发往管理中心。

4.2.5 二次确认门口机 SD-880D801

二次确认门口机 SD-880D801 如图 4.15 所示,功能如下:

①可与分机实现呼叫、可视对讲功能。

②彩色 CCD 有超亮 LED 补光功能。

图 4.15

4.2.6 信号转换器 SD-980BMA

SD-980BMA 是 980 可视对讲系统中联网用的记号转换器,如图 4.16 所示。它通过 BMA 将 980 单元总线系统联网成小区总线系统,从而实现住户分机与管理中心之间的通话、报警、监视等安防管理功能。

①信息传递:把分机的信息和单元号传送给管理中心,并把管理中心的信息转发给分机,实现分机与主机之间的信息传递功能。

图 4.16

②线路连接：主机、分机、管理中心相互之间的呼叫、监视、信息发布、提取等功能必须通过转换器传输实现。

③定时关机：

a. 系统静态时，主机呼通管理中心后无应答，则本机 15 s 后自动关机。

b. 主机与管理中心或围墙门主机工作时，不挂机，则本机 60 s 后自动关机。

c. 主机与管理中心工作时，若管理中心不挂机，则本机 60 s 后自动关机。

④视频放大及调节：

a. 分机与管理中心工作时，分机显示管理中心 CCD 头的图像，调节旋钮 GAIN 和 HF2 来实现视频放大及调节功能，使分机图像至最佳状态。

b. HA1 长线高频补偿短路插针：为增加高频补偿强度，当视频传输线距离大于 200 m 时，用短路插子使 HAL 短路。

⑤发码不冲突：本机向管理中心发码时若有冲突，信息可存储并延迟一段时间，待管理中心空闲后，本机可将所有信息发码至管理中心。

4.2.7 保护器 SD-980P4

保护器 SD-980P4 如图 4.17 所示。

①可使分机线短路时系统得到隔离和保护，从而不影响整个系统正常工作。

②有 4 个分机端口。

③有视频放大器功能。

④有楼层接线盒功能。

⑤有故障指示功能。

图 4.17

4.2.8 电源 SP-P18

电源 SP-P18 是可视对讲系统不间断电源供应器，如图 4.18 所示。

图 4.18

①输出电压为：DC18 V，输出功率为：30 W。

②输入电压为：AC220 V + 10%。

③可接 3 只 DC6 V 4AH 蓄电池。

④电源：AC220 V/50 Hz。

⑤输出功率：36 W。

⑥输出电压：DC18 V。

⑦外形尺寸：245 mm × 150 mm × 90 mm。

⑧质量：3.15 kg。

4.2.9 紧急按钮 HO-01B

紧急按钮 HO-01B 如图 4.19 所示。

①连接方式:COM.,N/O。

②额定电流:300 mA。

③额定电压(VDC):250。

④毛重(kg):12。

⑤数量(pc):160。

⑥包装尺寸:370 mm×370 mm×80 mm。

图 4.19 系统图

4.2.10 红外探测器 LH-980

红外探测器 LH-980 如图 4.20 所示。其探测距离远、近可选。它采用 8-BIT 低功耗微处理器自动温度补偿技术,超阶级强抗误报能力,广角透镜与幕帘透镜可选,方便不同场所的使用;LED ON/OFF 可选,脉冲计数可选,报警输出 NC/NO 可选,适应不同的报警主机;采用 SMT 工艺,产品安装方便,三种方式可选。

表 4.2

安装高度	最佳为 2.2 m
工作温度	-10~50 ℃(14~122 ℃)
继电器输出	常闭/常开可选,接点容量 60 VDC,100 mA
防拆开关	常闭无电压输出,接点容量 28 VDC,100 mA
外形尺寸	96 mm×59 mm×46.5 mm

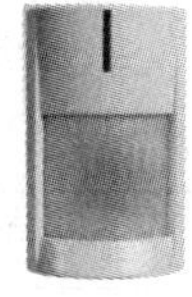

图 4.20

4.2.11 煤气探测器 LH-88IIF)

煤气探测器 LH-88IIF 如图 4.21 所示。

(1)功能特点

感应气体:煤气\天然气\液化石油气。

(2)技术参数

①电 源:AC220 V 50 Hz 家用电源或 DC12 V 的直流电源。

②报警浓度:15% LEL 。

③恢复浓度:8% LEL 。

④工作温度:-10~+40 ℃ 。

⑤报警浓度误差:不大于 ±5% LEL 。

⑥尺寸:120 mm×70 mm×43 mm。

图 4.21

4.3 楼宇对讲与室内安防系统实训内容

实训1 对讲设备安装

(一)实训目的

①掌握对讲设备的安装操作。

②了解对讲系统设备的基本组成。

③训练动手操作能力。

(二)实训要求

①课前了解对讲设备的基本组成。

②操作过程中正确使用工具,避免损坏设备。

③在专业课老师的指导下完成操作。

(三)实训仪器

对讲可视室内分机1台;对讲非可视飞机1台;解码器P41台。BMA联网控制器1台;P18电源1台。

(四)实训步骤

器材安装时,必须考虑其安装方式,高度以及注意事项如表4.3所示。

表4.3

器材类别	安装方式	安装高度	注意事项
主机类(包括单元门口主机,围墙门主机,住户门主机)	可嵌入安装在门体上,也可预埋式安装在墙体上	1 450 mm	1.不要暴露在风雨中,如无法避免,请加防雨罩 2.不要将摄像机镜头对直射的阳光或强光 3.尽量保证摄像机镜头前的光线均匀 4.不要安装在强磁场附近 5.连接线在主机入口处应考虑夜间可见光补偿 6.不要安装在背景噪声大雨70 dB的地方
室内系列分机	挂墙架式壁装(台式分机可置桌面上)	1 450 mm	1.不要将现实屏面对直射的强光,彩色分机要注意光线角度 2.不要装在高温或低温的地方(标准温度为0~50 ℃) 3.不要安装在滴水处或潮湿的地方 4.不要安装在灰尘过大或空气污染严重的地方 5.不要安装在背景噪声大于70 dB的地方 6.不要安装在强磁场附近

续表

器材类别	安装方式	安装高度	注意事项
电源	可以明装(挂墙)推荐使用工程箱预埋	明装时高度应大于1 500 mm	1.注意通风散热; 2.注意用电安全,箱盖闭合
信号转换器	可以明装(挂墙架或壁挂);推荐使用工程箱与主机电源一起安装在单元门附近	明装时高度应大于1 500 mm	1.不要与其他强电系统装在一起 2.与其他弱电系统器材应该保留500 mm间距
保护器 解码器 视频放大器	可以在弱电井或楼层墙面上明装(挂墙架或壁挂),推荐使用工程箱安装	在楼层墙面上安装时,高度应大于1 500 mm	1.不要与其他强电系统装在一起 2.与其他弱电系统器材应该保留500 mm间距
红外探测器	壁挂式	1.8~2.4 m,一般高度为2 m	1.不要面对玻璃窗或窗口,以及冷暖气设备 2.不要面对光源,移动物体(如风扇、机器) 3.避免高温、日晒、冷凝环境
门磁探测器	门框,门体嵌入式	一般在门体上部磁铁与发码器的最大间距25 mm(无线式)	1.避免强磁场干扰 2.安装牢固
烟感探测器	明装	一般安装在天花板上	避风的位置
瓦斯探测器	明装	根据其说明书安装	根据其产品说明书

(五)注意事项

操作过程中轻拿轻放,不要损坏设备。

实训2 实训操作台的接线操作

(一)实训目的

①掌握各对讲设备的接线端类型。

②训练设备接线操作。

(二)实训要求

①接线过程中避免损坏接线端。

②在专业课老师的指导下完成操作。

(三)实训仪器

各对讲设备1批;连接导线若干;螺丝刀等工具1批。

(四)实训步骤

(1)安装设备

将设备固定安装在实训台板面上。安装过程中要注意防止设备损坏。

(2)楼宇对讲及室内安防系统实训台布置图

实训台布置如图4.22所示。

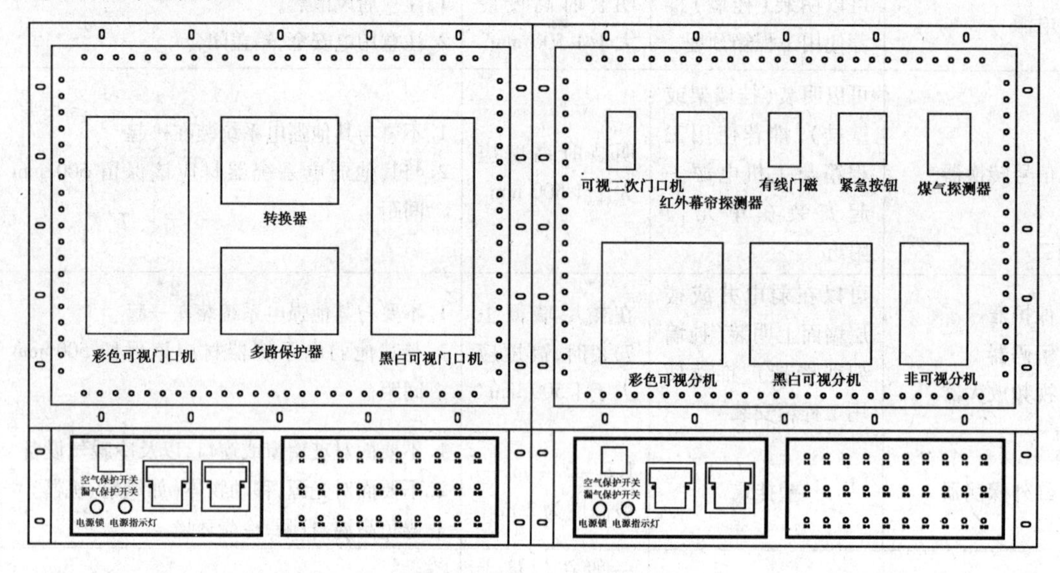

图4.22 实训台布置图

(3)楼宇对讲及室内安防系统背面接线

设备安装完毕后,将设备的端子接线通过穿线孔引到实训台后面板,接到相应的端子上。连接背面接线时,特别注意线不能接错。线完毕后,要用万用表测试,防止接错线。

实训台的背面接线如图4.23所示。

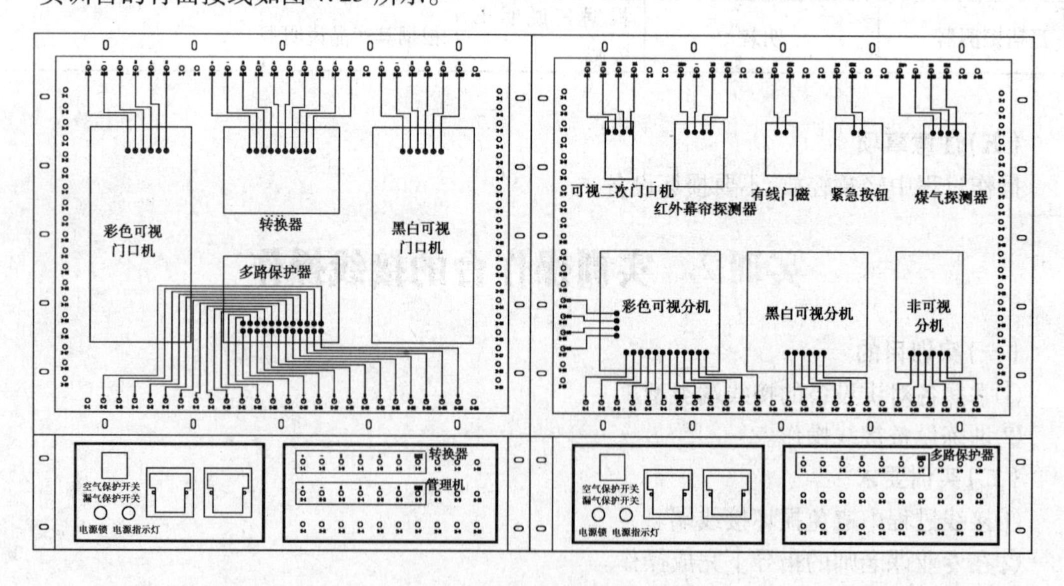

图4.23 实训台背面接线图

(4)可视对讲系统正面跳线

背面接线完毕后连接正面跳线;将做好的跳线准备好,将不同规格、不同种类的跳线分类放置,然后连接系统正面接线如图4.24所示。

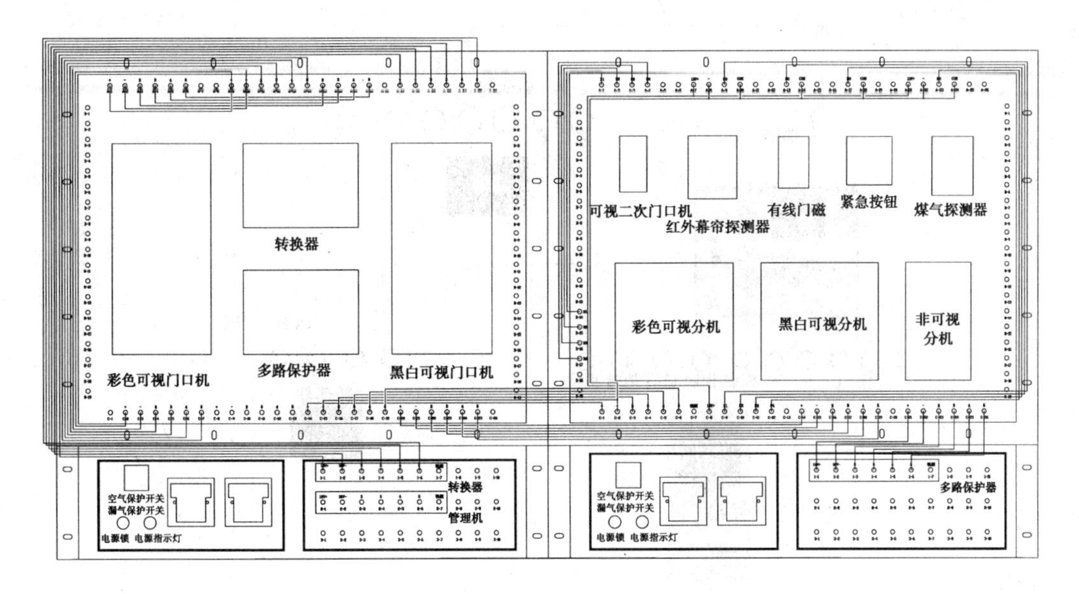

图4.24 可视对讲系统正面接线图

(五)注意事项

仔细阅读设备的背面接线图,不要随意损坏焊接端口,避免连线断路。

实训3 对讲系统各设备之间的接线

(一)实训目的

①掌握对讲系统各设备间的接线操作。

②进一步了解对讲系统的结构组成。

(二)实训要求

①连线之前要仔细阅读接线图。

②接线好了之后不可马上开通电源,要先检查线路连接的正确与否。

③在专业课老师的指导下完成操作。

(三)实训仪器

各对讲设备;连接跳线若干。

(四)实训步骤

①先连接视频线。仔细看系统的接线图,根据图4.25连接系统。

②连接信号线、控制线。根据接线图4.26连接系统。

③最后连接电源线。在本系统中只有一个电源,将系统电源的电源线由电源上面的端子引出,连接到转换器,由转换器连接到主机,依次类推,将下排设备全部上电,同样将下排设备连接电源线,最后从电源端子连一根电源线到管理中心机。

特别注意:主机、分机连接到转换器和解码器的视频线一定要对应所连接的端子。例:黑白室内分机的接地、音频、控制等线接到解码器的第三组分机接线端子上,黑白室内分机的视频线一定要接到解码器的第三个视频端子上。

可视对讲系统接线示意图如图4.28所示。

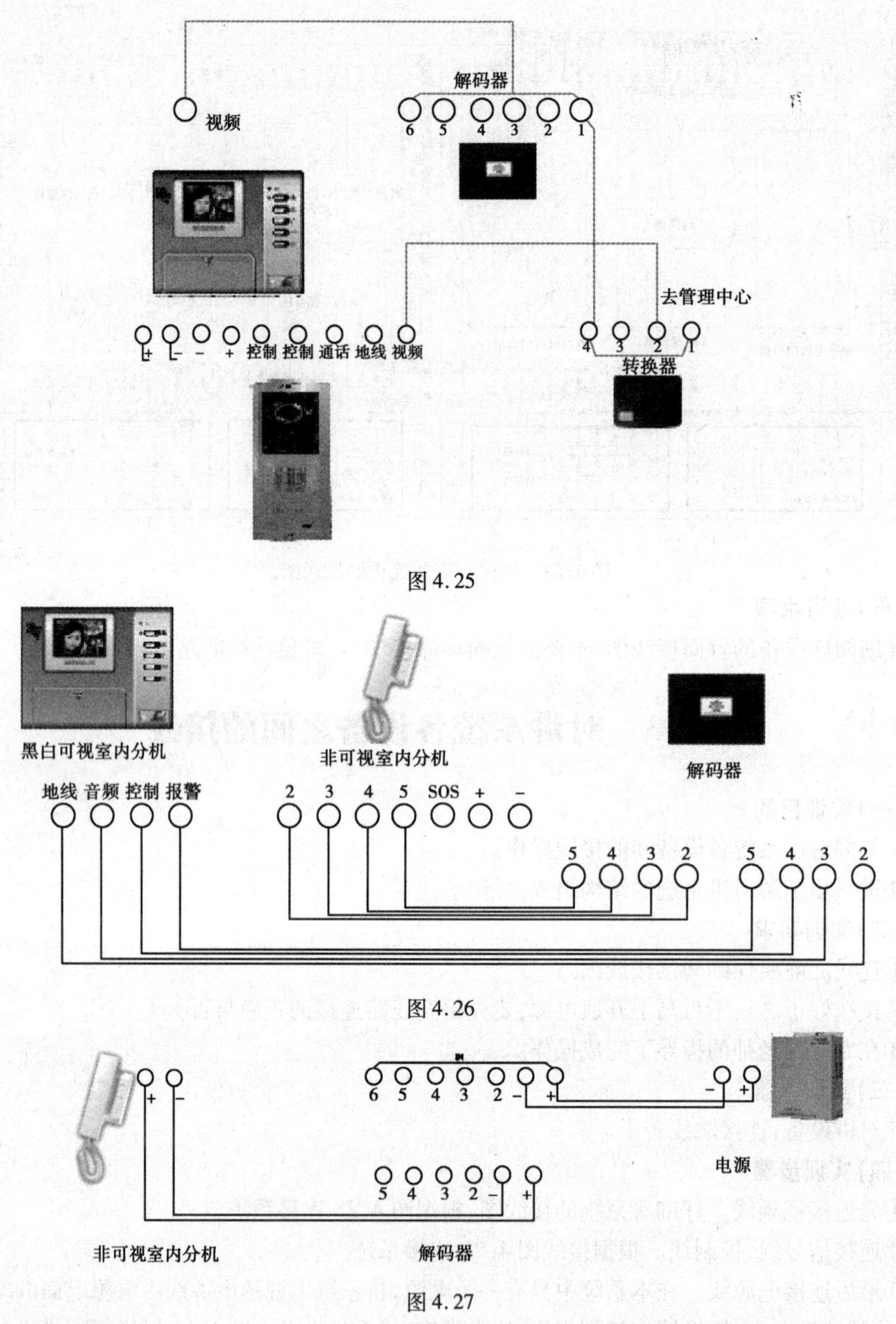

图 4.25

图 4.26

图 4.27

(五)注意事项

注意电源线与信号线的接线端标志,避免接错端口。操作在系统断电的情况下进行。

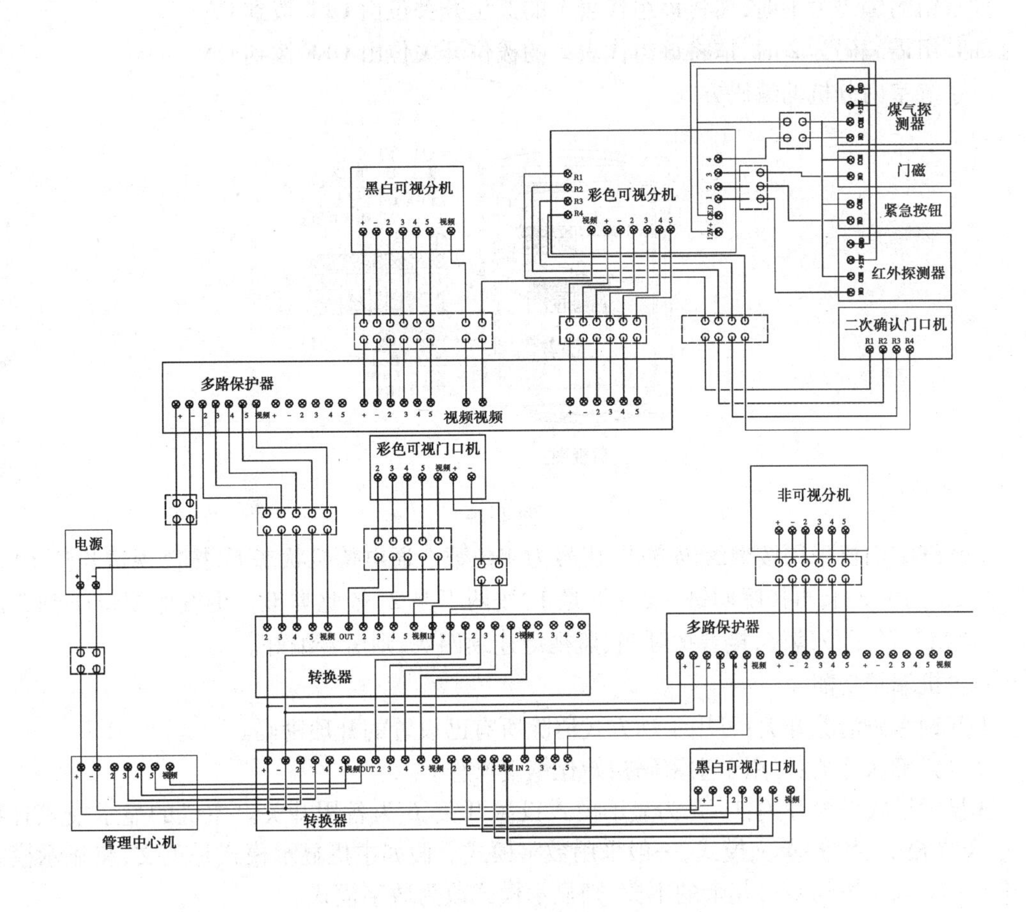

图4.28 可视对讲系统接线示意图

实训4 可视对讲系统的设置实训

(一)实训目的

①掌握可视对讲系统的设置方法。

②加深对可视对讲系统的认识。

(二)实训要求

①在进行操作之前仔细阅读相关的实训指导书。

②在专业课老师的指导下完成操作。

(三)实训仪器

可视对讲系统1套;连接跳线若干。

(四)实训步骤

1.器材地址码(房号)的设定方法

本系统以4位数编码为基础,而每一位数编码都是由4个拨位DIP开关组合而成,数码组合采用二进制8421码,因此可以任意设定四组由0到9的数字,在这里请仔细阅读和理解本系统的编码组合方式。

如某组需编码为 1 时,请将该组代表 1 的拨位开关位由 OFF 拨到 ON;

如某组需编码为 2 时,请将该组代表 2 的拨位开关位由 OFF 拨到 ON。

2. 系统室内分机的编码方式

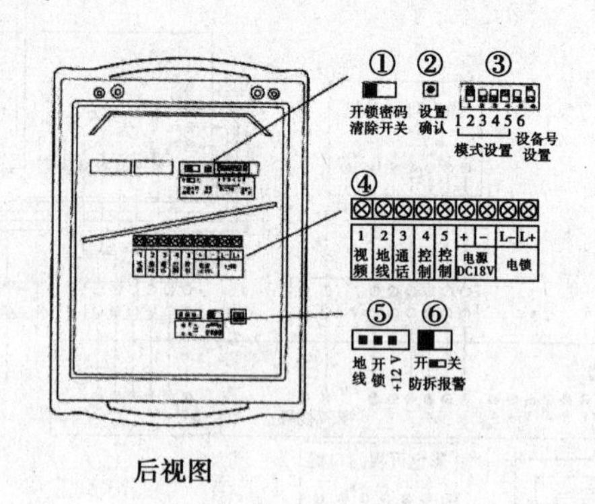

后视图

图 4.29

本系统室内机采用按键编码方式,房号为 4 位数。通电待机状态下,按监视键长达 10 s,听到"嘀"的一声长响,再按呼叫键,按一下是 1,按两下是 2,依此类推。再按监视键听到 2 声短"嘀",则房号的千位编好,接着按呼叫、监视键连续四次,则房号编好。

3. 主机端子功能

①开锁密码清除开关:可用手动方式清除所有已设置的开琐密码。

②设置确认开关:可用于主密码初始化恢复操作。

③显示模式设置开关:1 ~5 为显示模式设置开关,6 为备用开关。主机的显示模式有数字模式、英文模式、数字-英文模式,一般采用数字模式。假如主机显示模式是英文,将显示模式设置开关的 1 和 4 拨到 ON,其余的不拨,则显示模式改为数字模式。

4. 信号转换器端子功能

①单元号设置之 DIP 开关:单元号每位设置使用 8421 码编码,即 1,2,3,4 拨至"ON"位置时,分别对应 8,4,2,1。拨下时为 0。单元号用三位数表示,SW1,SW2,SW3 分别对应个位、十位、百位,单元号设置范机内正视图为 000 ~999。

②HF2 为视频信号增益调节电位器,调节电位器 VR2,红色 LED 会由灭变亮,当 LED 恰好由灭变亮时,停止调节,此时输出为 1Vp-p 标准视频信号。

③GAIN 为视频信号高频补偿电位器,调节 VRI 可调整视频信号高频分量。

数字	调拨方式	数字	调拨方式	数字	调拨方式
1		4		7	
2		5		8	
3		6		9	

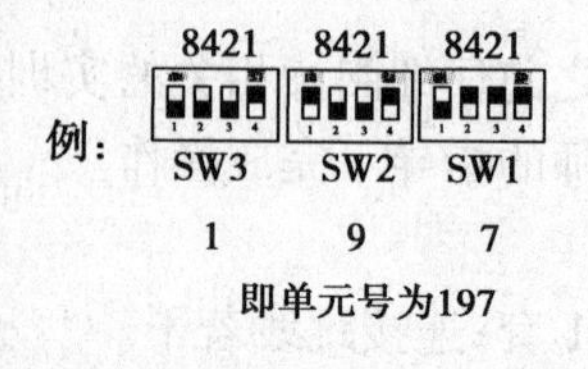

图 4.30

(五) 注意事项

设置过程中不能随意拔插连接跳线,避免损坏设备。

实训5 设置对讲分机房屋号码

(一)实训目的

①掌握对讲分机房屋号码的设置方法。

②进一步熟悉对讲分机的操作。

(二)实训要求

①不能随意修改其他设置。

②在专业课老师的指导下完成操作。

(三)实训仪器

非可视对讲分机1台。

(四)实训步骤

①分机静态且所有防区撤防时,按住"呼叫"键5 s以上,有一长声提示后松手。

②再按"呼叫"键,输入分机号码的千位数:按1次"呼叫"键,千位数为1;按2次"呼叫"键,千位数为2,依次类推。若按"呼叫"键的次数≥10,或者不按"呼叫"键而直接进入下一步,则千位数为0。

③按一下"设置"键,确认千位数,并有2短声提示,表示千位数设置有效。

④类似前面步骤,依次输入分机号码的百位数、十位数及个位数。

⑤分机号码输入完毕,有一长声提示,表示设置有效。

(五)注意事项

操作前要仔细阅读操作步骤。

实训6 单元门口主机的操作与使用

(一)实训目的

①掌握单元门口主机的操作与使用方法。

②进一步了解单元门口机的作用。

(二)实训要求

①操作前仔细阅读相关的产品说明书。

②在专业课老师的指导下完成操作。

(三)实训仪器

单元门口主机1台。

(四)实训步骤

1.呼叫功能

①客人来访,按照显示屏上面的提示,输入主人房号,按"#"键确认,本机将发出呼叫信号,显示屏有"正在呼叫请稍后"提示,呼通后可以实现双向通话对讲,同时将机前影像传送给分机,此时主人按开锁键可以开启本机所在的单元门电锁。

②访客初次来访不知道主人家房号需要帮助或住户成员遇到困难需要帮助时,可按"呼叫管理处"键或输入"1000"可呼通管理中心,向管理员需求帮助。

2. 密码开锁功能

按照显示屏上的提示，按“#”键后，输入开锁密码，再按一下“#”键，电锁自动打开，有“请进”字样显示时有声音提示。如果输入的密码有误，显示屏显示“密码错误”之后回到静态，按“#”键可重新输入开锁密码。

3. 锁定功能

管理中心和分机在工作系统占线时，本机被锁定，不能呼叫分机或管理中心，也不能与之通话，且有“线路忙，请稍后”的字样提示。

(五)注意事项

仔细阅读操作流程，以免操作不当损坏设备。操作过程中，系统设备处于工作状态，不可随意拔插连接导线。

实训 7　可视对讲系统的调试实训

(一)实训目的

①掌握可视对讲系统的调试方法。

②进一步了解可视对讲系统的结构及使用。

(二)实训要求

①操作前仔细阅读相关说明。

②在专业课老师的指导下完成操作。

(三)实训仪器

可视对讲系统 1 套。

(四)实训步骤

1. 系统调试程序

系统调试程序如图 4.31 所示。

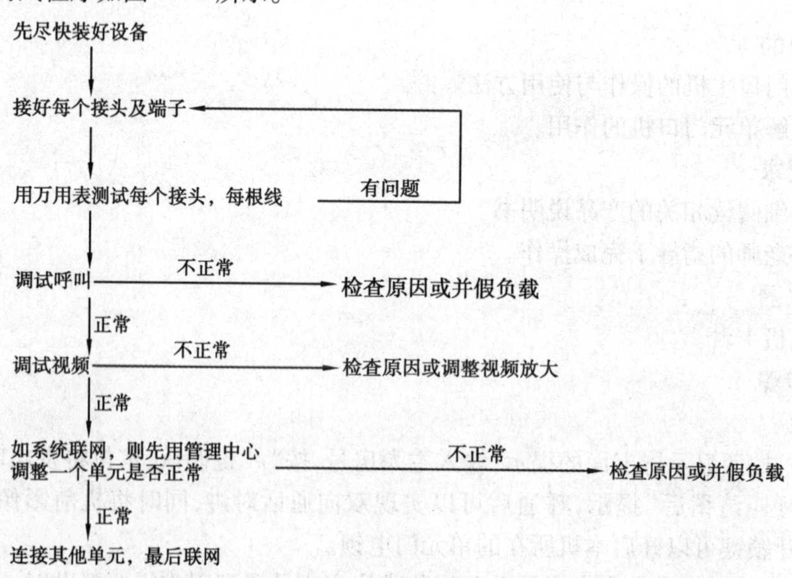

图 4.31

2. 调试方法

(1)调试单元呼叫

在接线无误、系统器材连接无误的情况下，如主机不能呼叫分机，则再接最后一台分机或第一台分机或中间一台分机的次序选择，在其②③接线端上并假负载，先用1/8 kΩ 电阻，如还不能呼通则再并一只，最多并4只，如仍不能呼通，则应检查线路与器材。

(2)调试联网呼叫

①在接线无误和器材连接无误的情况下，如分机不能呼叫管理中心，则按分机或信号转换器或管理中心的次序选择，在其②⑤接线端上并假负载，先用1/8 kΩ 电阻，如还不能呼通则再并一只，最多并四只，如仍不能呼通，则应检查线路与器材。

②在接线无误和器材连接无误的情况下，如管理中心不能呼通分机则按管理中心或信号转换器、分机的次序选择，在其②③接线端上并假负载，先用1/8 kΩ 电阻，如还不能呼通则再并一只，最多并4只，如仍不能呼通，则应检查线路与器材。

(3)调试视频

在信号转换器上有视频放大及增益调节电位器，调试时应避免信号强度过强或过弱，保持在1Vpp，75 Ω，并注意视频信号的隔离。

(4)调试室内分机

室内分机的振铃大小、图像亮度、对比度应在正常工作状态下调整到合适的值。

(五)注意事项

操作规范，避免损坏设备。

实训8　系统故障检测与处理实训

(一)实训目的

①熟悉可视对讲与门禁系统中一些常见的故障现象。

②掌握可视对讲与门禁系统的基本故障处理方法。

(二)实训要求

①检测过程中注意断电，以免触电。

②在专业课老师的指导下完成操作。

(三)实训仪器

可视对讲与门禁系统1套；万用表1个；螺丝刀等工具1批；跳线若干。

(四)实训步骤

①检查系统故障，查看故障表现状态，如表4.4所示。

表 4.4

常见故障	产生现象	情况分析
室内机不能设置房号	门口机、管理机不能呼叫室内机，可视室内机不能监看门口机情况	室内机设备损坏，芯片不能存储号码
监视无图像	无图像	1. 可通话，检查视频线或更换 CCD 2. 不能通话，查主机供电，有电则查 4 线或主机无电，查电源
系统不能开通	设备电源灯不亮	1. 电源断开或电源供电不足 2. 系统线路出错
送话无音、受话无音	接听没声音	1. 如是整个单元，则检查主干线是否通至分机；检查主机麦克风，更换麦克风 2. 一户故障：检查分机 3 号线及分机
图像模糊	图像模糊	1. 信号太弱，调视频放大器增益电位器 2. 调节分机后 75 Ω 阻抗开关 3. 对比度、亮度不好，调节电位器改善图像效果

②按表 4.4 中的常见故障处理办法排除系统故障。

(五) 注意事项

注意检查是否为系统线路故障，若是，则采用线路故障处理方法；若是设备有故障，则可发回生产商维修。

实训 9　室内探测器的安装操作

(一) 实训目的

①掌握室内探测器的安装方法。

②进一步认识室内探测器的用途。

(二) 实训要求

①操作过程中注意设备的拿放，避免损坏设备。

②在专业课老师的指导下完成操作。

(三) 实训仪器

安保型室内分机 1 台；各室内探测器 1 个；连接导线若干。

(四) 实训步骤

①将探测器安装在选定位置。

②在网孔板上安装时要在背面加垫片。

③实训操作台上探测器设备如图 4.32 所示。

(五) 注意事项

安装过程中避免设备的滑落导致设备损坏。

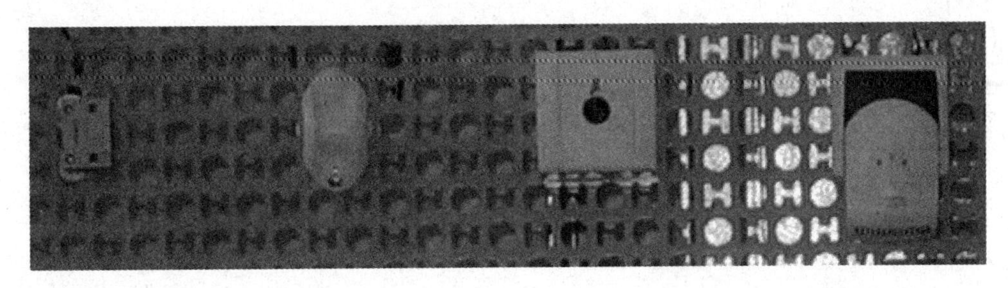

图 4.32

实训 10 探测器与带安保型室内机连接操作

(一)实训目的

①掌握探测器与安保型室内分机的连接操作。

②训练动手接线的操作能力。

(二)实训要求

①接线过程中避免损坏接线端。

②在专业课老师的指导下完成操作。

(三)实训仪器

安保型室内分机 1 台;各探测器 1 个;连接导线若干。

(四)实训步骤

①如图 4.33 所示,将探测器连接到安保型室内分机的防区端口上。

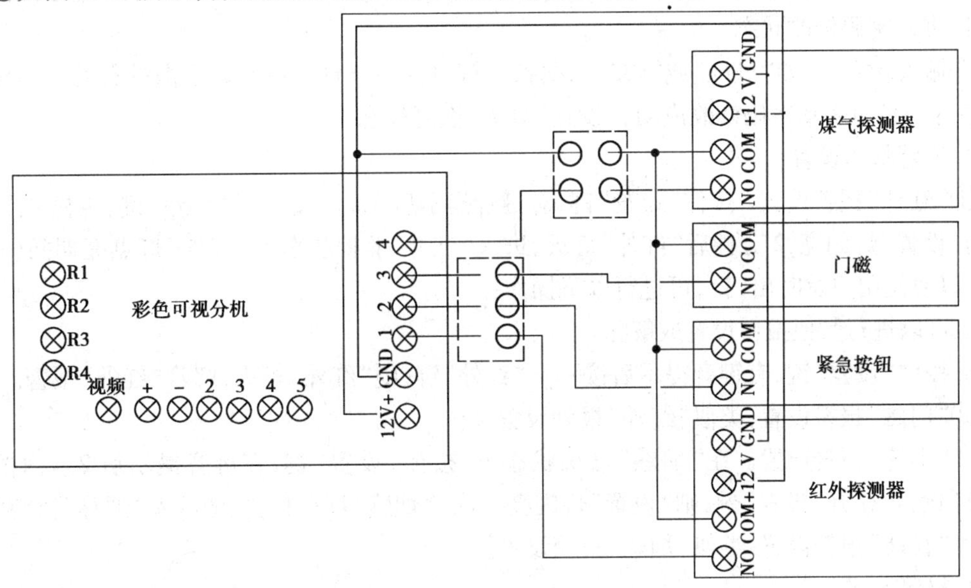

图 4.33 安保型室内分机与探测器的连接示意图

②注意室内分机防区的 COM 端与探测器的 COM 端串接。

③操作过程中注意保持系统的断电状态。

(五)注意事项

①确保接线正确后方可上电实训。

②上电后不可随意拔插接线。

实训 11　探测器的报警及处理

(一)实训目的

①掌握探测器的报警及处理方法。

②进一步了解探测器的报警操作。

(二)实训要求

①在模拟探测器报警过程中避免损坏探测器。

②在专业课老师的指导下完成操作。

(三)实训仪器

安保型室内分机 1 台;各探测器 1 个。

(四)实训步骤

1. 撤防原始密码

本机密码由“红外”“门磁”“烟感”“瓦斯”4 个按键组成,分别对应“1”“2”“3”“4”,根据不同的排列组合,形成不同的密码。出厂时撤防原始密码设为“1234”。

2. 撤防的修改

①在分机处于静态且所有防区处于撤防状态,按住“设置”键 3 s 后,“设置”灯亮,松开“设置”键,进入密码修改状态。

②输入新密码,如“1111”或“4321”,每按一键,均有一声提示音,表示击键有效。当按完第 4 位后有一长声表示密码修改成功,“设置”灯灭,恢复静态。

3. 报警状态设置

①“红外”报警设置。按住“设置”键,有键音提示后 2 s 内按一下“红外”键,再松开“设置”键,则“设置”灯闪亮,2 分钟后“红外”灯灭,进入“红外”监控状态。“红外”灯点亮期间(等待 2 分钟,以便使用户及时出门),可进行以下操作:

a. 可以进行其他报警设置或解除。

b. 按住“设置”键,有键音提示后按一下“红外”键,则“红外”等灭,解除“红外”报警。

②“门磁”报警设置:类似“红外”报警设置。

③“烟感”报警设置。在“烟感”灯灭状态下,按住“设置”键,在键音提示后 2 s 内按一下“烟感”键,再松开“设置”键,则“设置”灯闪亮一次,“烟感”灯点亮,立即进入“烟感”监控状态。

④“瓦斯”报警设置:类似“烟感”报警设置。

4. 报警方式

红外、门磁报警后,对应的指示灯闪亮;烟感、瓦斯报警后,对应的指示灯闪亮,同时分机发出不同的警报声。若 30 s 内未解除报警,报警信号自动传送至管理中心,对应指示灯闪亮,直至解除。

5. 撤防

①“红外”“门磁”报警解除。

a. 按住“设置”键3 s后,有一长声提示,进入密码输入状态,然后松开“设置”键。

b. 输入当前密码,若输入正确,则有一长声提示,“红外”“门磁”防区即被撤防,“红外”灯及“门磁”灯灭,同时将“红外”“门磁”防区的撤防信息发往管理中心,然后恢复静态;若输入的密码错误,则有三短声提示,“红外”“门磁”防区的布防/撤防状态不变。

②“烟感”“瓦斯”报警解除。

“烟感”(或“瓦斯”)灯闪亮或长亮状态下,同时按下“设置”键和“烟感”(或“瓦斯”)键,则“设置”灯闪亮1次,“烟感”(或“瓦斯”)灯熄灭。若有“烟感”(或“瓦斯”)的报警声则停止,此时报警解除成功。

6. 报警状态的检查

①按住“设置”键3 s后“设置”灯亮,此时若“红外”灯或“门磁”灯闪亮,则表示“红外”或“门磁”处于监控状态。

②若“烟感”灯或“瓦斯”灯长亮,表示“烟感”或“瓦斯”处于监控状态。

7. 撤防原始密码的恢复

①若分机处于撤防状态或尚未发生“红外”和“门磁”警情,同时按住“红外”与“门磁”键3 s以上,则有一长声提示,表示撤防密码恢复原始密码。

②若已发生“红外”或“门磁”警情,同时按住“红外”与“门磁”键3 s以上则将已发生的警情传至管理中心,然后有一长声提示,表示撤防恢复到原始密码。

8. 报警探头类型

短路报警型及开路报警型探头均可适用于本机。

9. 分机号码的设置

①分机静态且所有防区撤防时,按住“呼叫”键5 s以上,有一长声提示后松手。

②再按“呼叫”键,输入分机号码的千位数:按1次“呼吁”键,千位数为1;按2次“呼叫”键,千位数为2;依次类推。若按“呼叫”键的次数≥10,或者不按“呼叫”键而直接进入下一步,则千位数为0。

③按一下“设置”键,设置灯亮,确认千位数,并有两短声提示。

类似上两个步骤,依次输入本机号码的百位数、十位数及个位数。本机号码输入完毕,有一长声提示,表示设置成功。

说明:a. 每按一次键,有一短声提示,表示击键有效。

b. 两次击键的间隔应小于10 s,否则自动退回静态。

c. 只有分机号码的4位数全部输入完毕,才接受为新设置的分机号码,否则中途退出,所设置的那几位号码无效。

d. 分机号码吗默认值为“8888”,出厂前分机号码设置为“1111”。

(五)注意事项

设置过程中要正确操作,避免损坏设备。

实训12　设计并安装一个简易应用系统

(一)实训目的

①训练设计对讲门禁与室内安防系统的能力。

②进一步加深对可视对讲系统的认识。

(二)实训要求

①设计之前搜集相关资料,对系统有整体认识。

②学习系统图的绘制方法。

③在专业课老师的指导下完成实训。

(三)实训仪器

楼宇对讲及室内安防系统实训装置1套;连接导线若干;相关工具1批。

(四)实训步骤

①设计一个简单的楼宇对讲及室内安防系统,确保系统的可行性和完整性。

②绘制系统结构图。

③绘制系统设备接线图,标出线型和连接端口名称。

④在专业课老师检查无误后可以进行设备连接操作。

⑤设备上点前再次检查系统的接线是否正确。

⑥系统得到验证后写下实训总结。

(五)注意事项

①要认真学习视频监控系统的结构,配置要合理。

②进行设备的连接操作过程中避免损坏设备。

项目 5　闭路电视监控系统实训

5.1　闭路电视监控系统概述

闭路电视监控系统是安全防范体系中的一个重要组成部分，是一种先进的、防范能力极强的综合系统。它可以通过遥控摄像机及其辅助设备（镜头、云台等）直接观看被监视场所的一切情况，使监控者对被监视场所的情况一目了然。

闭路电视监控系统属于应用电视，作为一种有效的观测工具，通过在公众区、设备间及其他重要场所设立监视区，对其情景状态进行监视，实时、形象、真实地反映楼内各种设备的运行和人员活动，以便及时观察该区发生的紧急事件，为保安、消防、楼宇自控部门提供决策依据，从而达到维护治安、保障安全的目的。

ST-2000B-CCTVⅡ型闭路电视监控系统实训装置是依据目前建筑电气、楼宇智能化专业的实训内容精心设计的综合实训装置，结合当前闭路电视监控系统的技术要点，采用三力、天翔、ROBOT、松下及三星等优质监控设备，并配置包括彩色一体化球机、针孔摄像机在内的多种类型的摄像机、画面分割器、硬盘录像机等，实现了闭路监控系统的图像捕捉、传输、控制、图像处理和显示全部内容，系统稳定可靠，安装简单易学，可为实训教学提供更多研究。

ST-2000B-CCTVⅡ型闭路电视监视系统的功能包括摄像、传输、控制和显示记录四个部分，如图 5.1 所示。因为电视监视监控系统和广播电视一样，采用同轴电缆或光缆作为电视信号的传输介质，并不向空间发射频率，故称为闭路电视（Closed Circuit Television，CCTV）。电视监控系统与广播电视的不同之处在于其信息来源于多台摄像机，多路信号要求同时传输、同时显示，除了向接收端传输视频信号外，还要向摄像机传送控制信号和电源，因此是一种双向的多路传输系统。

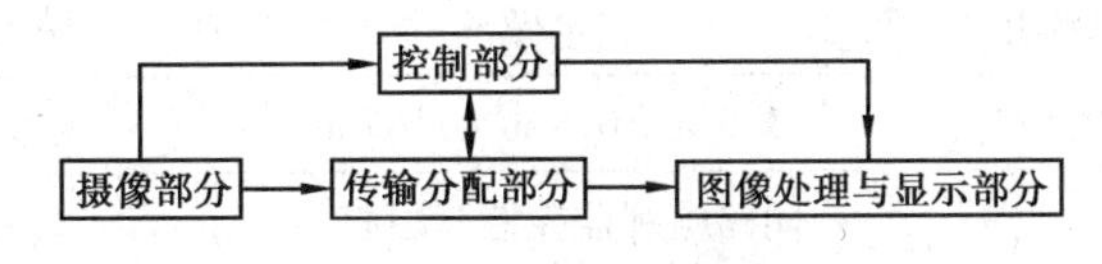

图 5.1

实训台上的设备是常用视频监控前端摄像机的前端设备及解码器，如图 5.2 所示。

5.2　闭路电视监控系统的设备组成

闭路电视监控系统设备组成如表 5.1 所示。

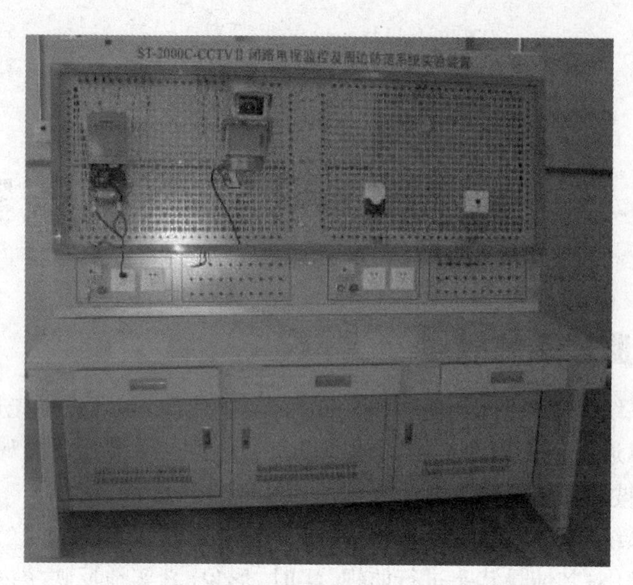

图 5.2　闭路电视监控系统实训台效果图

表 5.1

序　号	器材名称	型　号	品牌产地	单位	数量
闭路电视监控实训台					
1	彩色摄像机	ST-CP342	松大/深圳	台	2
2	彩色一体化球机	ST-CE5620	松大/深圳	台	1
3	彩色半球摄像机	ST-B220	松大/深圳	台	1
4	解码器	ST-RC120R	松大/深圳	台	1
5	云台	ST-302	松大/深圳	个	1
6	转换卡	232/485	松大/深圳	个	1
7	6 mm 自动光圈镜头	SSG0612	松大/深圳	个	3
8	摄像机支架、防护罩	定制	松大/深圳	套	2
9	实训台电源开关	定做	松大	个	1
10	琴台式实训台	1.8 m×0.8 m×1.65 m	松大	个	1
闭路电视监控控制中心					
1	21″彩色纯平电视	21 寸	国产	台	2
2	画面分割器	ROBOT	国产	台	1
3	4 路硬盘录像机(含硬盘)	ST-BS1804B	松大/深圳	台	1
4	显示器	17 寸彩色	国产	台	1
5	2 位电视墙及操作台	定制	松大	套	1

摄像部分的核心是摄像机。摄像机的任务是观察、收集信息,将被摄物体的图像转变为电信号。

5.2.1 彩色摄像机(图5.3)

图5.3

①摄像元件:SONY1/3″CCD。

②像素:PAL512×582,NTSC512×492。

③同步方式:内同步。

④视频输出:1.0VP-P:75 Ω。

⑤清晰度:420线。

⑥最低照度:1LUX(F1.2)。

⑦信噪比:≥48 dB。

⑧白平衡方式:自动跟踪白平衡/白平衡锁定可选。

⑨电子快门:1/50(1/60)~100 000 s关闭/打开可选。

⑩逆光补偿:关闭/打开可选。

⑪自动光圈驱动方式:DC/VIDEO。

⑫输入电压:DC12 V。

⑬工作流量:140 mA。

⑭工作温度:-10 ℃~+50 ℃。

⑮尺寸:58(W)mm×50(H)mm×115(D)mm。

5.2.2 彩色一体化球机(图5.4)

①安装方式:室外全球。

②内置摄像机:216倍彩色摄像机。

③水平清晰度:480线。

④画质像素:752(H)×582(W)。

⑤扫描系统:2∶1隔行扫描,标准625线,25帧/s。

⑥白平衡:自动/手动。

⑦信噪比:优于52 dB。

⑧电子快门:自动1/50~1/1 0000 s。

⑨视频输出:1.0 Vp-p:75 ΩBNC。

⑩最低照度:0.01 LUX,0.01~0.002 LUX,0.01 LUX,0.01~0.001 LUX。

⑪同步方式:内同步/外同步。

⑫焦距:18倍光学变焦,12倍电子放大,f=4.1~73.8 mm;27倍光学变焦,10倍电子放大 f=3.25~88 mm。

⑬光圈调整:自动/手动。

⑭变焦调整:自动/手动。

⑮旋转角度:水平360°连续旋转,垂直90°(180°自动翻转)。

⑯旋转速度:水平0~300°/s,垂直0~150°。

⑰预置位:128个。

⑱控制方式:RS485多协议兼容(pelcoD. pelcoP)。

⑲工作温度：-30～+50 ℃，RH≤90%。

⑳输入电压：AV24 V，1.5 A。

㉑尺寸：220 mm×405 mm。

㉒质量：5 kg。

5.2.3 彩色半球摄像机（图5.5）

①摄像元件：SONY1/3″ CCD。

②像素：PAL512×582，NTSC512×492。

③同步方式：内同步。

④视频输出：1.0 Vp-p/75 Ω。

⑤清晰度：420 线。

⑥最低照度：1LUX（F1.2）。

⑦信噪比：≥48 dB。

⑧电子快门：自动 1/50（1/60）～100 000 s 补偿自动。

⑨自动光圈驱动方式：DC/VIDEO。

⑩输入电压：DC12 V。

⑪工作流量：150 mA。

⑫工作温度：-10～+50 ℃。

图 5.5

5.2.4 镜头

镜头是安装在摄像机前端的成像装置，其作用是把观察目标的光像聚焦于摄像管的靶面或CCD 传感器件上。摄像机用的镜头有固定焦距镜头和变焦距镜头两种。本系统采用 6 mm 自动光圈镜头 SSG0612 型和电动十倍可变焦镜头。

5.2.5 防护罩

防护罩也是监控系统中最常用的设备之一，主要分为室内和室外两种。室内防护罩主要区别是体积大小，外形是否美观，表面处理是否合格。功能主要是防尘、防破坏。室外防护罩密封性能一定要好，保证雨水不能进入防护罩内部侵蚀摄像机。有的室外防护罩还带有排风扇、加热板、雨刮器，可以更好地保护设备。当天气太热时，排风扇自动工作；太冷时，加热板自动工作；当防护罩玻璃上有雨水时，可以通过控制系统启动雨刮器。挑选防护罩时先看整体结构，安装孔越少越利于防水，再看内部线路是否便于连接，最后还要考虑外观、质量、安装座等。

5.3 闭路电视监控系统功能架构

电视监控系统由摄像、传输、控制和显示 4 部分组成，其结构如图 5.6 所示。

5.3.1 摄像部分

摄像部分包括摄像机、镜头、云台和防护罩等。

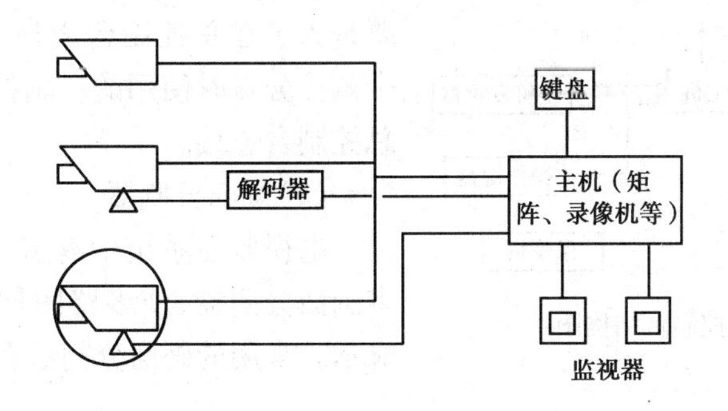

图 5.6　监控系统结构图

(1)摄像机

摄像机是电视监控系统的眼睛,它是拾取图像信号的设备。被监视场所通过摄像机将画面的光信号变为电信号(图像信号)。摄像机输出的图像信号经过传输部分、控制部分之后到达监视器上,则到达监视器上的图像信号噪声比将下降。这是由于传输及控制部分的线路、放大器、切换器等引入了噪声的原因。

(2)镜头

摄像机使用的镜头可以分为以下三类:定焦距镜头;电动变焦镜头;自动光圈、自动聚焦、电动变焦镜头。

(3)云台

云台是承载摄像机进行水平和垂直方向转动的装置。

(4)防护罩

防护罩是防护摄像机的装置,一般分为室内防护罩和室外防护罩。

5.3.2　传输部分

传输部分是指传输图像和声音信号。在电视监视系统中,由于传输方式的不同,在系统中采用的传输部件也不同。

①远距离视频传输方式下的传输部件分为视频放大器、幅频和相频补偿器两类。

②射频传输方式下的传输部件有调制器、射频放大器、解调器等。

③光纤传输方式下的传输部件有光调制器、光放大器、光解调器等。光调制器和光解调器在工程上称为光发送端机和光接收端机。

④电话电缆平衡传输方式的传输部件有发送中继器、接收中继器、视频变压器和信号检测传感器等。

5.3.3　控制部分

控制部分是整个系统的核心。控制部分主要由主控制台和副控制台组成。

(1)主控制台

主控制台是电视监控系统的核心设备,对系统内各种设备的控制通过总控制台指挥。典型的控制台的结构如图 5.7 所示

(2)副控制台

副控制台是一个操作键盘,通过副控制台可对整个系统进行各种控制和操作。副控制台主

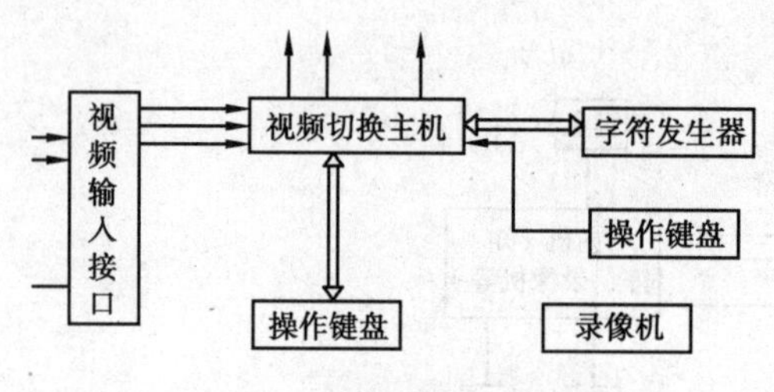

图 5.7　典型控制台结构图

要是为了在总控制台之外，还需要设置一个或多个监控分点时使用的。副控制台采用总线方式与总控制台连接。

(3)画面分割器

电视监控系统中有多个摄像机时，可以采用多画面分割器，使多路图像同时在一台监视器上显示。常用的画面分割器有4、9、16画面。

5.3.4　显示部分

显示部分通常由几台监视器或显示器组成。它的主要作用是将传输过来的图像在监视器上显示出来。监视器的选择应当满足系统总的功能和技术指标的要求，对于非特殊要求的电视监控系统，监视器可用有视频输入端子的普通电视机，不必采用造价较高的专用监视器。

闭路电视监控系统图如图5.8所示。

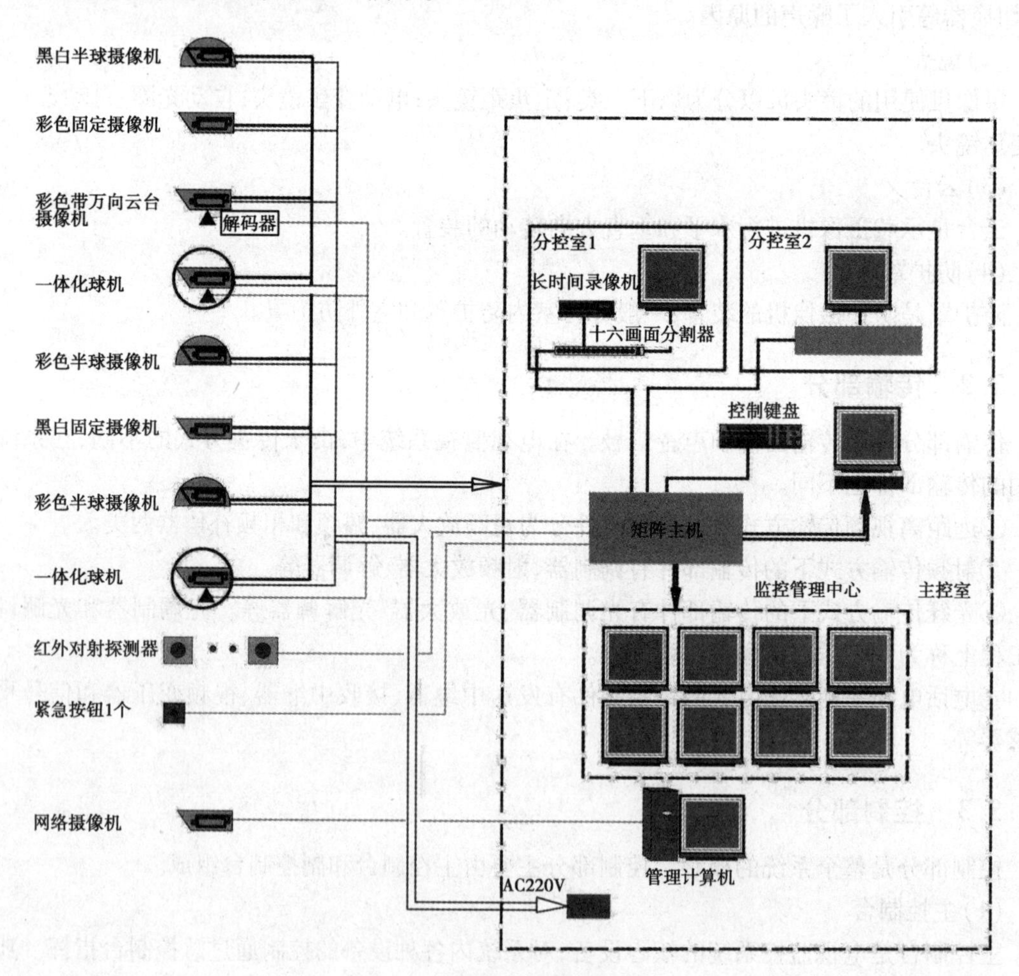

图 5.8　闭路电视监控系统图

5.4 闭路电视监控系统实训内容

实训1 画面分割器的安装操作

(一)实训目的

①加强对画面分割器的认识。

②了解画面分割器的基本安装及摆放位置。

(二)实训要求

①安装时候注意不要损坏设备。

②安装到位后不可马上开通电源,要先检查接线和设备的连通是否正确。

③在专业课老师的指导下完成。

(三)实训仪器

画面分割器1台。

(四)实训步骤

取出主机平放在控制台专用底板上作好固定,连接好有关的电源。

(五)注意事项

画面分割器设备的安装要注意设备摆放正确,在接线的时候要看准接线端口。

实训2 摄像机安装操作

(一)实训目的

①掌握摄像机的安装方法。

②加深对摄像机结构的了解。

(二)实训要求

①安装过程中注意设备要拿稳当,以免摔坏设备。

②螺丝刀使用的时候注意安全。

③在专业课老师的指导下完成。

(三)实训仪器

彩色摄像机1台;螺丝刀1把;螺丝若干;支架1个;护罩1个。

(四)实训步骤

①固定好摄像机支架。

摄像机的支架位置如图5.9所示,注意三角的安装方向。安装的螺丝大小要选好,背面加大圆垫片辅助固定。

②护罩与支架之间的固定。将护罩安装到固定好的支架上,注意在这一步操作中不可把摄像机放置到护罩中。护罩与支架要安装稳当。

③装好摄像机镜头,把摄像机固定在护罩内的底板上。

将镜头小心安装到摄像机上,对好焦距。把摄像机放到固定好的护罩内,调节摄像机前后

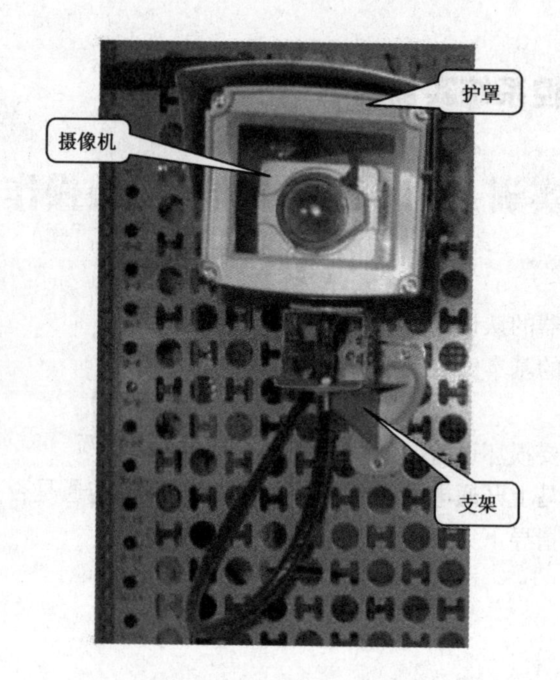

图 5.9　摄像机的结构示意图

位置,对上护罩底板的螺钉安装孔,上好螺钉,合上护罩后盖。

(五)注意事项

①支架安装的时候注意所要水平端正,护罩安装上去也避免过度倾斜。

②摄像机安装的时候要拿稳,避免摔坏摄像机。

③安装完后仔细检查螺钉是否已固定好。

实训 3　一体化摄像机安装操作

(一)实训目的

①掌握一体化摄像机的安装方法。

②加深对一体化摄像机结构的了解。

(二)实训要求

①安装过程中注意设备要拿稳当,以免摔坏设备。

②螺丝刀使用的时候注意安全。

③在专业课老师的指导下完成。

(三)实训仪器

球形护罩与支架 1 套;一体化摄像机 1 台;螺钉若干;螺丝刀 1 把。

(四)实训步骤

①安装好摄像机支架。一体化球机的支架安装过程与上一节的步骤一致。

②护罩与支架之间的固定。将护罩安装到固定好的支架上,注意在这一步操作中不可把摄像机放置到护罩中。护罩与支架要安装稳当。

③把摄像机机芯安装在护罩内的卡槽上并固定。一体化摄像机的镜头已经安装好,不用另

外安装，直接将摄像机安装到护罩中即可。注意卡槽的位置，安装的时候要对准，之后做好固定。

④透明玻璃护罩的安装。摄像机安装好后，将透明玻璃罩安装到护罩上，对准卡接的位置，确保玻璃罩安装稳当。

(五)注意事项

球形摄像机比普通摄像机重，安装过程中要将摄像机拿稳，特别是高处作业的时候，避免摄像机摔落损坏设备及伤害到他人。

实训4 一体化摄像机预置位设置操作

(一)实训目的

①掌握一体化摄像机预置位的设置方法。

②进一步了解球机的功能。

(二)实训要求

①实训操作前认真阅读实训操作步骤。

②在专业课老师的指导下完成操作。

(三)实训仪器

视频监控系统1套；画面分割器及硬盘录像机1套。

(四)实训步骤

①添加完协议后在界面"云台控制"中将快球预置窗口呼出然后进行设置。

②选择快球所在的视频通道。(如选择通道2)

③选择预置位的编号，然后通过控制球机的转动及对镜头的调整，按"设置"按钮将第一个预置设置好。

④按照以上步骤分别将其他预置位设置好，设置成功与否可以通过按"调试"按钮将以设置成功的预置位进行调阅。

(五)注意事项

球机预置位的设置过程比较简单，但是要按步骤进行，不可随意改变其设置。

实训5 硬盘录像机安装操作

(一)实训目的

①掌握硬盘录像机的操作流程。

②进一步加深对硬盘录像机的认识。

(二)实训要求

①进行操作之前要认真阅读相关使用说明书。

②硬盘录像机接的是强电电源，注意避免触电。

③在专业课老师的指导下完成操作。

(三) 实训仪器

硬盘录像机 1 台;连接线若干。

(四) 实训步骤

①阅读硬盘录像机使用说明书。

②确认硬盘录像机的正面朝向。

③取出硬盘录像机,放置在控制台专用底板上,作好固定,避免倾斜。

④连接相关的控制键盘,接上电源线。

⑤检查设备接线,确保无误后可通电。

(五) 注意事项

①硬盘录像机一定要水平放置,不可倾斜。硬盘录像机与 PC 机主机相类似,确保硬盘录像机的通风有利于使用。上述操作后不可随意移动硬盘录像机。

②接 220 V 的强电设备时,操作过程中注意安全。

实训 6　硬盘录像机各相关参数设置实训

(一) 实训目的

①掌握硬盘录像机的参数设置方法。

②进一步学会硬盘录像机的操作。

(二) 实训要求

①操作前要仔细阅读相关的产品说明书。

②在专业老师的指导下完成操作。

(三) 实训仪器

硬盘录像机 1 台;配套的操作键盘 1 个。

(四) 实训步骤

硬盘录像机与一体化球机的控制都需要对参数进行设置才可以使用,通过球机的拨码开关选择协议、地址码、波特率。以球机的参数为例,要设置协议 PELCD-D-1,地址 1,波特率 2 400,那么应当在硬盘录像机的界面"设置"中本地设置窗口呼出选择子菜单的云台控制。这个时候选择球机所在的通道以及控制端(RS485)所在的 COM 端口、协议、地址,波特率跟球机保持一致。

具体设置详见产品说明书。

(五) 注意事项

设置过程中如有不明白的地方要仔细阅读产品说明书。

实训 7　监控系统线路故障的判断与处理

(一) 实训目的

①掌握视频监控系统线路故障的判断与处理方法。

②进一步了解视频监控系统的结构。

③加深对视频监控系统的认识。

(二)实训要求

①线路故障的检测之前要确保连线的正确。

②操作之前要学习测试工具的使用方法。

③在专业课老师的指导下完成操作。

(三)实训仪器

视频监控系统实训装置1套;测试导线若干;万用表1个。

(四)实训步骤

①用测试工具万用表测量线路是否短路。注意摄像机的供电是12 V,选择正确的万用表挡位。如果万用表显示阻值并发出提示音说明线路是好的,没有阻值显示也没有提示音说明线路处于断路的状态。

②确定线路短路后进行故障确定。若线路确定为断路状态则可能是路的焊接点出现虚焊或在拉线的过程中被割断。如是虚焊,则找到接头所在的地方重新焊接;如是割断,则需要重新进行拉线。

(五)注意事项

万用表要正确使用,不然会影响对线路的判断。在焊接操作的时候,要在老师的指导下完成。焊接是高温作业,注意安全。

实训8　各设备间接线操作

(一)实训目的

①掌握摄像机的接线操作过程。

②加深对摄像机传输信号类型的了解。

(二)实训要求

①设备的接线过程在系统断电的情况下完成。

②完成接线后不可马上给系统通电,要检查接线的正确与否再上电实训。

③实训要在专业课老师的指导下完成。

(三)实训仪器

摄像机1台;云台、解码器1套;跳线若干。

(四)实训步骤

①打开控制主机机盖,仔细观察端子接线有无掉线、虚接等现象。检查背面与端子的接线有无掉线、虚接等现象。

②安装设备。将设备固定,并安装在实训台板面上。安装过程中要注意防止设备损坏。

③实训台的布置。布置图如图5.10所示。

④实训台背面接线。根据图5.11,将设备引线一一对应地接到实训台接线端子的背后。

⑤实训台的正面接线。按照图5.12,进行正面跳线的连接。

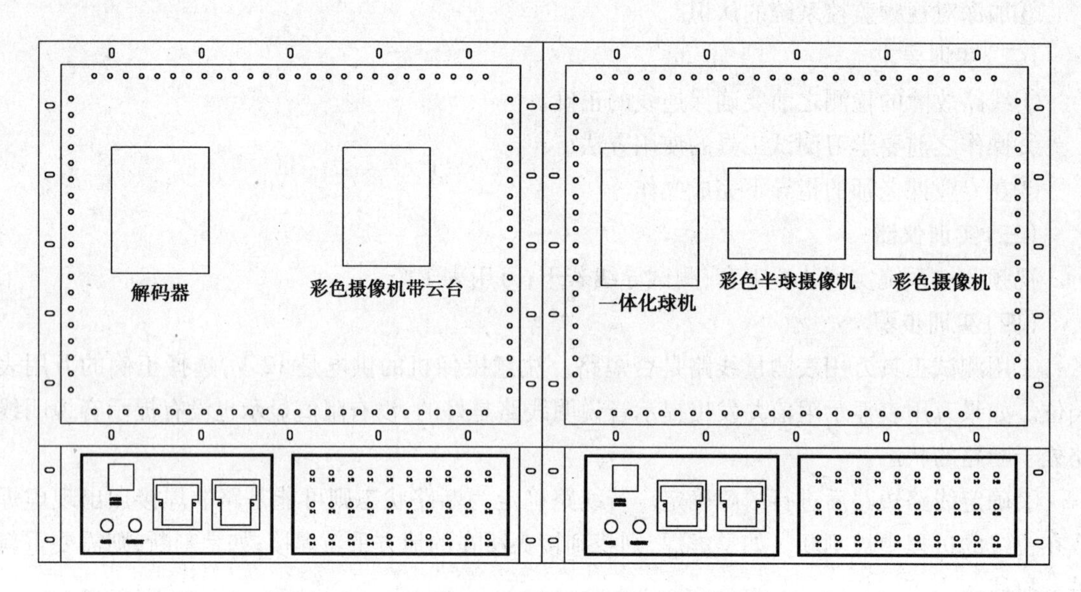

图 5.10　实训台闭路监控系统设备布置图

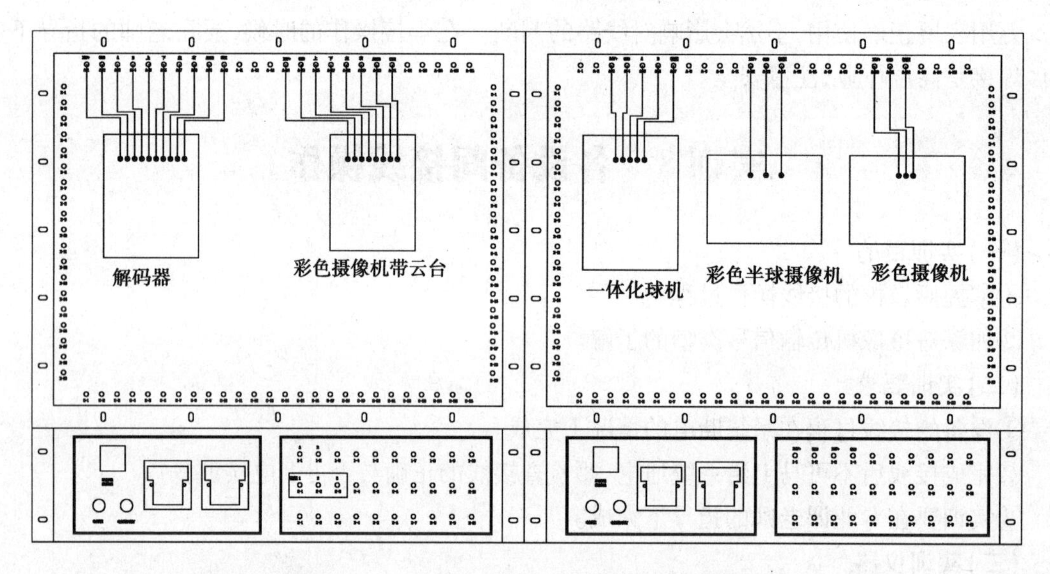

图 5.11　实训台闭路监控系统背面接线图

附:(1)摄像机的连接

①按照接线图连接将摄像机的视频线接到十六画面分割器的视频输入端,根据不同摄像机的技术参数,提供正确的电源。

②将云台摄像机的控制线一一对应接至云台解码器中(参考系统接线图)。

③将云台摄像机与高速球机的 RS485 通信线接至画面分割器和硬盘录像机的 485 接口。

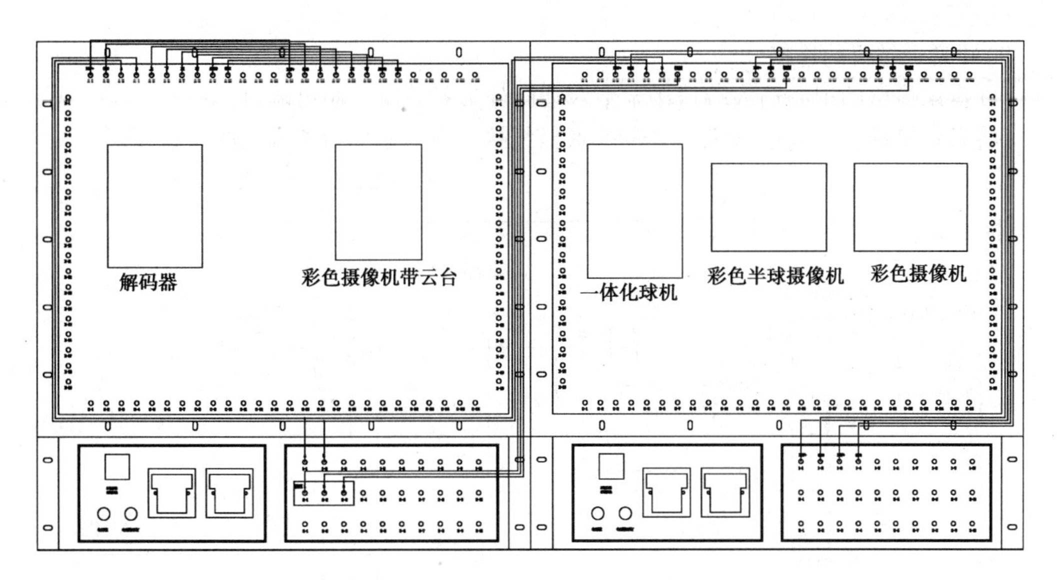

图 5.12 实训台闭路监控系统正面跳线图

彩色摄像接线图如图 5.13 所示。

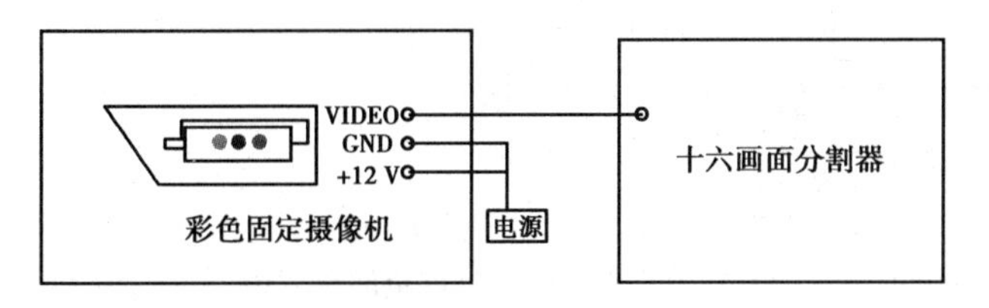

图 5.13 彩色摄像机的接线图

彩色一体化球机接线图如图 5.14 所示。

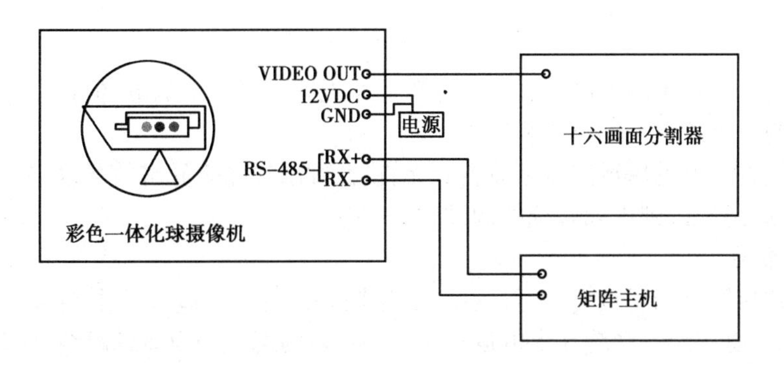

图 5.14 彩色一体化球机接线图

彩色半球摄像机接线图如图 5.15 所示。

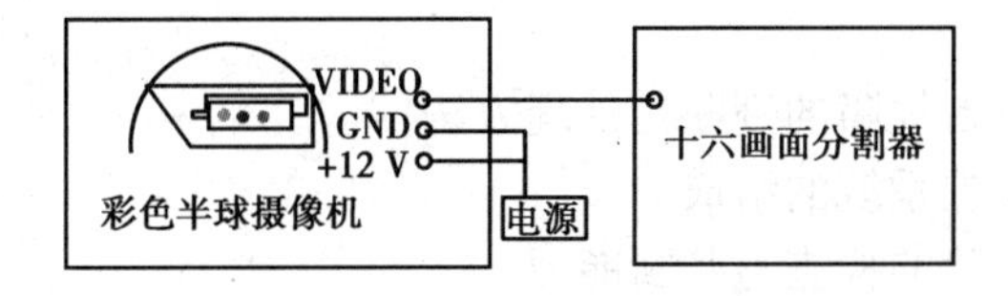

图 5.15 彩色半球摄像机的接线图

(2)硬盘录像机的连接

①硬盘录像机的视频输入端口接至十六画面分割器的视频输出端口。

②将云台摄像机与高速球机的RS485通信线接到十六画面分割器的485接口。

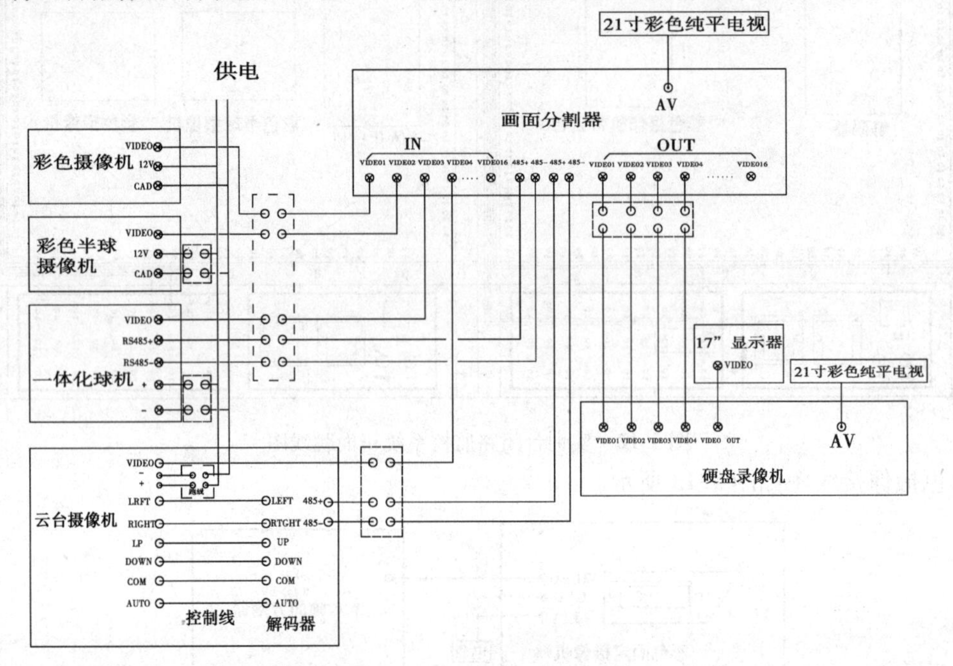

图5.16 实训台部分设备的接线图

(3)其他设备根据系统接线图连接

将主机与显示器相连接,用万用表检查系统线路,保证设备间无断线和短路现象。系统连好,尝试通电。

(4)系统调试

①系统加电。将系统的电源插头插到电源插座板即可对系统加电,但在接通电源前应核对电网电压是否与机器所要求的电压相符。

②上电后检查。上电后迅速观察设备有无冒烟、发出异味等异常情况,如果出现异常,应马上停电检查。如无异常,则进入系统的调试。

(五)注意事项

注意电源线接线端的正负极,不可反接,以免烧坏设备。接线过程中确保系统已经断电再进行操作,确保人身安全。系统在上电运行过程中不可随意拔插设备的跳线,以免损坏设备。

实训9 设备故障的判断与处理

(一)实训目的

①掌握监控系统中设备故障的判断与处理方法。

②进一步了解视频监控系统的组成。

③训练对设备是否故障的检查与判断能力。

(二)实训要求

①设备的检查过程中要注意不要让设备二次受损。

②操作前要进一步了解设备的结构。

③在专业课老师的指导下完成操作。

(三)实训仪器

各类视频监控设备1批;万用表等检测工具1批;连接导线若干。

(四)实训步骤

①检查设备是否供电。检查设备的供电接口,看电源线插接是否稳当,有没有忘接或接触不良等现象。

②检查线路是否连接正确。检查线路的连接有无错误,如通信线路是否与电源线存在错接。

③检查线路是否正常。测试线路的连通是否正常,线路出现断路的先将线路维修。

④检查设备是否故障。例如是设备故障应找同型号的设备更换,更换设备运行正常说明是设备出现故障。

(五)注意事项

设备在通电的情况下请勿随意拔插连线,以免触电。

实训10 设计并安装一个简易应用系统

(一)实训目的

①加深对视频监控系统的整体认识。

②培养视频监控系统的配置设计能力。

(二)实训要求

①收集相关知识和材料,对视频监控系统有深入的了解。

②在动手进行设备上电操作之前,将系统连接图绘制好。

③在专业课老师的指导下完成实训内容。

(三)实训仪器

视频监控系统1套;连接跳线若干;螺钉与螺丝刀等辅助工具1批。

(四)实训步骤

①设计一个简单的视频监控系统,确保系统的可行性和完整性。

②绘制系统结构图。

③绘制系统设备接线图,标出线型和连接端口名称。

④在专业课老师检查无误后可以进行设备连接操作。

⑤设备上点前再次检查系统的接线是否正确。

⑥系统得到验证后写下实训总结。

(五)注意事项

①要认真学习视频监控系统的结构,配置要合理。

②进行设备的连接操作过程中避免损坏设备。

项目 6　车库管理系统实训

6.1　系统概述

车库管理系统是一卡通系统的一个子系统，同时他也是一个独立的系统，可以单独应用到各种停车场的管理中。车库管理系统由道闸、车辆检测器、出入口机、控制主机（电脑）、摄像机、系统软件等组成。

本系统以智能卡作为车辆进出的凭证，通过计算机处理，对停车场进出车辆进行安全管理、合理收费。它的网络结构如图 6.1 所示。

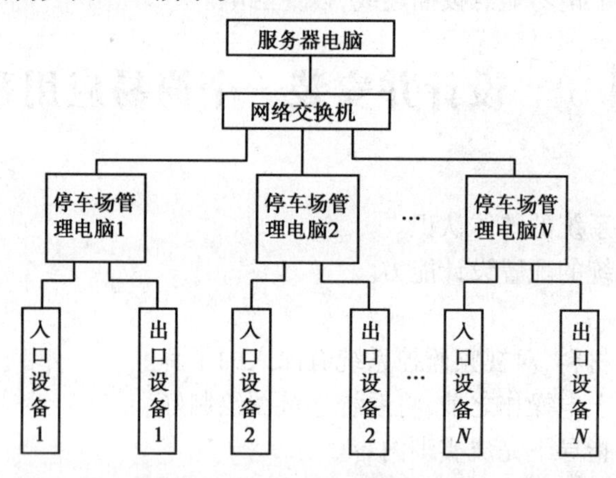

图 6.1　车库管理系统结构图

车库管理系统的示意图如图 6.2 所示。

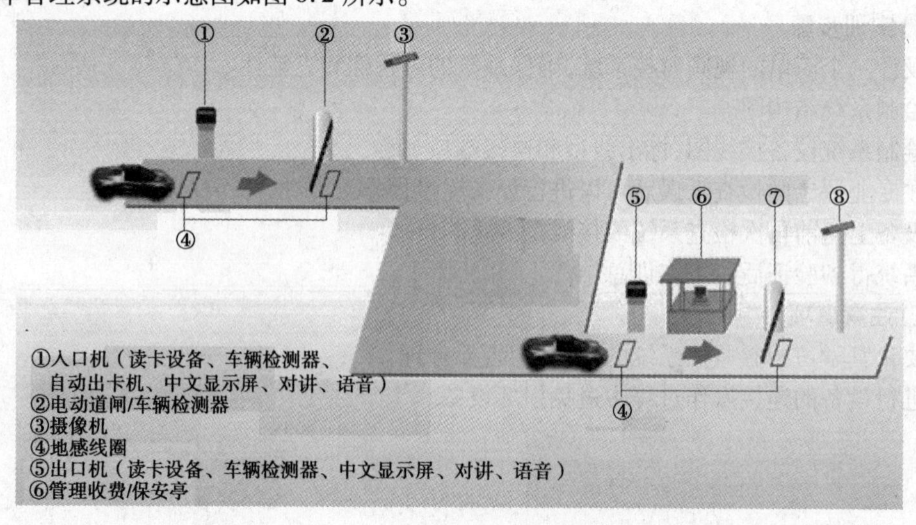

图 6.2　车库管理系统示意图

车库管理系统实训效果图如图6.3所示。

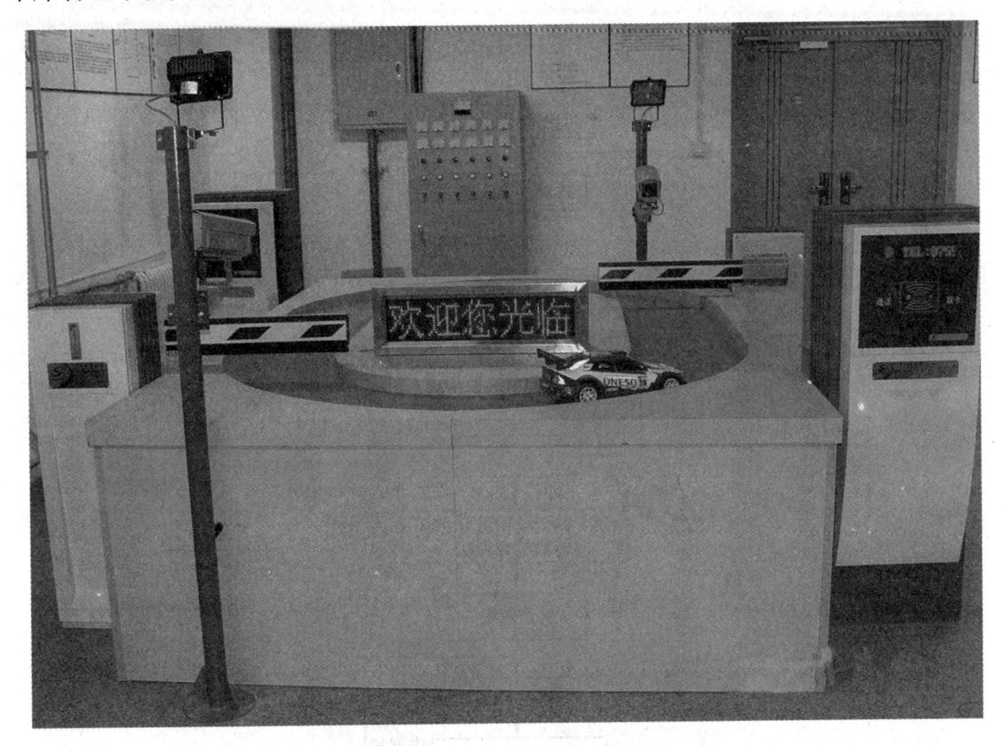

图6.3 车库管理系统效果图(供参考)

6.2 车库管理系统工作流程

车库管理系统中,持有月卡的车主在出入停车场时,将卡放在出入口控制机读卡感应区内感应,控制机读卡后自己或通过电脑判断卡的有效性。对于有效卡,有摄像机时电脑会抓拍该车的图像,道闸的闸杆自动升起,中文电子显示屏显示礼貌用语提示,同时发出礼貌语音提示,车辆通过,系统将相应的数据存入数据库中;若为无效卡或进出图像不符等异常情况时,则不放行。

6.2.1 入口流程

临时车入场的车主,按入口控制机上的"取卡"键取出一张卡,自动完成读卡,同时抓拍,入口道闸打开,车辆入场。出场时,车主将卡交给收费员,收费员在读卡器上读卡,电脑自动计算停车费并在收费显示屏上显示收费金额,同时调出入场图像进行对比,交费确认后道闸自动打开放行。车库管理系统入口流程图如图6.4所示。

具体工作流程如下:

①永久用户车辆进入停车场时,读卡器自动检测到车辆进入,并判断所持卡的合法性。如合法,道闸开启,车辆驶入停车场,摄像头抓拍下该车辆的照片并存储在电脑里,控制器记录下该车辆进入的时间,联机时传入电脑。

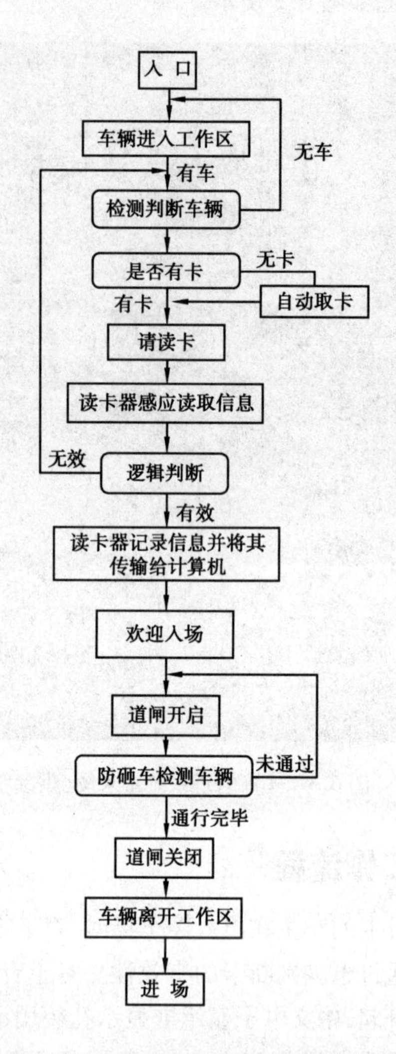

图 6.4　车库管理系统入口流程图

②临时用户车辆进入停车场时，从出票机中领取临时卡，读感器自动检测到车辆进入，并判断所持卡的合法性。如合法，道闸开启，车辆驶入停车场，若安装了摄像头则抓拍下该车辆的照片并存储在电脑里，控制器记录下该车辆进入的时间，联机时传入电脑。

③防砸车功能。当车辆处于道闸的正下方时，地感线圈检测到车辆存在，道闸将不会落下，直至车辆全部驶离其正下方后才落下。

6.2.2　出口流程

①永久用户车辆离开停车场时，读感器自动检测到车辆离开，并判断所持卡的合法性。如合法，道闸开启，车辆离开停车场，有摄像头时会抓拍下该车辆的照片并存储在电脑里，控制器记录下该车辆离开的时间，联机时传入电脑。

②临时用户车辆离开停车场时，控制器能自动检测到临时卡，提示司机必须交费，临时车必须将临时卡交还保安并需交一定的费用，经保安确认后方能离开。车辆驶出停车场时，若有摄

像头时则抓拍下该车辆的照片并存储在电脑里，控制器记录下该车辆离开的时间，联机时传入电脑。出口流程如图6.5所示。

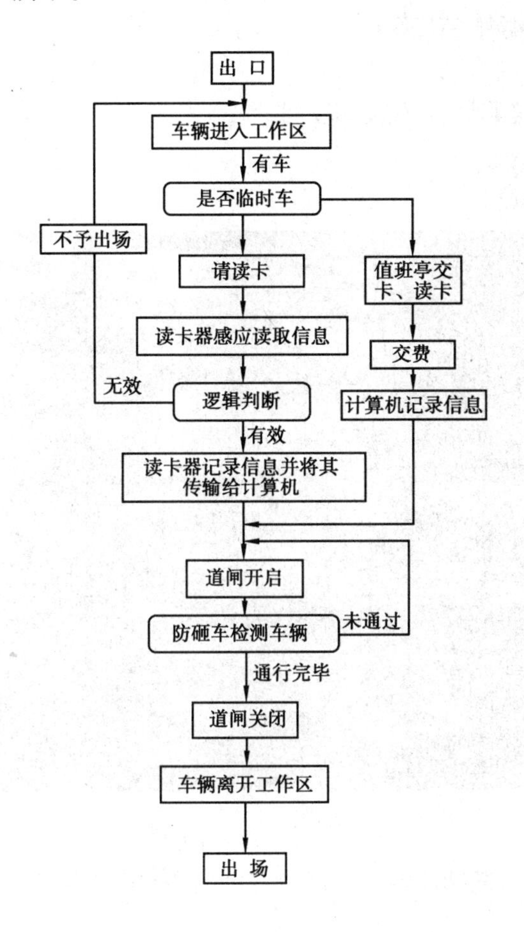

图6.5 车库管理系统出口流程图

车库管理实训系统具有强大的数据处理功能，可以完成收费管理系统各种参数的设置，数据的收集和统计，可以对发卡系统发行的各种卡进行挂失，并能够打印有效的统计报表。

6.3 车库管理实训系统实训内容

实训1 标准道闸设备安装接线操作

(一)实训目的

①掌握车库管理实训系统设备的安装方法。

②进一步了解车库管理实训系统设备结构。

③训练动手操作能力。

(二)实训要求

①设备比较重,安装过程中要握稳,避免摔坏设备。

②在专业课老师的指导下完成操作。

(三)实训仪器

停车场道闸 1 个;连接导线若干;工具 1 批。

(四)实训步骤

①将道闸按图 6.6 摆放好。

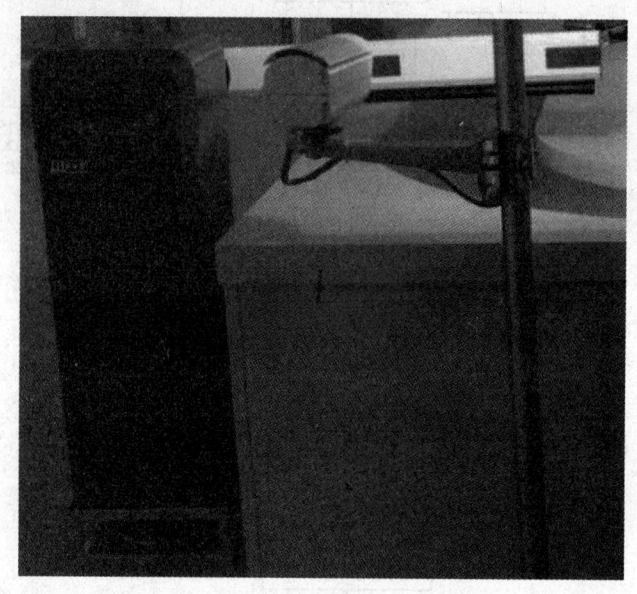

图 6.6　道闸摆放示意图

②道闸接线。道闸接口共两路输入两路输出,分别为开、关输出与开到位、关到位输入,其接口图如图 6.7 所示。

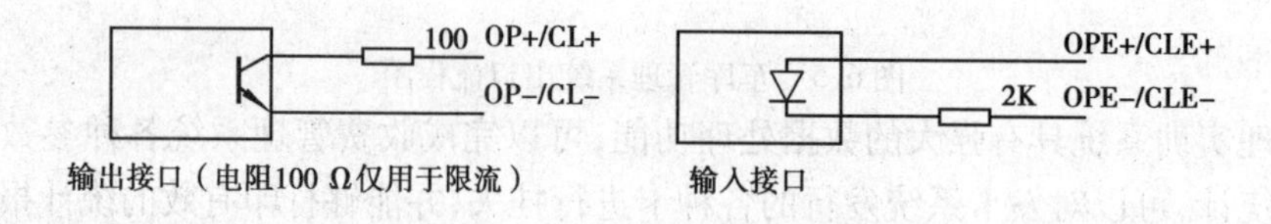

图 6.7　道闸接线示意图

(五)注意事项

注意正负极,以免烧坏设备。接线操作在系统断电的情况下完成。

实训 2　车辆检测器设备安装操作

(一)实训目的

①掌握车辆检测器的安装办法。

②进一步了解车库管理实训系统设备结构。

③训练动手操作能力。

(二)实训要求

①设备比较重,安装过程中要握稳,避免摔坏设备。

②在专业课老师的指导下完成操作。

(三)实训仪器

车辆检测器1台;连接导线若干;工具1批。

(四)实训步骤

1)线圈安装

通常,感应线圈应该是长方形,两条长边与金属物运动方向垂直,彼此间距推荐为1 m。长边的长度取决于道路的宽度,通常两端比道路间距窄0.3~1 m,如图6.8所示。

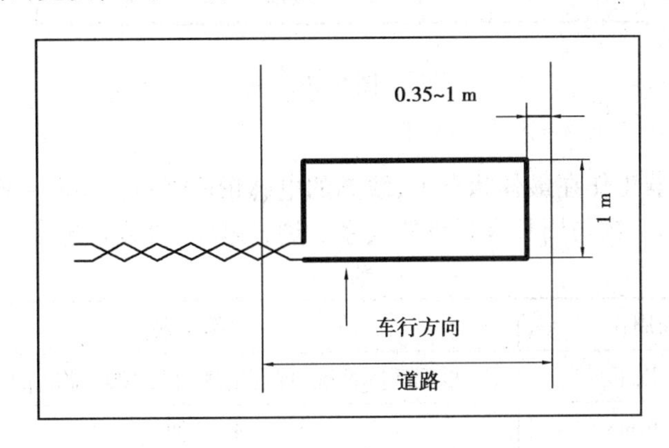

图6.8

(1)倾斜45°安装

在某些情况下需要检测自行车或摩托车时,可以考虑线圈与行车方向倾斜45°安装,如图6.9所示。

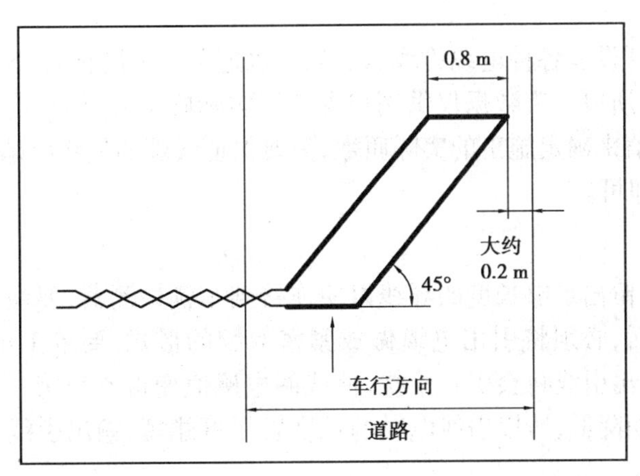

图6.9

(2)"8"字形安装

在某些情况下,路面较宽(超过6 m)而车辆的底盘又太高时,可以采用此种安装形式以分散检测点,提高灵敏度,如图6.10所示。

这种安装形式也可用于滑动门的检测,但线圈必须靠近滑动门。

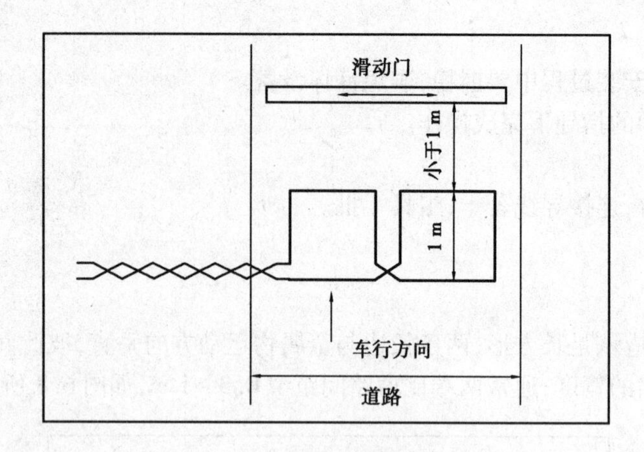

图 6.10

2) 线圈匝数

为了使车辆检测器工作在最佳状态下,线圈的电感量应保持为 100 ~ 300 μH。在线圈电感不变的情况下,线圈的匝数与周长有着重要关系。周长越小,匝数就越多。一般可参表 6.1。

表 6.1

线圈周长	线圈匝数
3 m 以下	根据实际情况,保证电感值为 100 ~ 200 μH 即可
3 ~ 6 m	4 ~ 5 匝
6 ~ 10 m	3 ~ 4 匝
10 ~ 25 m	3 匝
25 m 以上	2 匝

由于道路下可能埋设有各种电缆管线、钢筋、下水道盖等金属物质,这些都会对线圈的实际电感值产生很大影响,所以上表数据仅供用户参考。实际施工时,用户应使用电感测试仪实际测试电感线圈的电感值来确定施工的实际匝数,只要保证线圈的最终电感值在合理的工作范围之内(100 ~ 300 μH)即可。

3) 输出引线

在绕制线圈时,要留出足够长度的导线以便连接到车辆检测器,要注意导线中间不能有接头。绕好线圈电缆以后,必须将引出电缆做成紧密双绞的形式,要求 1 m 的线圈最少绞合 20 次。否则,未双绞的输出引线将会引入干扰,使线圈电感值变得不稳定。由于探测线圈的灵敏度随引线长度的增加而降低,所以引线电缆的长度要尽可能短,输出引线长度一般最大不应超过 50 m。

4) 敷设办法

线圈埋设首先要用切路机在路面上切出槽。在 4 个角上进行 45°倒角以防止尖角破坏线圈电缆。切槽宽度一般为 4 ~ 8 mm,深度为 30 ~ 50 mm,同时还要为线圈引线切一条通到路边的槽。绕线圈时必须将线圈拉直,但不要绷得太紧并要紧贴槽底。线圈绕好后,将双绞好的输出引线通过引出线槽引出。

在线圈的绕制过程中，应使用电感测试仪实际测试电感线圈的电感值，并确保线圈的电感值为100~300 μH。

线圈埋好以后，为了加强保护，最后用水泥或沥青将切槽封上。

（五）注意事项

单线圈施工时，应确保感应线圈周围至少50 cm以内无金属物体，即线圈要避开诸如防撞立柱、金属井盖、电缆管线、钢筋等金属物品，否则会导致错误的检测结果和车辆检测器“死机”。

实训3　出入口控制设备安装操作

（一）实训目的

①掌握车库管理实训系统设备的安装方法。

②进一步了解车库管理实训系统设备结构。

③训练动手操作能力。

（二）实训要求

①设备比较重，安装过程中要握稳，避免摔坏设备。

②在专业课老师的指导下完成操作。

（三）实训仪器

停车场出入口控制机1台；连接导线若干；工具1批。

（四）实训步骤

主控制器采用SI_TS1E001控制板，如图6.11所示。

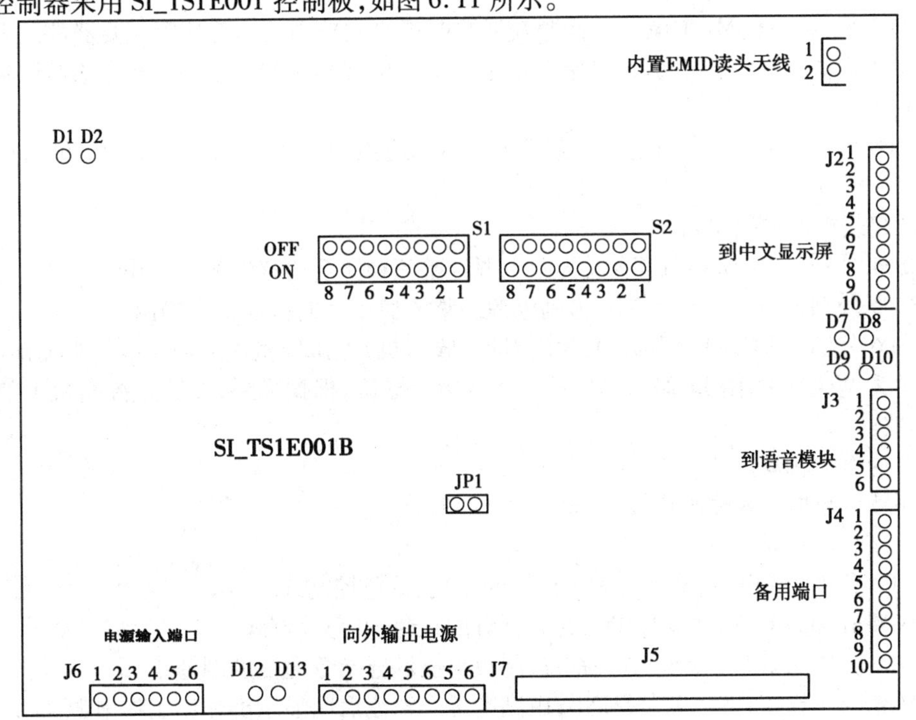

图6.11　主控面板示意图

1. SI_TS1E001 主控制板拔码开关设置说明

①S1.1-S1.7 控制板地址设置选择:采用二进制计数形式,ON 为 1,OFF 为 0,最大为 128 号机。

②S1.8 为进口、出口选择:ON 为进口,OFF 为出口。

③S2.2 启动/关闭计数功能:= ON 时,主控制板将启动开闸计数功能,否则系统将按照读卡、开闸、进(出)场、落杆正常流程运行;有关开闸计数功能详见功能说明。

④S2.6 定点收费机设置:= ON 时,表示该控制板为定点收费机(即中央收费点),否则该控制板为一般的进(或出)口控制机。

⑤S2.7 中央收费模式/正常模式运行方式选择:= ON 时,表示系统按照中央收费模式运行,否则按正常进出模式运行。

⑥S2.8 大小车场设置:= ON 时表示该控制机为小车场进(出)口机;否则为大车场进(出)口机。

2. SI_TS1E001 主控制板指示灯说明

①D12、D13 电源指示灯:D12 为 AC12V_S 的电源指示灯,D13 为 AC24 V 的电源指示灯。

②D5、D6 运行状态灯:D5 为正常运行指示灯,D6 为系统读写卡状态指示灯(或者是非正常运行状态灯);该指示灯与面板上的蓝红色运行状态灯相同。

③D7 道闸关到位指示灯;D8 为开闸指示灯;D9 为地感状态指示灯;D10 为第二路地感(备用地感信号输入)指示灯。

④D1、D2 韦根接口指示灯:D1 对应韦根信号 A,D2 对应韦根信号 B。有韦根信号输入时,相应的指示灯会闪亮。

3. SI_TS1E001 主控制板端口说明

(1)[J6]:电源输入接口

①P1P2 为 AC15V_M(主电源),经整流后主要供给主控制板的芯片等主要器件使用。

②P3P4 为 AC12_S(副电源),经整流后主要供给中文显示屏、主控制板的光耦和向外围设备输出使用。

③P5P6 为 AC24V(出卡机电源),经整流后主要供给出卡机、降压后(15 V)供给远距离读头使用。

(2)[J7]:电源输出接口

①P1P4 分别为 DC12V_M、GND,为主电源经整流稳压后向接线板上输出。

②P2P5 分别为 DC12_S、SGND,为副电源经整流稳压后向接线板上输出。

③P3P6 分别为 DC24V、CKGND,为出卡机(收卡机)电源经整流后向接线板上输出。

④P7 为 WG_V +,由 DC24V 降压后向接线板上输出;根据需要,短路主控制板上的跳线帽 JP1 才有效。

⑤P8 为 NC 空脚。

(3)[J5]:数据输入输出排线接口

(4)[J2]:显示屏接口

①P1P2 分别为 LEDR、LEDG,为运行灯的红色、蓝色控制线。

②P3P4 分别为 LAMPR、LAMPG,为装饰灯的红色、蓝色控制线。

③P5P6 分别为 S485B、S485A,为主控制板与显示屏指令通信的副通信。

④P7P8 为 +12 V,P9P10 为 SGND,由副电源经整流后向显示屏输出工作电源。

(5)[J3]:语音模块接口

①P1P2 分别为 +12V_M、GND,为主电源向语音模块供电。

②P3P4 分别为 VO -、VO +,为语音模块输出音频信号(接喇叭)。

③P5P6 分别为 S485B、S485A,为主控制板与语音模块指令通信的副通信。

(6)[J1]:内置 EM ID 读头的天线接口

SI-T1090 主控制器采用 SI_TS1E002 接线板,如图 6.12 所示。

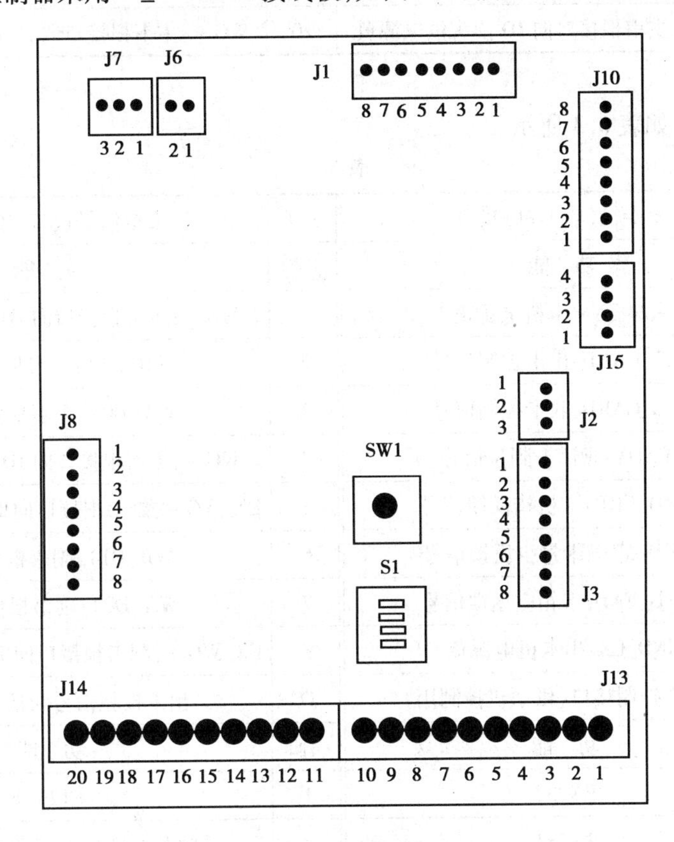

图 6.12 接线面板示意图

对外接线说明如表 6.2 所示。

表 6.2

J13	道闸接口与地感输入	J14	通信接口与 ID 读头接口
引脚	功 能	引脚	功 能
1	OP -:道闸开信号负	8	CLEND -:道闸开到位信号负
2	OP +:道闸开信号正	9	+12V_S:地感信号公共端
3	CL -:道闸关信号负	10	DG_IN:地感输入信号
4	CL +:道闸关信号正	11	SP -:对讲输入
5	OPEND +:道闸开到位信号正	12	SP +:对讲输入
6	OPEND -:道闸开到位信号负	13	S_485B:副通信 B
7	CLEDN +:道闸关到位信号正	14	S_485A:副通信 A

续表

J13	道闸接口与地感输入	J14	通信接口与 ID 读头接口
引脚	功 能	引脚	功 能
15	M_485B:主通信 B	18	WB(D1):主韦根信号 D1
16	M_485A:主通信 A	19	WA(D0):主韦根信号 D0
17	WG -:主韦根接口向 ID 读头供电源负	20	WG +:主韦根接口向 ID 读头供电源正

内部接线说明如表 6.3 所示。

表 6.3

J3	出卡机(收卡机)接口	J10	韦根信号接口(ID 读头)
引脚	功 能	引脚	功 能
1	+24 V:出卡机电源正	1	WG -:主韦根接口向 ID 读头供电源负
2	OUT_CARD:出卡控制信号	2	WB(D1):主韦根信号 D1
3	REC_CARD:收卡控制信号	3	WA(D0):主韦根信号 D 0
4	READY:预读卡到位信号	4	WG +:主韦根接口向 ID 读头供电源正
5	CARD_ERR:卡机错反馈信号	5	EX_WG -:副韦根接口向 ID 读头供电源负
6	CARD_MID:卡量少反馈信号	6	WB(D1):副韦根信号 D1
7	CARD_END:卡箱空返馈信号	7	WA(D0):副韦根信号 D 0
8	GND_CK:出卡机电源负	8	EX_WG +:副韦根接口向 ID 读头供电源正
J2	RS232 控制接口(纸票机控制用)	J7	出卡按钮信号与按钮灯供电
引脚	功 能	引脚	功 能
1	RX232	1	+12V_S
2	TX232	2	TAKE_CARD:出卡控制信号输入
3	GHD_M	3	GND_S
J10	其他输出接口	J15	其他输入接口
引脚	功 能	引脚	功 能
1	+12V_S	1	+12V_S:公共端
2	GND_S	2	DG_IN
3	EX_OT -:扩展输出 -	3	EX_IN:扩展输入信号
4	EX_OT +:扩展输出 +	4	FULL_IN:满位输入信号
5	FU_OT -:满位灯箱控制信号输出 -	J6	对讲分机插座
6	FU_OT +:满位灯箱控制信号输出 +	引脚	功 能

续表

J3	出卡机(收卡机)接口	J10	韦根信号接口(ID读头)
引脚	功 能	引脚	功 能
7	RG_OT－:红绿灯控制信号输出－	1、2	VO－VO＋
8	RG_OT＋:红绿灯控制信号输出＋		

(五)注意事项

注意正负极,以免烧坏设备。接线操作在系统断电的情况下完成。

实训4 临时卡计费器设备安装操作

(一)实训目的

①掌握车库管理实训系统设备的安装方法。

②进一步了解车库管理实训系统设备结构。

③训练动手操作能力。

(二)实训要求

①设备比较重,安装过程中要握稳,避免摔坏设备。

②在专业课老师的指导下完成操作

(三)实训仪器

临时卡计费器1台;连接导线若干;工具1批。

(四)实训步骤

1. 临时卡计费器简介

①尺寸:175 mm×140 mm×60 mm。

②工作电源:AC/DC12 V 300 mA。

③通信接口:RS-485。

④适用卡类:Mifare-1型IC卡、EM卡(内置。

⑤基本功能:停车场IC卡、EM卡读写与检测;停车场IC卡、EM卡发行;停车场临时卡计费。

⑥扩展功能:采用SI_TS1E006主控制板;可与进出口控制机共用显示屏提示收费、操作、状态信息;可与进出口共用语音提示收费、操作、状态信息。

2. 接线图

接线图如图6.13所示。

其中:OP－/OP＋为开闸输出;CL－/CL＋为关闸输出;接口特性完全与SI_TS1E001主控制板相同。

M485A/M485B为主通信,与电脑相连;S485/S485B为副通信,一般用于外挂式中文显示屏与语音,或者与出口控制机的副通信相连,与出口控制机共用中文显示屏和语音模块。

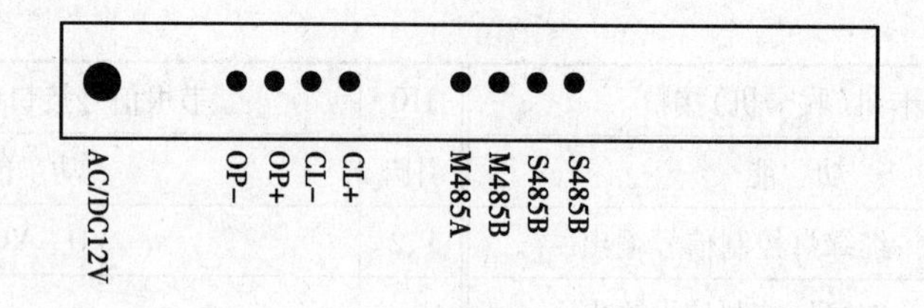

图 6.13

（五）注意事项

注意正负极，以免烧坏设备。接线操作在系统断电的情况下完成。

实训 5　摄像机的安装调试操作

（一）实训目的

①掌握停车场图像对比用摄像机设备的安装方法。

②进一步加深对车库管理系统设备组成的认识。

（二）实训要求

①安装立杆的过程中要小心拿放，避免伤到自己或他人。

②操作前复习摄像机的安装步骤。

③在专业课老师的指导下完成实训。

（三）实训仪器

摄像机 1 台；支架和护罩 1 套；摄像机专用立杆 1 套；导线若干。

（四）实训步骤

①固定好摄像机专用立杆，把摄像机支架安装在立杆上。

②取出护罩内的安装底板，把摄像机固定在底板上。

③安装好摄像机镜头，连接好视频及电源导线。

④把安装底板放入护罩内并固定，再把护罩安装在支架上，安装过程完成。

实训 6　车库管理系统接线操作

（一）实训目的

掌握车库管理系统的安装、施工布线。

（二）实训要求

①复习前面实训知识，对系统进一步了解。

②在专业课老师的指导下完成操作。

（三）实训仪器

车库管理实训系统实训设备 1 套；连接导线若干；工具 1 批。

(四)实训步骤

1. 车库管理系统的系统图

系统图如图6.14所示。

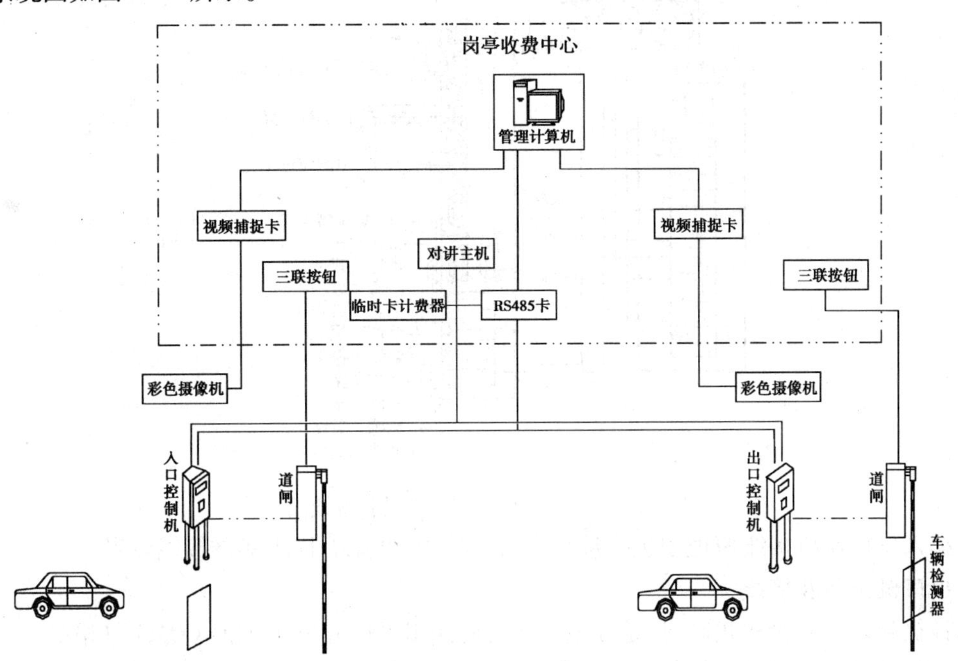

图6.14 车库管理系统的系统图

2. 车库管理系统的接线图

接线图如图6.15所示。

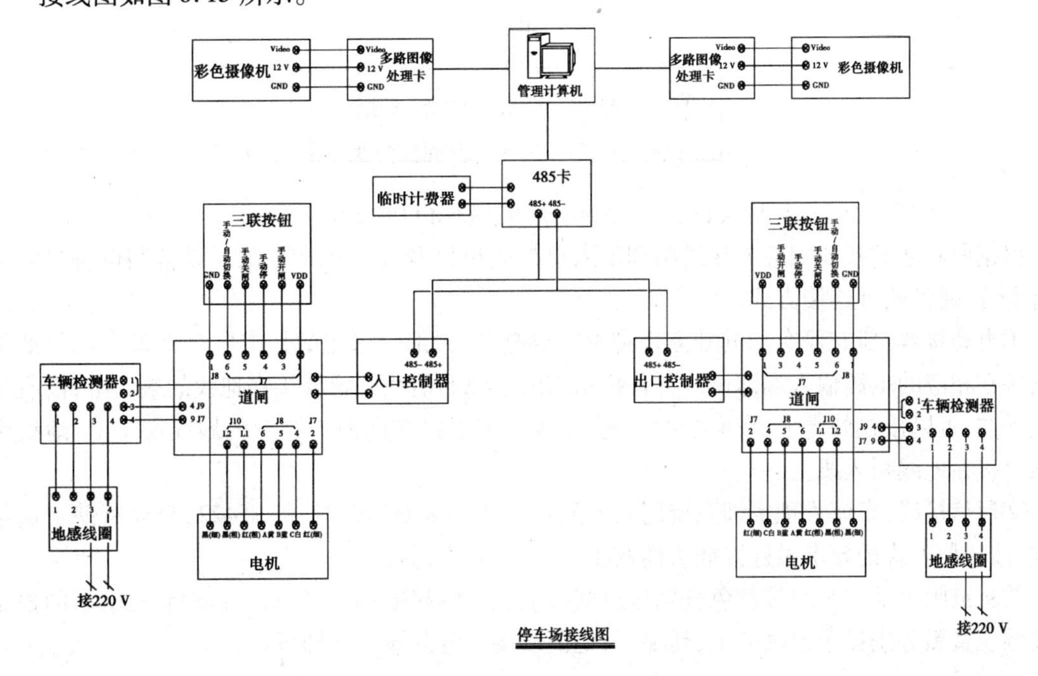

图6.15 车库管理系统的接线图

3. 入口机设备及接线

入口机设备及接线如图 6.16 所示。

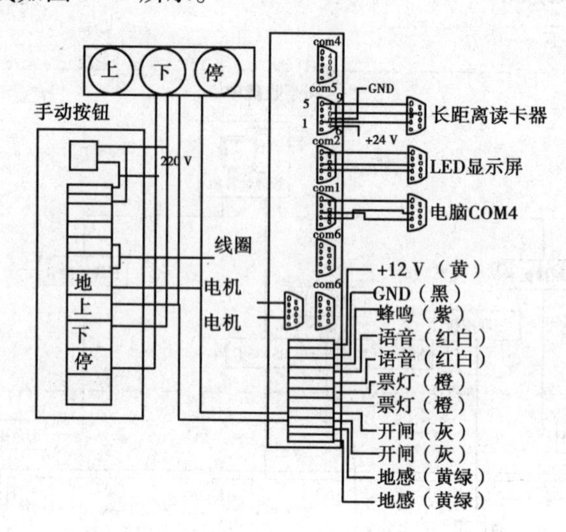

图 6.16　车库管理系统入口设备接线图

根据入口控制机接线原理图进行接线练习和检查，并用万用表测试接线效果。

4. 出口机设备及接线

出口机和入口机接法相同，只是和电脑相接时用 COM5 口和电脑的 COM5 口相接。

5. 电脑 COM 口的接法

电脑 COM 口的接法如图 6.17 所示。

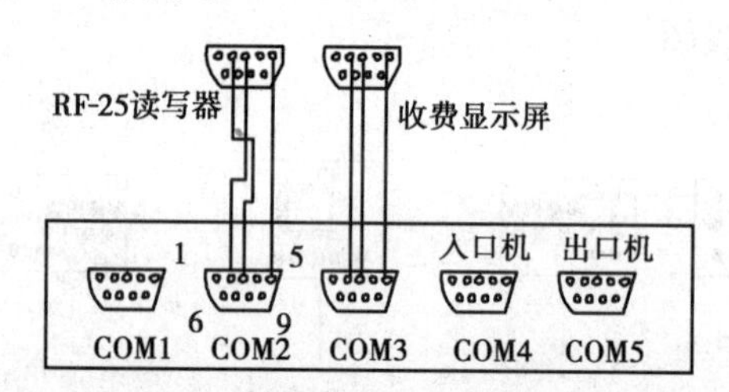

图 6.17　车库管理系统电脑 COM 口的接线图

根据所叙述的接线相应连接道闸和出入口控制机以及控制机和电脑。设备和设备之间至少有电源、通信两种连接方式。

①电源接线：所有停车场的独立设备都需要电源，大部分采用的是市电交流 220 V，只要将市电接在相应的电源输入端即可。各种机箱内的电源的地线一定要接在地线的端子上，没有地线端子的，可以接在外壳上；在岗亭的一端，地线一定要接在电源控制盒的地线端子上，地线端子同时接在地线引入线上。

②通信接线：车库管理实训系统用到的通信方式主要是 RS232 和 RS422，只要清楚了通信方式，按通信方式的要求做好接插头插在相应的 COM 上即可。

③将道闸手动控制线按颜色分别接道闸的上、下，停和地端子；将从入口控制机引来的控制线按颜色黄黑分别接于道闸的上，地端子；电源线接入电源输入端即可。

(五)注意事项

注意正负极,以免烧坏设备。接线操作在系统断电的情况下完成。

实训7 车库管理实训系统操作流程

(一)实训目的

①掌握车库管理实训系统的操作流程。

②熟悉车库管理实训系统的应用。

(二)实训要求

①认真阅读操作流程。

②在专业课老师的指导下完成操作。

(三)实训仪器

车库管理实训系统实训装置1套;电脑1台。

(四)实训步骤

1. 管理人员操作流程

(1)中心管理人员在管理中心

此情形下的流程如图6.18所示。

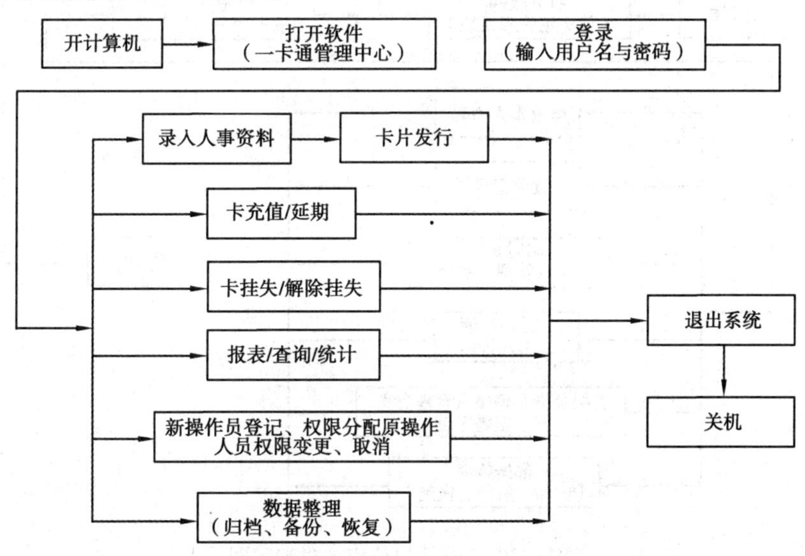

图6.18 中心管理人员在管理中心流程图

(2)中心管理人员在出入口

此情形下的流程图如图6.19所示。

2. 值班人员操作流程

值班人员操作流程图如图6.20所示。

(五)注意事项

此操作流程为工程实际标准流程,具体实训过程要按实际情况考虑。

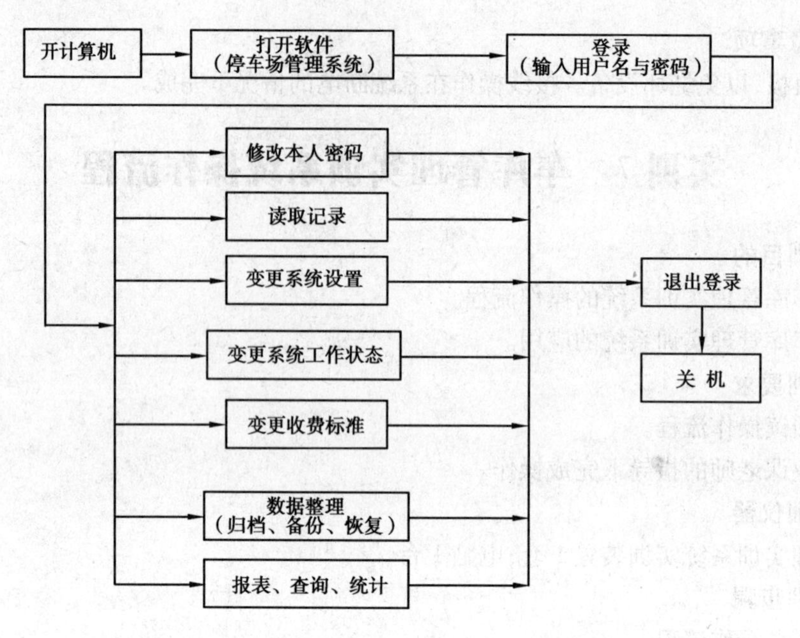

图 6.19　中心管理人员在出入口流程图

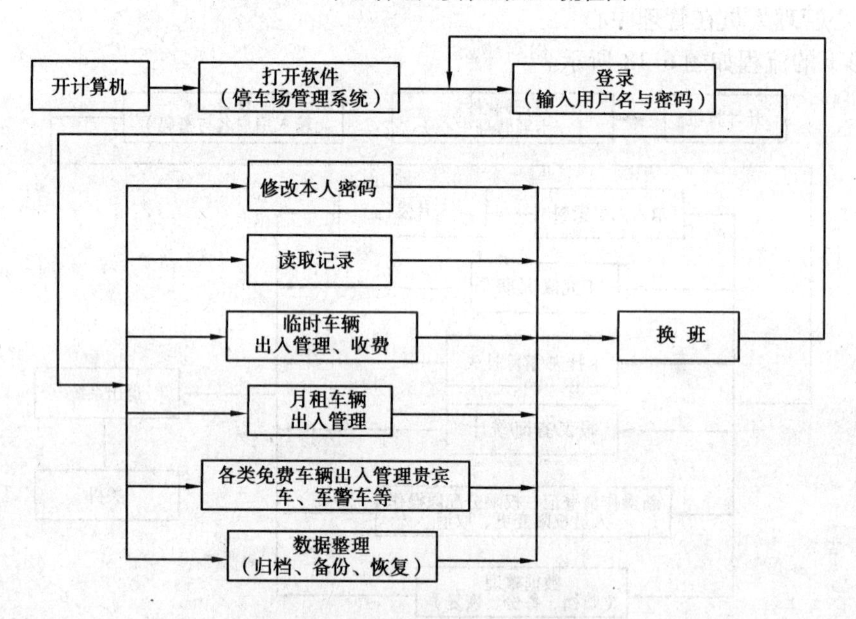

图 6.20　出/入口值班人员流程图

实训 8　车库管理软件操作

(一) 实训目的

①掌握车库管理软件的操作。

②进一步加深对车库管理实训系统的认识。

(二) 实训要求

①操作前仔细阅读相关资料。

②在专业课老师的指导下完成操作。

(三)实训仪器

车库管理实训系统实训装置1套;电脑1台。

(四)实训步骤

车库管理实训系统的软件界面如图6.21所示,上面一栏是工具栏,包括“系统管理”“出入管理”“联机通信”“报表查询”“辅助管理”菜单。

图6.21 车库管理实训系统软件界面

1.系统管理(以下操作均在“系统管理”工具栏中进行)

(1)系统登录

必须进行系统登录才能进入系统进行相关操作,否则不能进行任何操作。选择“系统登录”菜单中的“系统登录”或单击“上班登录”快捷按钮,出现如图6.22所示登录窗口,输入上班人员的用户名和正确的密码后可以进入系统。进入系统后,该上班人员可以进行授权范围内的一切操作。

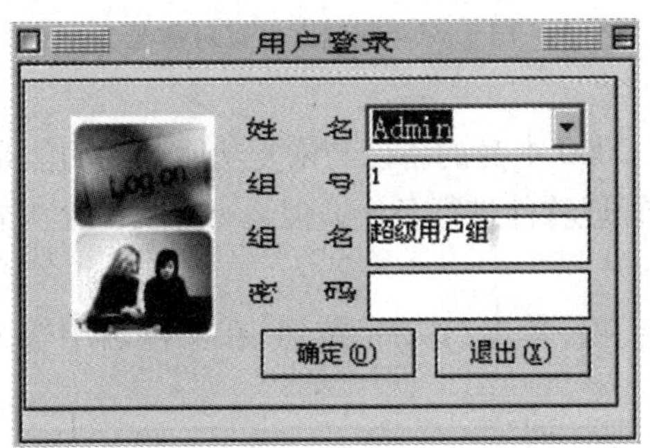

图6.22 系统登录对话框

(2)修改密码

单击“修改密码”按钮,弹出如图6.23所示界面,按照提示输入已经登录操作员的旧密码,然后输入新密码并确认,则密码修改成功。

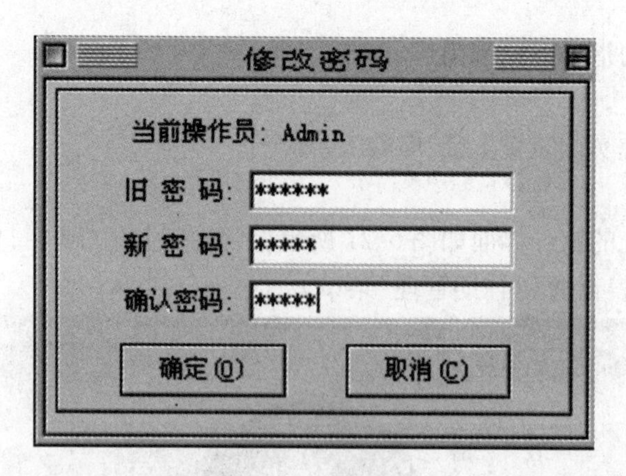

图 6.23 修改密码

(3)数据库设置

单击"数据库设置"按钮,弹出如图 6.24 所示界面,按照提示输入系统使用数据库所在的服务器名称或 IP 地址以及数据库名称,选择数据库的登录方式即可完成连接设置。

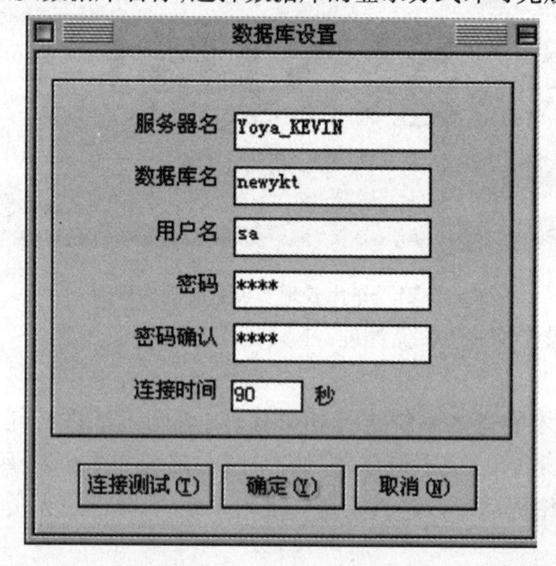

图 6.24 数据库设置对话框

(4)数据备份

此功能所用 Server SQL 2000 本身的备份与恢复功能。此功能是在不进行自动备份又不能进入服务器的情况下,通过管理软件进行备份。但运行此功能至少要安装 Server SQL 客户端才能正常运行。

选择"数据库"→"完全"项,单击"添加"按钮,在文件名中输入备份路径和备份名,如图 6.26所示,单击"确认"按钮。

(5)数据恢复

数据恢复是当数据库出现灾难性错误时才进行的操作。恢复操作只能恢复数据库备份文档,如果没有备份文档则不能进行恢复操作(备份数据库后面的资料将全部丢失)。单击"数据库恢复"按钮,出现如图 6.27 所示对话框。

单击"是"按钮,出现如图 6.28 所示界面,单击"确定"按钮,恢复开始。

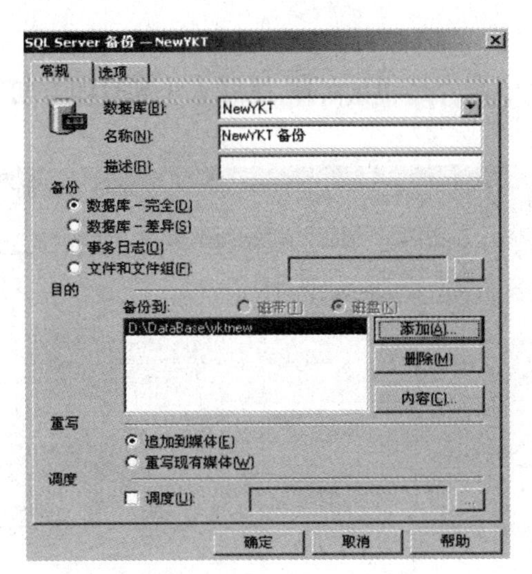

图 6.25　数据库备份对话框

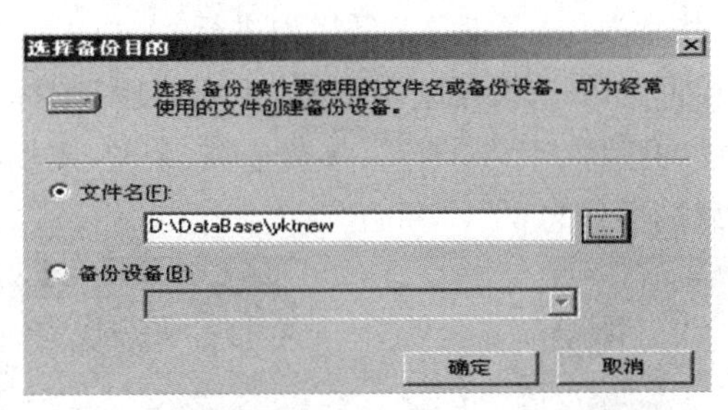

图 6.26　备份路径和文件名对话框

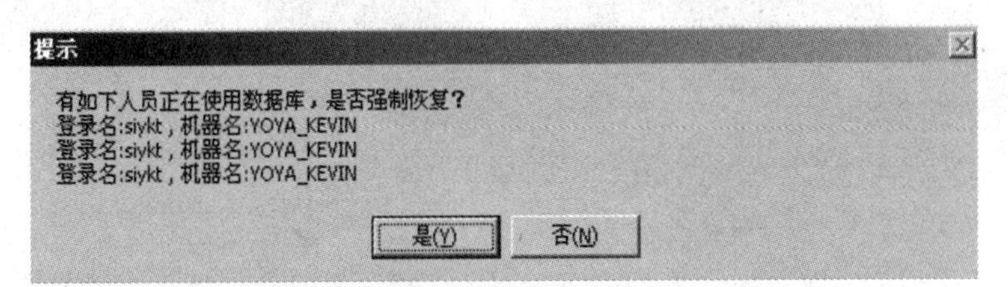

图 6.27　提示对话框

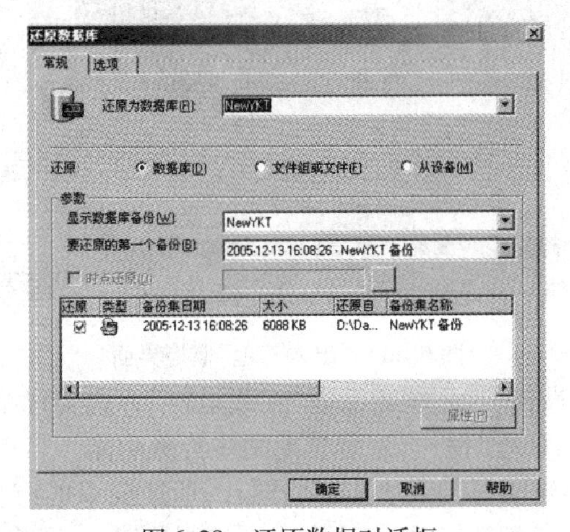

图 6.28　还原数据对话框

(6)打印设置

在如图6.29所示界面中设置打印机名称、纸张大小和打印方向等信息,工作电脑须配置打印机(可以是网络打印机)。

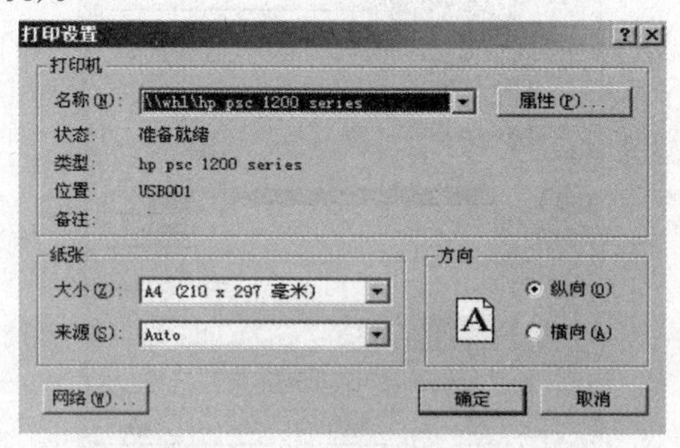

图6.29 打印设置对话框

2. 出入管理(以下操作均在“出入管理”工具栏中进行)

选择菜单中的“出入管理”或单击快捷菜单中的“出入管理”图标,出现如图6.30所示的监控界面。它将显示进出车辆的图像、卡号、卡类、收费金额、余额、入场时间、出场时间、车牌号码以及停车场内各种车辆的数量等信息。

图6.30 “出入管理”监控界面

只有执行“出入管理”操作后,系统才能以“在线运行”方式实现相应的功能。即使系统“脱机运行”,也必须执行“出入管理”操作,才能实现某些特殊功能。当车辆进入停车场时,车主在入口控制机读卡后,系统会自动抓拍入场车辆的图片,所读到卡的有关信息和抓拍的入口车辆图片会在屏幕左侧显示;在车辆出场时,车主在出口控制机读卡,图像抓拍系统自动抓拍出场车辆图片，并在“出入管理”界面的右侧显示。

出入管理界面共有4个图像窗口，上方两个图像为出入口的实时监控动态图像，下方两个图像为出入口在刷卡时抓拍的静态图像，供图像对比时使用。管理人员可以根据进出车辆的图像对比来判断进出的车辆是否为同一辆车。

图像中间的两行数据实时显示当前刷卡数据，右侧为信息显示栏，显示当前值班操作人员的信息、车辆信息、收费信息。此外还具有“场内车辆”与“已出场车辆”两个查询按钮，单击这两个按钮可以按照任意组合条件查询相关信息，图像的正下方一行显示了各种功能键的提示信息。

(1)卡片检测

按<F2>键进行卡片检测，系统出现如图6.31所示信息窗口，此时在设定的检测读卡机上刷卡就可以看到存储在卡片上的各种信息。如果该卡(IC)在管理中心进行过无卡延期，则“更写”按钮激活，操作员把用户的卡放在检测读卡器上，单击“更写”按钮，直到更写完成。注意，更写卡片时请勿晃动，以免写坏卡。

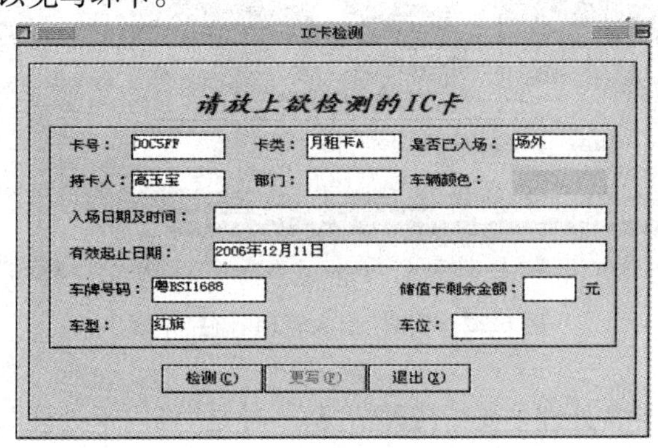

图6.31 “卡片检测”对话框

(2)实时检测

按<F3>键进行实时检测，显示道闸和出卡机的工作状态如图6.32所示，右上角显示道闸(自动挡车器)与出卡机的工作状态。

①道闸状态：表示道闸关闭状态，表示道闸正在打开，表示道闸打开状态，表示没有道闸。

②出卡机状态：表示卡库满，表示卡库内卡不多，表示卡库没卡或有问题，表示没有出卡机。

③开闸：通过停车场管理软件发出“开闸”指令给控制机开启道闸。执行此操作时必须输入车牌号等基本信息生成一条“手动开闸”记录后，道闸才能开启。

④关闸：通过停车场管理软件发出“关闸”指令给控制机关闭道闸。

⑤锁闸：执行此操作将使道闸一直保持开启状态，相当于将道闸锁定，对于任何关闸指令都不予响应。即使退出停车场管理软件，或者在脱机运行的情况下控制机仍然能够记忆“锁闸”指令，直到进入停车场管理软件“出入管理”界面，按下“解锁”按钮才能真正解除道闸锁定状态。

⑥解锁：通过停车场管理软件将控制机记忆的“锁闸”指令取消，道闸即可正常工作。

⑦出卡禁止：通过停车场管理软件给控制机发出禁止使用出卡机指令，相当于将出卡机锁

定。即使退出停车场管理软件，控制机仍然能够记忆，车主在入口按出卡按键时不会出卡，直到进入停车场管理软件“出入管理”界面，按下“出卡允许”按钮才能真正解除出卡机锁定状态。

⑧出卡允许：停车场管理软件将控制机记忆的“出卡禁止”指令取消，出卡机即可正常工作。单击“出卡允许”按钮，车主在入口按出卡按键时即可自动出卡。

图 6.32　实时“出入管理”监控界面

(3)异常处理

按 <F4> 键进行的异常处理主要指两种情况，一种是“场内卡处理”，即对刷卡进场没有对应的出场记录而车辆确实已经出场（或该卡确实没有进场，如自动出卡机发出临时卡后没有被车主取走而回收的卡）的记录予以核销，同时将刷卡进场而出场未刷卡的记录设置为已出场以方便其下次入场；另一种是“遗失卡处理”，即将刷卡进场后在场内将卡遗失的记录核销，同时进行挂失处理（如图 6.33 所示。）。

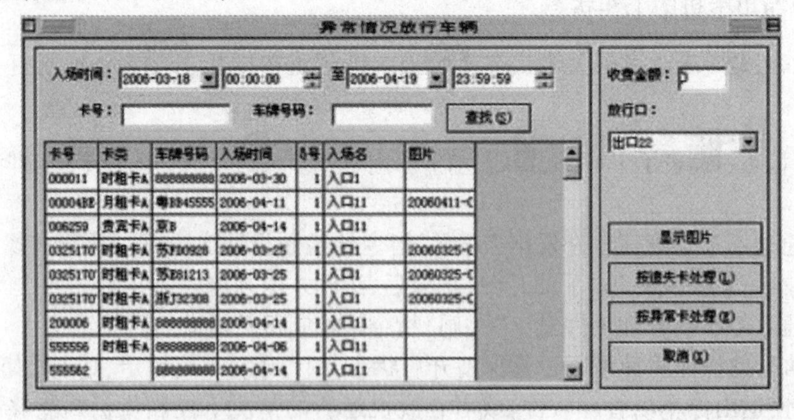

图 6.33　异常放行对话框

(4)预置车牌

预设车牌用于临时车辆入场时输入车牌号码。按 <F5> 键弹出如图 6.34 所示界面，从中选择一个省份简称代码，然后输入 5 或 6 位车牌号码，这样临时车辆从入口出卡机取卡时车牌号码就可以写入卡片,同时在数据库中进行相应的记录。

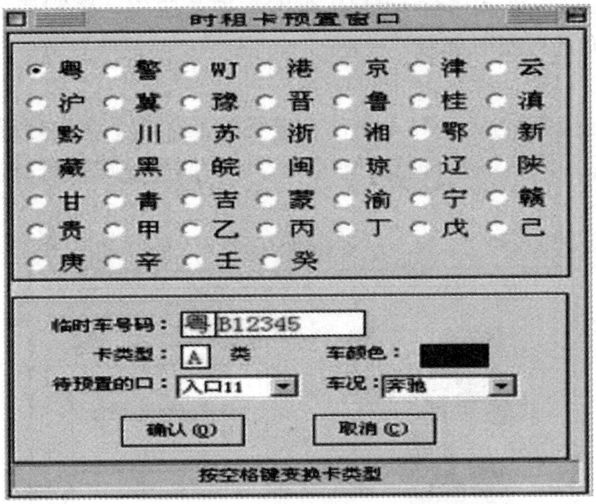

图 6.34 预置车牌对话框

(5)取消预置(按 < F6 > 键)

预置车牌完成后发现预置错误或不需要预置车牌可按 < F6 > 键取消。

(6)出卡(按 < F7 > 键)

当系统设置为“出卡禁止”时或别的原因(一般应用于在需要预置临时车车牌)需要使用软件出卡功能,操作员确认输入完车牌号码后才通过软件驱动出卡机发卡给车主使用。按 < F7 > 键一次出卡机立即出一张时租卡,待卡取走后才可以出下一张卡。

(7)进/出特殊车辆(按 < F8 > / < F9 > 键)

对于军、警、医疗救护等需要免费快速进出车场的车辆进行快速登记、放行,同时软件生成相应的记录,以便事后查询,如图 6.35 所示。

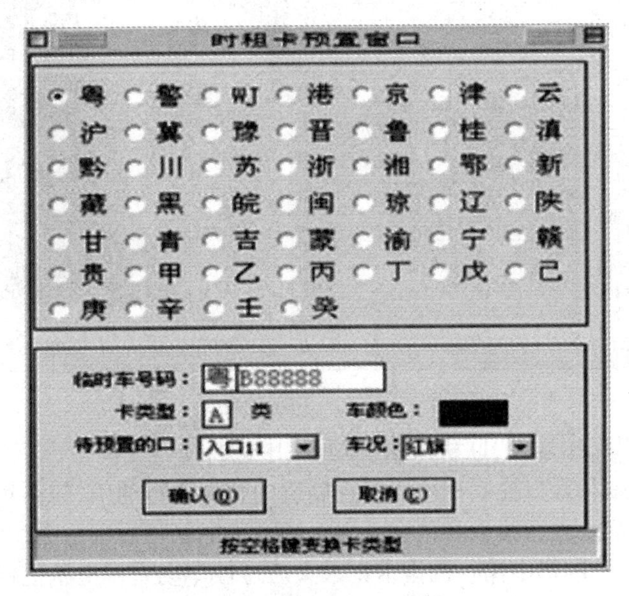

图 6.35 异常放行对话框

(8)卡片延期(按 <F10> 键)

卡片延期应用于白名单模式运行下的 ID 车库管理系统中。将需要加载进控制机的 ID 卡卡号在“出入管理”界面进行实时加载。

(9)换班(按 <F11> 键)

两个值班操作员交接班时按 <F11> 键。在监控界面的右上角出现登录窗口,如图 6.36 所示。此时等待上班的操作人员输入自己的管理卡号和密码即完成换班,换班后所有进出车辆记录归属到该操作员名下。

图 6.36　换班登记对话框

(10)视频设置

视频设置用于检测视频捕捉卡是否安装成功及是否正常运行。设置窗口中有众多相关参数,考虑到不同设置会影响到正常的图像抓拍质量,所以系统会自动采用最佳性能参数用于图像捕捉,用户在此设置的参数将不会影响正常的捕捉。

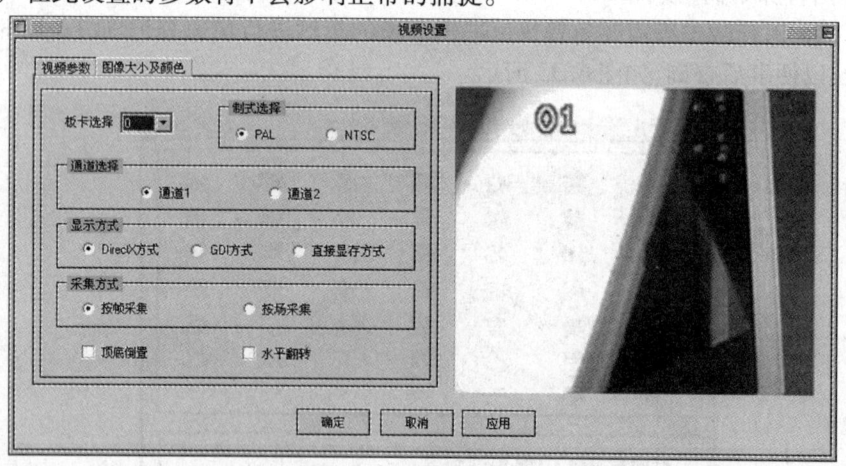

图 6.37　视频设置对话框

3. 联机通信(以下操作均在“联机通信”工具栏中进行)

联机通信是工作站和入口控制机或出口控制机的数据进行通信,包括对卡片的挂失以及对控制机内存储的各种记录进行读取和清空。停车场管理电脑将后台数据库内的卡挂失/解挂等数据下载到控制机中,控制机中储存的读卡记录又通过停车场管理电脑上传至后台数据库。

1)读写器设置

该功能是在电脑与控制机之间的通信联通后对出入口控制机进行设置。“读写器设置”选项页包含“加载时间”“读取时间”“收费标准设置”“校验控制器数据”和“功能设置”等按钮，如图6.38所示。

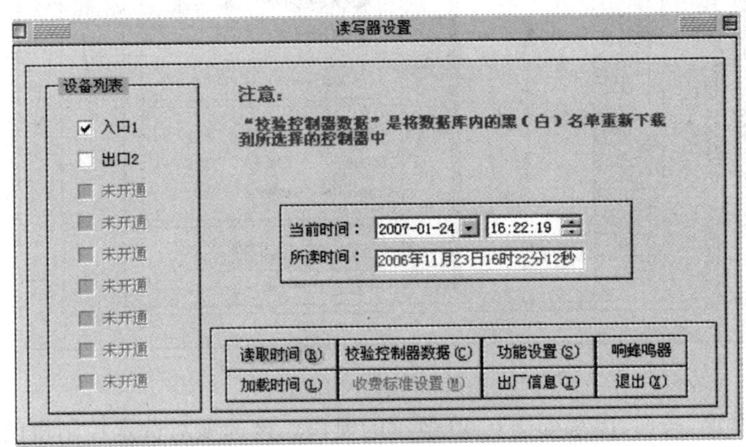

图6.38 读写器设置

(1)加载/读取时间

该功能用于读取控制机的时钟时间或将工作站的时钟时间加载到控制机中。在读取控制机的时间时，一次只能读取一个控制机的时间，而向控制机加载时间时，则可以一次同时对所有的控制机进行加载。

(2)响蜂鸣器

该功能用于检测控制机器通信是否正常。

(3)出厂信息

该功能可描述本设备工单号、出厂日期和芯片描述信息，供以后方便维护。

(4)校验控制器数据

该功能是将控制机中储存的黑/白名单与后台数据库中的数据进行比较校正。

(5)收费标准设置

通过该选项，可以读取控制机中设置的收费标准，也可以将储值卡和时租卡按类别编制收费标准后，加载到控制机中(此操作只对出口控制机有效)，如图6.39所示。

读取控制机内设置的收费标准时，一次只能读取一个控制机内的收费标准，而向控制机加载收费标准时，则可以一次同时对所有出口控制机进行加载。目前本系统暂时只支持如图6.39所示的查表收费标准，并且用户可以自行修改此种收费标准各项参数。其他类型可自定义收费标准，将在升级版本中陆续增加。

①按小时收费：按停留时间多少来进行收费的一种方式，分为按元收费和按角收费两种。

②免费分钟：设定车辆进入停车场后可以免收停车费用的停车时间。

③每天最高收费额：指车辆停留一天(24小时)收取的最高限额，也就是说，按照左边表格设定的标准计算收费，如果超过每天最高收费额后，一律按照最高收费额收取。

④本次最高收费额：对车辆一次停车所收取的最高金额，即使车辆一次性停车时间再长也只收取最高收费额。

(6)功能设置

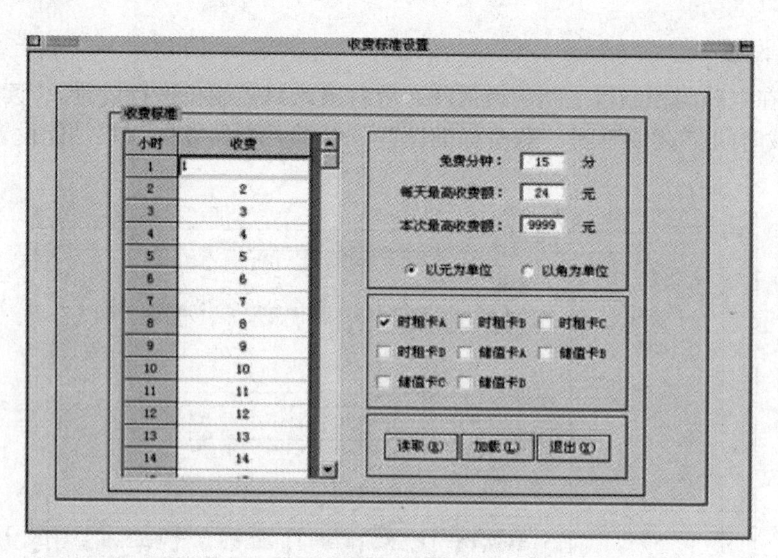

图 6.39　按小时收费

单击“功能设置”按钮，出现如图 6.40 所示的窗口。该选项对选定控制机的工作参数与工作模式进行设置，并预定义一些工作状态。停车场软件将工作参数与工作模式通过通信网络下载并固化到相应的控制机，也就是说，这就是控制机在脱机模式运行的情况下能够实现的各项功能，但部分功能必须和停车场管理软件相互配合才能实现。

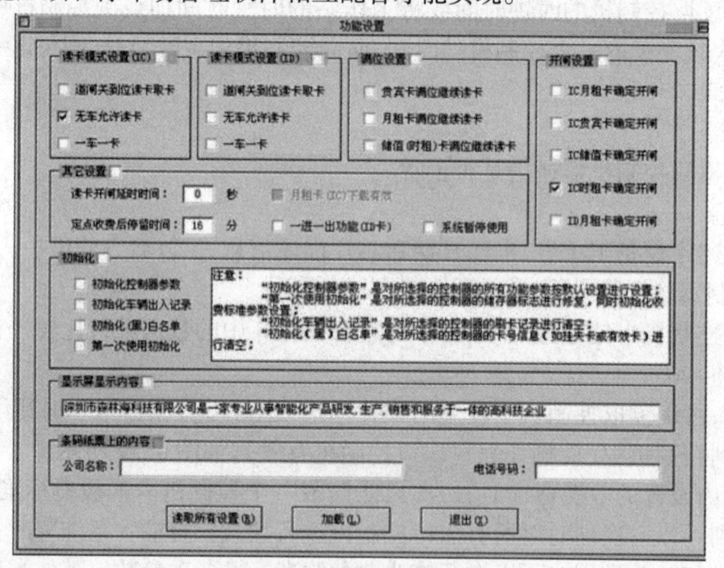

图 6.40　功能设置

①读卡模式设置：分为 IC 和 ID 两种。

②道闸关到位读卡取卡：前一辆车经过道闸并在道闸关到位时，才允许下一辆车刷卡或取卡。

③无车允许读卡：控制机没有配置车辆检测器或者车辆检测器没有检测到有车的情况下允许读卡。

④一车一卡：通过车辆检测器检测车辆是否已经通过来控制读卡，防止尾随跟车现象。

⑤满位设置：当车场已经满位后是否允许车辆入场，选中后表示允许进场。

⑥开闸设置:设置控制机对不同卡类的开闸方式,需与“系统设置”菜单中“岗位口设置”菜单中的“开闸设置”配合使用。例如需将临时车设置为入口确认开闸,首先在本菜单设置后再在“岗位口设置”菜单中设置,刷卡后软件才会显示开闸对话框,实现确认开闸功能。

(7)其他设置

①读卡开闸延时时间:一般为读卡后直接开闸,特殊情况下可以设置开闸延时时间。

②月租卡(IC)下载有效:IC 卡采用 ID 模式操作,对硬件设置此功能后必须还要在“系统设置”菜单中对软件进行设置。

③定点收费后停留时间:用于中央收费模式下,车主缴费后可以在场内驻留的最长时间。

④一进一出功能(ID):ID 月卡是否可以多次进出车场功能。

⑤系统暂停使用:选中该项本机将处于非工作状态,即控制机不读取任何卡片。

⑥初始化:有 4 种不同状态下的初始化选择,在使用过程一般不要随便操作此项。

⑦显示屏显示内容:对需要显示内容进行修改后通过通信网络下载并固化到出入口控制机 LED 显示屏。

⑧条码纸票上的内容:设置打印在纸票上的相关内容。

2)读取记录

该功能用于车库管理实训系统长时间以脱机模式运行后,控制机内存储着大量的读卡记录,通过停车场管理软件读取控制机中存储的读卡记录。

选择菜单中的“读取记录”后,系统便自动对选择的控制机中已经储存的读卡记录进行读取,并将该记录通过停车场管理电脑上传至后台数据库。

为了确保记录数据不丢失,也可以随时进行该项操作。

注 1:在下班之前,最好是运行一下“读取记录”,以确保所有数据入库。

注 2:在运行“读取记录”之前,请不要随意清除控制机内的读卡记录,否则会造成控制机内的数据永久丢失。

3)脱机运行管理

脱机运行管理包括:读取时间、校验控制器数据、功能设置、加载时间、收费标准设置、提取记录、机号管理及出厂信息,如图 6.41 所示。

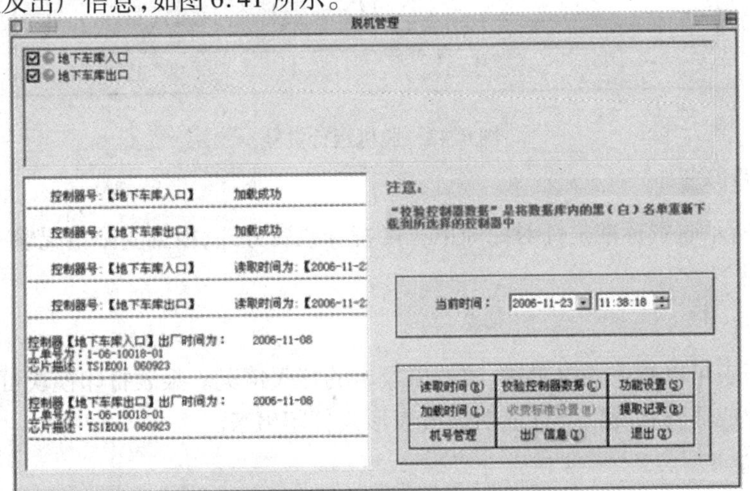

图 6.41　脱机管理

(1)加载/读取时间

该功能用于读取控制机内部时钟的时间或将工作站的时钟时间加载到控制机中。

读取控制机的时间时,一次只能读取一个控制机内的时间,而向控制机加载时间时,则可以同时对所有的控制机进行加载。

(2)校验控制器数据

该功能是将控制机中储存的黑/白名单与后台数据库中的数据进行比较校正。

(3)功能设置

参照读写器设置中的功能设置。

(4)收费标准设置

参照读写器设置中的收费标准设置。

(5)提取记录

该功能用于提取脱机管理机号的记录信息。

(6)机号管理

机号管理是管理脱网管理控制器,包括增加及删除设备功能。增加脱网运行机号不能和系统设置中的原有机号相同。如果需要删除设备,则选中左边列表中的机号,点"删除"按钮删除,如图 6.42 所示。

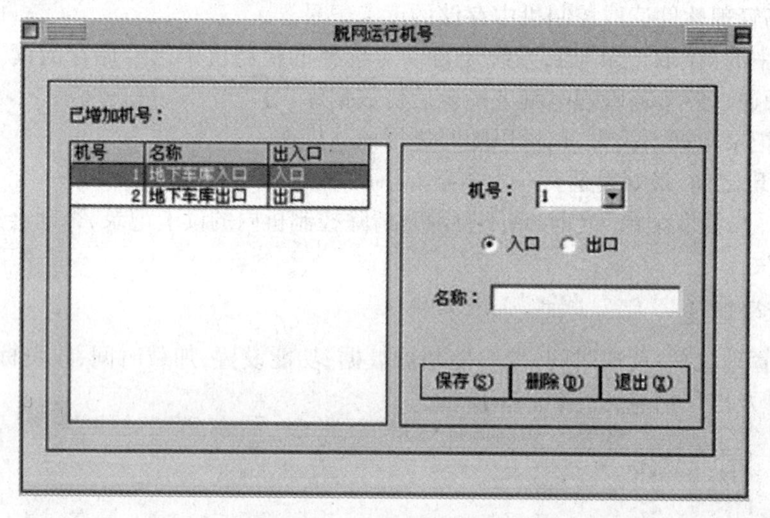

图 6.42 脱机运行机号

4)收费标准设置

如图 6.43 所示收费标准是针对深圳第三区特殊收费方式,根据实际情况输入相关数据。

4. 报表管理

1)报表查询

通过查询报表可以查询场内车辆、收费以及卡的挂失情况。报表打印模块可以将目前整个系统的一些管理或经营状况以统计或明细报表形式打印出来。

2)万能查询

当数据量较多时需要对数据进行筛选时,单击"查询"按钮,出现查询窗口如图 6.44 所示。

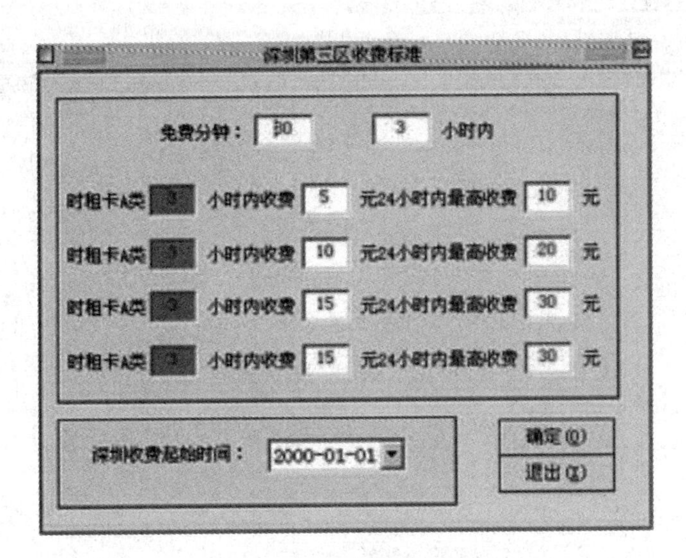

图6.43 收费标准设置

输入查询条件如字段名、操作符和搜索值，如果还需要更精确的筛选条件，单击“增加条件”按钮后继续输入条件进行查询。排序字段是数据按选定字段以一定的顺序显示出来。“删除条件”可以删除不需要的条件。单击“确定”按钮，系统将会按用户输入的条件把符合条件的数据列出来。此万能查询基本上应用于所有的报表查询菜单。

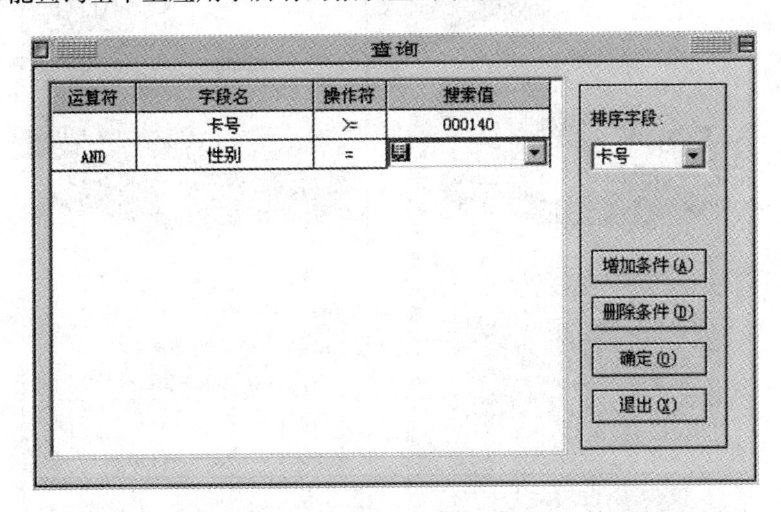

图6.44 查询设置

3)停车场收费查询

停车场收费查询用于查询进出车辆所有信息，包括进出时间、操作员、收费金额等信息，如图6.45所示。

双击任一记录可显示该记录的详细信息，如果没图像抓拍功能，则用默认图片代替，如图6.46所示。

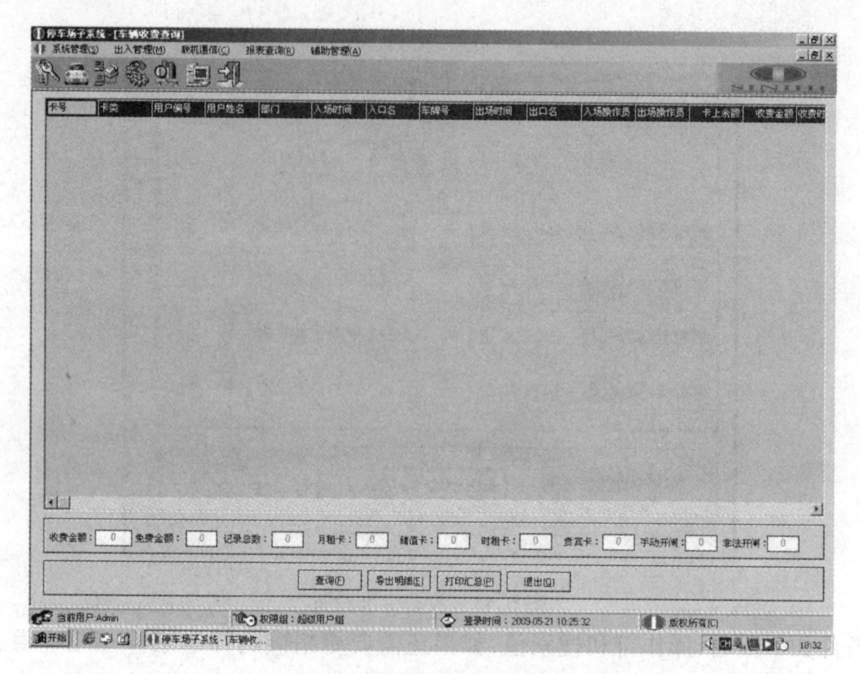

图 6.45　停车场收费查询对话框

图 6.46　出入场图像查询对话框

4) 场内车辆查询

场内车辆查询用于查询场内车辆信息，如图 6.47 所示。

双击任一记录，则显示该记录的图片信息，如图 6.48 所示。

5) 统计报表

停车场统计报表分为日报表、月报表和年报表 3 种，选择好报表类型和时间范围，单击“统

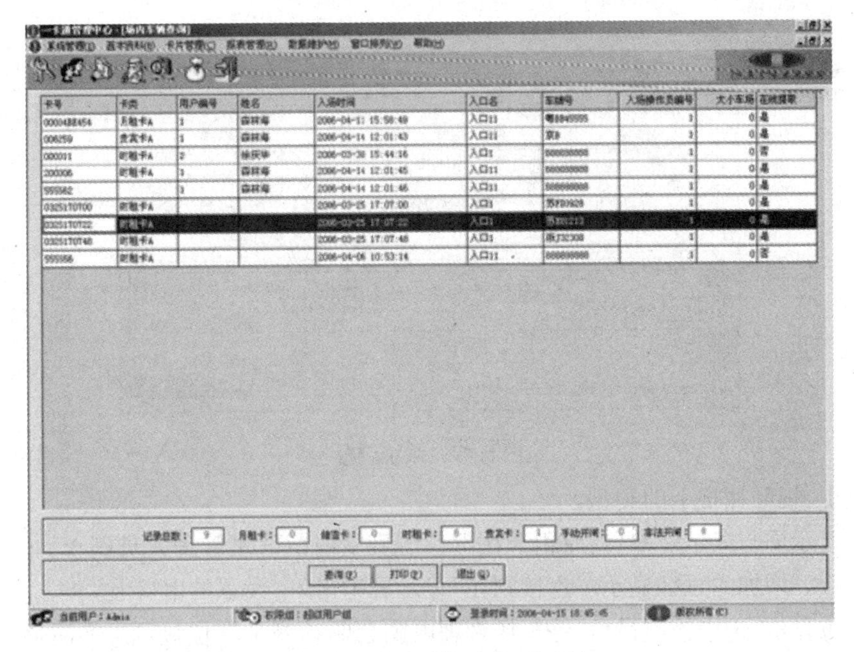

图6.47 场内车辆查询对话框

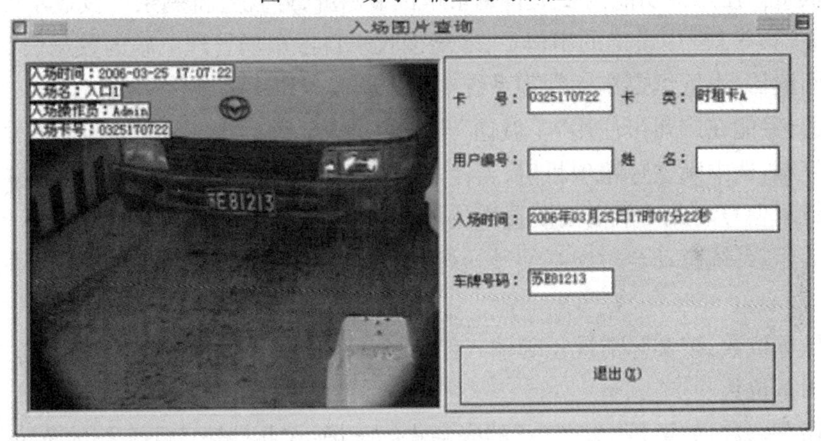

图6.48 入场图片对话框

计”按钮就可以形成统计报表。

6)操作日志

操作日志记录岗亭值班人员和系统管理人员使用和操作车库管理系统的全部记录，例如发卡、延期、挂失、解挂、进入出入管理等每一个操作，类似于飞机上的黑匣子功能。在需要的情况下可以对操作日志进行查询作为判断和裁决操作员和管理员行为，以维护整个系统的安全性。

5. 辅助管理

1)系统设置

(1)系统设置

选择子菜单中的“系统设置”菜单项，出现系统设置窗口，有“系统设置”与“岗位口设置”两个选项页。图6.49是“系统设置”选项页，用于设置停车场的基本功能。

①岗位口串口：停车场控制设备连接管理电脑所用的串口(COM口)。

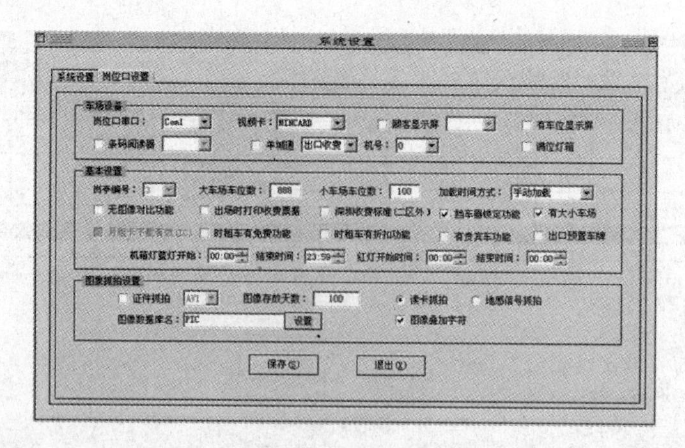

图 6.49　系统设置

②视频卡:视频捕捉卡的类型。

③顾客显示屏与显示屏串口:时租卡在出口值班室内由值班管理人员刷卡,车主看不见应该交纳的费额。增加的顾客显示屏连接到在“显示屏串口”中设置的串口上。

④有车位显示:选中该项目后,停车场管理电脑会驱动剩余车位显示屏实时显示停车场内剩余车位的数量。使用该功能需要配置剩余车位显示屏,并且要将剩余车位显示屏通过 RS485 网络接入“岗位口串口”中设定的串口上,才能接收来自停车场管理电脑的数据信息。

⑤条码阅读器:设置纸票车库管理系统中用于阅读条码卡需要使用的串口。

⑥羊城通:只能在广州市使用“羊城通”卡作为出入凭证的车库管理实训系统中使用。

⑦满位灯箱:选中满位灯箱项目后,当停车场内车位已经停满时,控制器会给满位灯箱发出车位已满的提示信号。此功能需要配置满位灯箱,并且将满位灯箱接入控制机。

⑧岗亭编号:系统自动会对岗亭编号,以便在一些多进多出的系统中按照岗亭编号统计各个岗亭收费。

⑨大车场车位数:按实际情况正确输入停车场的车位数,如果本停车场非嵌套式车场,则是整个停车场的车位数。

⑩小车场车位数:如果是“大套小”的嵌套式停车场,在此处输入小车场的车位数。

⑪加载时间:为了保证车库管理实训系统的严密性,整个系统的设备必须保证时间一致。系统采用了将计算机的时间加载到各个控制设备的方法进行时间同步。同步的方法是可以让计算机自动同步,即设置为自动加载后,每次执行出入管理操作时,停车场管理电脑将自动将当前时间加载到各个控制机。也可设置成手动加载(见读写器设置),以方便测试控制机通信以及调试工作。尤其是调试停车场的收费标准时,一般都设置为手动加载时间,调试好后再恢复为自动加载时间。

⑫无图像对比:选中该项目即关闭系统的实时图像监控、车辆图片抓拍与车辆的出入口图像对比功能。不选中该项目就开启图像监视、车辆图片抓拍与车辆的出入口图像对比功能。开启图像对比功能需要有视频捕捉卡及其驱动程序以及高清摄像机的支持。

⑬出场时打印收费票据:选中该项目后每次收费开闸时会打印一张收费小票,可以给交费的车主作为付费凭证。票据打印需要票据打印机及其驱动程序的支持。

⑭深圳收费标准(二区外):一般用在深圳三区停车场,选中此项后,还需要在设置“联机通

信”→“收费标准设置”菜单中设置收费标准。

⑮道闸锁定功能:选中该项目,则在“出入管理”监视界面中激活使用“道闸锁定功能”。如果通过软件执行了锁闸动作,控制机就会一直有开闸信号输出,使道闸始终处于开启状态而不响应任何下闸指令,即使软件退出“出入管理”界面,控制机也会记忆并保持开闸信号输出,直到重新进入“出入管理”界面解除锁定。此功能相当于使用了道闸手动按钮盒的手/自动切换功能,一般用于在车辆出入高峰期,无需开启“车过道闸自动落杆”功能等场合。

⑯月租卡下载有效(IC):选中此项目后,系统就将 IC 卡当 ID 使用,只读取卡号,不读写卡片扇区。也就是以白名单方式运行(见停车场专用名词解释)。启用此功能首先需要在“联机通信”中的“功能设置”菜单对硬件作出相应设置并保存后,再在本菜单中选择此项目后才能使用。

⑰临时车有免费功能:选中该项目后,临时卡刷卡后停车场管理软件弹出的“开闸确认”菜单中会增加一个“免费开闸”按钮,可以对一些特殊的临时车免费放行。但停车场管理软件会对此类出场的临时卡作“临免卡”处理,停车场各项明细和统计报表也会生成相应的记录。

⑱临时车有折扣功能:选中该项目后,临时卡刷卡后停车场管理软件弹出的“开闸确认”菜单中会增加一个折扣按钮,操作员可以对当前临时卡进行折扣处理,停车场各项明细和统计报表也会生成相应的记录。

⑲有贵宾车功能:选中该项目后表示本计算机管理的出/入口有贵宾车辆出入,在“出入管理”的监控界面中可以使用 < F8 >与 < F9 >键直接开闸处理贵宾车辆出入,而无需再发临时卡,停车场各项明细和统计报表也会生成相应的记录。

⑳有大小车场:如果停车场属于嵌套式停车场时,选中此项,同时要输入大小车场各自的实际数量。此功能首先需要分别对大小车场的停车场控制机调整拨码开关进行硬件功能设置。

㉑出口预置车牌:在需要对入场的临时车辆进行车牌预置而不方便预置的情况下(如入口无管理电脑),可以选择出口预置车牌功能。选中此项目时,时租卡在出口控制机刷卡后,停车场管理软件会自动弹出车牌预置菜单,岗亭操作员就可以在车辆出场时预置车牌、车型等基本信息。不选中此项目时,需要操作员手动按 < F5 >键才能执行入场预置车牌功能。

㉒装饰灯:入出口控制机上的装饰灯分为蓝灯和红灯两种。装饰灯可以通过软件设置开启和关闭时间段后加载到控制机,由控制机进行控制。如果设置开始时间大于结束时间,表示跨天亮装饰灯,如果设置开始时间小于结束时间,表示不跨天亮装饰灯。如果设置开始时间等于结束时间,则表示不开装饰灯。

㉓证件抓拍与证件抓拍口:对于某些特殊的车辆出场需要免费放行,而又需要保留作为车辆免费放行依据的凭证时就可以选中该项目。使用这项功能时需要有一台高清晰度的摄像机连接到在“证件抓拍口”中设定的视频接口上。设定此功能后就可以在停车场的查询报表中查询到抓拍的证件图片。

㉔存盘天数:设置软件抓拍到的入出场车辆图片的存放时间。每次退出“车库管理实训系统”时系统会自动删除超过了存盘天数的图像以节省磁盘空间。可以根据管理要求与计算机的硬盘空间合理设置图像的存盘天数。

㉕读卡抓拍:选中此项目后将设置成读卡触发停车场管理软件抓拍车辆图片,大部分情况下车库管理实训系统采用读卡抓拍方式。

㉖地感信号抓拍:在一些特殊情况下,可以设置地感信号抓拍。也就是读卡时系统不抓拍图像,只有当车辆压住车辆检测线圈上时才触发系统抓拍图像。

㉗图像叠加字符:选中此项时,系统会对抓拍的图像上叠加一些相关信息,如果不选此项系

统不叠加任何字符。

㉘图像数据库名:用于将图像数据保持在后台数据库,设置时须要输入服务器名、图像库名、登录账号名和密码。设置时请注意,图像数据库名不能和主数据库名相同,以免影响正常工作。

图像数据库设置

服务器名: voya_kevin

图像库名: PIC

登录帐户: sa

用户密码: ****

确认(O)　退出(X)

图 6.50　图像数据库设置对话框

(2)岗位口设置

图 6.51 为系统设置中“岗位口设置”选项页。在该选项页中设定本管理计算机连接控制机的数量及其地址,每一台控制机的工作位置与工作模式,每一台控制机的名称(电脑按照机号控制,有一个默认的名称方便操作人员的识别,如 1 号控制机默认为“入口 1”),有图像对比系统时每一台控制机对应的视频输入端口,系统默认的临时卡出口,系统默认的卡片检测口以及每一台控制机内是否配备有自动出卡机等。这些参数必须正确设置,否则系统无法提取读卡、收费记录和正确抓拍车辆图片,也不能执行“出入管理”操作。

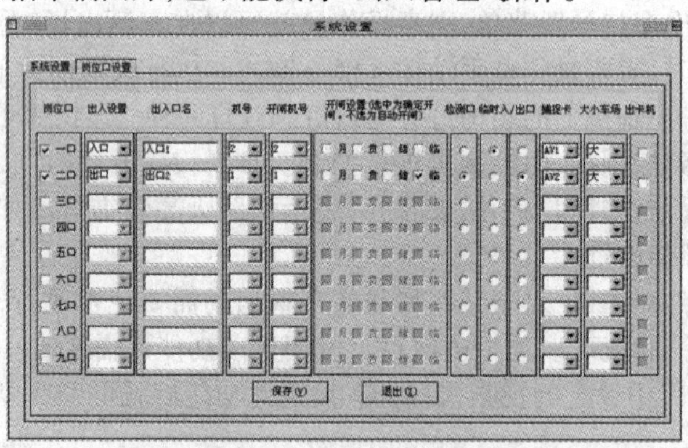

图 6.51　岗位口设置对话框

①出入设置:设定该岗位口是入口、出口、定点收费点还是收卡机。中央收费模式下的出口控制机内配置了自动收卡机时,该岗位口必须设置为收卡机。

②机号与开闸机号:设置控制机的机号,管理计算机以此作为对该控制机进行通信控制的地址。有时候系统不一定由刷卡的控制机来控制/开启道闸,可能在 A 控制机上刷卡而由 B 控制机开启道闸或 A 控制机根本就没有与对应的道闸进行直接连接,所以还需要设置该控制机刷卡成功后执行开闸动作控制机的开闸机号。

③开闸设置:分为自动开闸和确认开闸两种方式。自动开闸方式是由控制机判断卡片的合

法性后直接开闸；确认开闸方式则需要值班人员通过停车场软件弹出的开闸对话框确认后才开闸放行。

④检测口：供值班人员检测和改写卡信息的控制器。

⑤临时入/出口：是指系统默认的入出口控制器。

⑥捕捉卡：设置视频捕捉卡的 AV1 或 AV2 端口，MiniA 视频卡有两个 AV 端口（AV1、AV2），但为了保证抓拍图片的可靠性，一般来说一块视频卡只使用一个 AV 端口（AV1 或 AV2）接入管理一路视频图像。

⑦大小车场：按实际情况设置岗位口是控制大车场还是小车场。

⑧出卡机：出卡机只有入口才会配置，如果设备配置有出卡机，须选中此项。

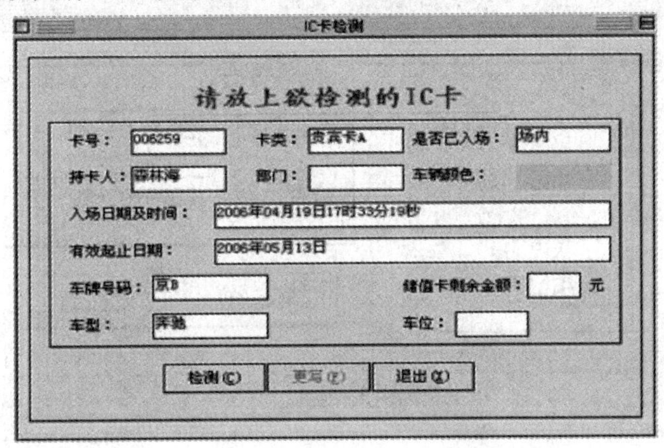

图 6.52 卡片检测对话框

2）卡片检测

该功能与“出入管理”中按 <F2> 键的功能相同，选择此项菜单后在设定的检测读卡机上刷卡就可以看到存储在卡片上的各种信息。

3）挂失与解挂

由于不慎将卡丢失或暂时找不到所使用的卡时，为避免造成损失，需要将该卡进行挂失，使用此功能必须保证停车场管理电脑和控制机通信网络联通的情况下进行。

选择“挂失与恢复”子菜单后系统出现挂失解挂对话框。选择“挂失”项，左边列表中将列出所有已经在“管理中心软件”执行了“登记挂失”但由于某些原因（某个控制机通信不通）没有在所有的控制机挂失成功而需要手动挂失的卡号。从菜单中选中需要进行挂失的卡，单击“确定”按钮即可将这些卡号下载到与停车场管理电脑联机的控制机存储器中的黑名单区域，完成真正挂失。当卡号已经下载到所有控制机的存储器黑名单区域后，该卡状态变为“已挂失”，否则为“待挂失”。也就是说，只要有一个控制机无法联机导致没有成功挂失此卡号，卡状态仍然为“待挂失”。

选择“恢复”项，左边列表中将列出所有已经登记挂失后又找到且在“管理中心”软件执行了“登记解挂”的卡，但是由于某些原因（某个控制机通信不通）没有在所有的控制机解挂成功，此时需要手动解挂卡号。从菜单中选择需要恢复使用的卡，单击“确定”按钮即可将这些卡号下载到与停车场管理电脑联机控制机的存储器黑名单区域进行卡号删除，完成真正解挂。该卡的卡状态才变为“已解挂”，否则为“待挂失”。也就是说，只要有一个控制机无法联机没有成功解挂此卡号，卡状态仍然为“待挂失。

注：卡挂失/恢复时，必须先到执行“管理控制中心”软件的“挂失/解挂”操作，通过“管理控制中心”软件在后台数据库中登记了之后，才能在“车库管理系统软件”中进行挂失/恢复处理操作，从而完成真正的“挂失/解挂”工作。

4）数据库清理

数据清理用于清理无用的数据或者清除系统调试时的一些调试资料。数据库清理的对象主要包括刷卡资料表、车场归档表、车辆出场表、操作日志表。清理时需要输入时间范围及清理的目标库，然后单击“确定”按钮即可。

注：数据清理后无法再恢复，操作时请小心谨慎，确认无误后再执行此项操作。

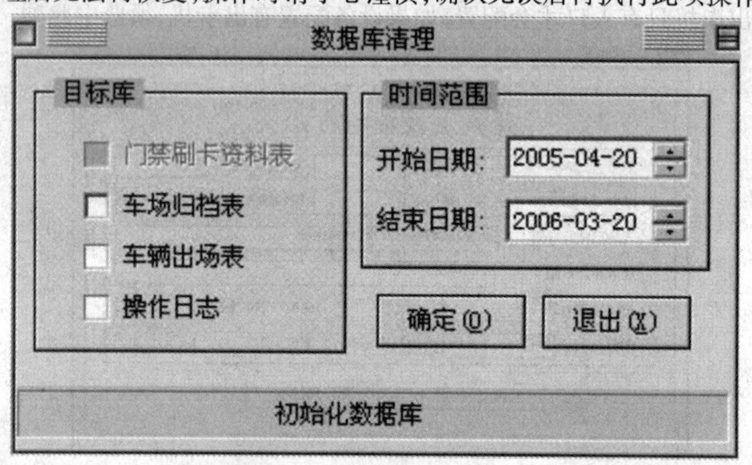

图6.53 数据库清理对话框

5）场内车辆清理

由于各方面的原因，一些车辆出场时没有刷卡，从而导致停车场管理软件无法注销场内停车记录，出现多余的入场记录。也就是说，场内实际停留的车辆数量和后台数据库中的场内记录不一致。为了保证系统的严密性，需要对后台数据库中的场内停车记录进行清理。如图6.54所示，选中要删除的场内记录，然后单击“删除”按钮就可以删除相应的场内记录。

场内车辆清理

卡号	卡类	用户编号	姓名	入场时间	入口名	车牌号	入场操作员编号
000043E454	月租卡A	1	森林海	2006-04-11 15:58:49	入口11	粤B345555	1
006259	贵宾卡A	1	森林海	2006-04-14 12:01:43	入口11	京B	1
000011	时租卡A	2	徐庆华	2006-03-30 15:44:16	入口1	888888888	1
200006	时租卡A	1	森林海	2006-04-14 12:01:45	入口11	888888888	1
555562		1	森林海	2006-04-14 12:01:46	入口11	888888888	1
0325170700	时租卡A			2006-03-25 17:07:00	入口1	苏F90928	1
0325170722	时租卡A			2006-03-25 17:07:22	入口1	苏E81213	1
0325170748	时租卡A			2006-03-25 17:07:48	入口1	浙J32308	1
555556	时租卡A			2006-04-06 10:53:14	入口11	888888888	1

删除(D)　退出(X)

图6.54 场内车辆清理

6)数据归档

随着车库管理系统使用时间的增加,车辆进出记录会越来越多。当记录数达到一定量后,会影响系统运行的速度。要提高系统运行速度则需要对以前的历史数据进行归档处理,如图6.55所示,车场归档至少要保留一个月的数据。

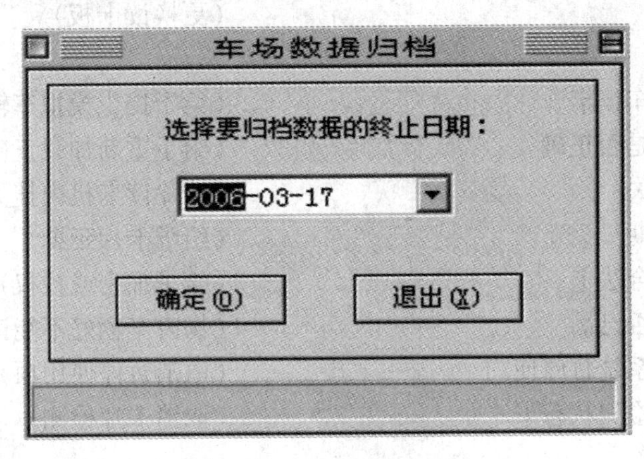

图6.55 车场数据归档

(五)注意事项

进行设置操作之前,先规划好所要达到的效果。

实训9 故障的判断与处理

(一)实训目的

①掌握停车场故障的判断与处理方法。

②加深对停车场设备结构认识。

(二)实训要求

①操作之前仔细阅读相关说明。

②在专业课老师的指导下完成操作。

(三)实训仪器

车库管理实训系统实训装置1套;连接导线若干;工具1批。

(四)实训步骤

1.通信故障

检查各读卡机是否正常开机 (给予正常开机)

检查串口是否设置错误 (确定所使用串口)

检查通信总线是否存在短路或断路 (排除通信线短路与断路现象)

检查RS-485通信卡是否损坏 (更换RS-485通信卡)

检查读卡机是否正常开机 (给予正常开机)

检查读卡机机号设置是否正确 (确定机号重新设置)

检查读卡机机号设置是否重复　　（确定机号重新设置）
检查主控板通信芯片是否损坏　　（更换通信芯片）
检查主控板读卡模块是否损坏　　（更换读卡模块）
检查读卡板读写模块是否损坏　　（更换读写模块）
读卡板故障　　（更换读卡板）

2. 无法读卡

确定设备是否有车读卡　　（给予提供模拟车辆压上地感后读卡）
检查读卡机时间是否正确　　（给予重新加载正确时间）
检查卡片是否挂失　　（清除读卡机内挂失记录）
检查卡片是否过期　　（给予卡片延期）
检查卡片是否为合法卡　　（给予加密或授权）
检查场内车辆是否已满　　（场内车辆好不能读卡）
检查是否设置为系统暂停使用　　（取消暂停使用项）
系统是否在卡片检测状态下　　（取消卡片检测）

3. 读卡不开闸

检查读卡后读卡板有无输出开闸信号，如有开闸信号输出，说明故障在于道闸
检查读卡板与道闸之间开闸信号线是否断路　　（排除断路现象）
检查读卡板开闸输出电路光耦或三极管是否损坏　　（更换光耦或三极管）
检查读卡板是否存在故障　　（更换读卡板）
是否设置为确认开闸方式　　（解除确认开闸）

4. 进入“出入管理”后无进出口图像

检查视频线是否插好　　（插好视频插头）
检查视频线接头是否老化脱焊　　（重新制作视频接头）
检查摄像机变压器是否损坏　　（更换变压器）
视频捕捉卡驱动程序的故障　　（重新安装视频捕捉卡驱动程序）
视频捕捉卡故障　　（更换视频捕捉卡）

5. 读卡板蜂鸣器不停鸣叫

读卡板存储参数错乱　　（重新初始化并加载参数）
检查读卡板读写芯片与读写模块是否损坏　　（更换读写芯片或读写模块）
读卡板故障　　（更换读卡板）

6. 出卡机不出卡或不停鸣叫

检查 IC 卡片是否少于应放的数量　　（放置足量的 IC 卡片）
检查地感灯是否常亮　　（给予地感复位）
检查 IC 卡片是否变形　　（变形 IC 卡片不能放置于出卡机）
出卡机线路板故障　　（更换出卡机线路板）
出卡机机械故障　　（处理机械故障）
收卡箱是否卡满　　（清空收卡箱并按下接线板小按钮[SW1]清零）

(五)注意事项

万用表要正确使用,不然会影响对线路的判断。使用工具拆检设备的过程中要确认系统已经断电,避免触电受伤。

实训10 设计并安装一个简易应用系统

(一)实训目的

①加深对车库管理实训系统的整体认识。

②培养车库管理实训系统的配置设计能力。

(二)实训要求

①收集相关知识和材料,对车库管理实训系统有深入的了解。

②在动手进行设备上电操作之前,将系统连接图绘制好。

③在专业课老师的指导下完成实训内容。

(三)实训仪器

车库管理实训系统1套;连接跳线若干;螺丝与螺丝刀等辅助工具1批。

(四)实训步骤

①设计一个简单的车库管理实训系统,确保系统的可行性和完整性。

②绘制系统结构图。

③绘制系统设备接线图,标出线型和连接端口名称。

④在专业课老师检查无误后可以进行设备连接操作。

⑤设备上点前再次检查系统的接线是否正确。

⑥系统得到验证后写下实训总结。

(五)注意事项

①认真学习车库管理实训系统的结构,配置要合理。

②进行设备的连接操作过程中避免损坏设备。

项目7　智能一卡通系统实训

7.1　系统概述

智能一卡通系统是在同一张卡上实现各种不同功能的智能系统。它通过IC卡作为信息载体,利用网络通信技术和自动控制技术,在智能建筑中实现门禁管理、考勤管理、巡更管理、消费管理等多种功能,是极受欢迎的智能化系统。由于其使用灵活、方便、安全、可靠,易于修改、挂失,具有较高的性能价格化,在智能建筑领域得到了迅速的普及。

一卡通起源于我国20世纪90年代中期,在国外并没有这种称谓。其概念是指在某一区域内,一张卡可实现门禁、考勤、巡更、停车、消费、电梯和出入口控制等功能。一卡通是基于目前最先进的非接触式智能卡技术、计算机技术、网络通信技术相结合的产物。一卡通由于其极强的便利性,现在已越来越广泛地被接受,多应用在政府机关、商业大楼、智能小区、校园、大型企业、高速公路收费系统等领域。

一卡通的组成部分大体是:智能卡、读卡机、消费机、控制器、锁具、电源及管理软件。

一卡通系统以非接触式卡为核心,以计算机技术和通信技术为辅助手段,将某一范围内的各项基本设施连接成一个有机的整体,用户通过一张卡就可以完成开(出)门、停车、电梯进出、考勤、就餐、消费、巡更等各项活动。一卡通的核心意义是子系统数据库的统一和发卡中心的统一,其突出特点表现为:一卡、一库、一网。

一卡:用同一张卡实现不同功能的智能管理,一张卡上通行许多功能。

一库:同一个软件、同一个数据库内实现卡的发放、卡的取消、卡的挂失、卡的资料查询、黑名单报警等管理。

一网:一个统一的网络。基于现存已综合布线的局域网络或基于TCP/IP的Inetrnet网,系统将多种不同的设备接入同一个管理(发卡)中心,集中授权,统一管理。

ST-2000B-YCTⅡ型智能一卡通系统实训装置是根据各高校的课程内容,结合当前一卡通发展方向及技术特点研发出的一套实训装置。它全面实现了门禁、考勤、消费、电子巡更(ST-2000B-XGⅡ)及停车场出入管理在内的一卡通系统功能,为智能一卡通系统教学提供了一套灵活、高效的实训平台。系统组成图如图7.1所示。

智能一卡通系统实训台效果图如图7.2所示。

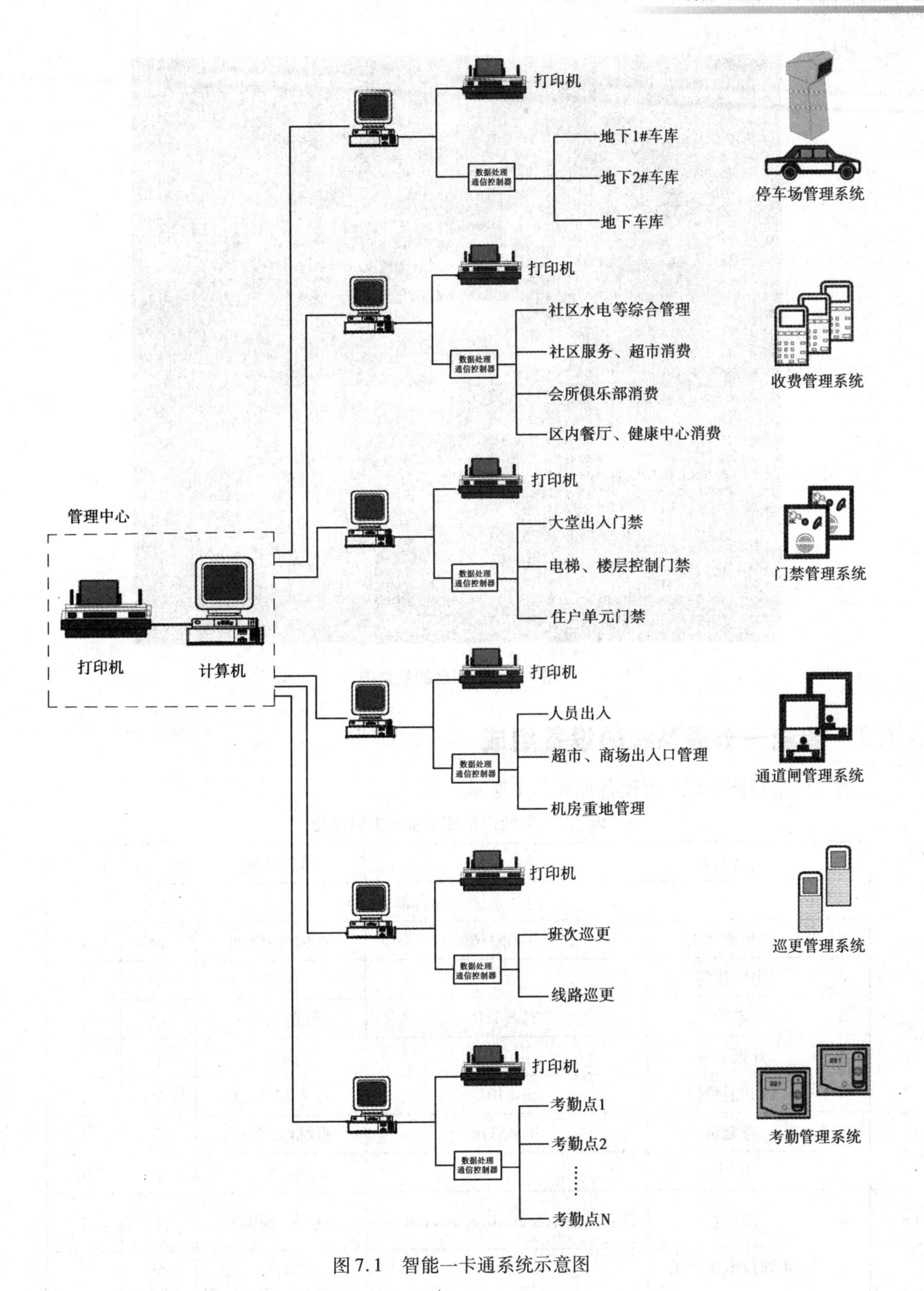

图7.1 智能一卡通系统示意图

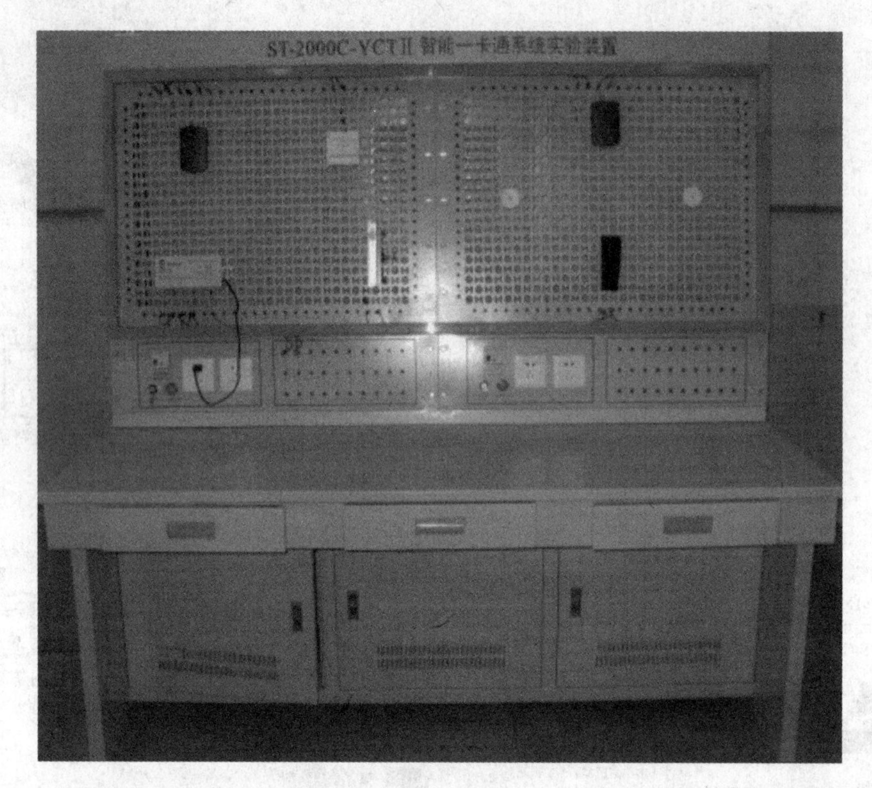

图 7.2　实训台的效果图

7.2　智能一卡通系统的设备组成

智能门禁控制系统主要设备如表 7.1 所示。

表 7.1　智能门禁控制系统主要设备

序号	器材名称	型　号	品牌产地	单　位	数　量
门禁系统实训台部分					
1	门禁读写器	SI-M5316	森林海/深圳	台	1
2	出门按钮		国产	个	1
3	电锁	YGS-180	阳光/中山	把	1
4	开锁电源		国产	个	1
5	POS 消费机	SI-F101	森林海/深圳	个	1
6	考勤机	SI-M5316	森林海/深圳	台	1
7	IC 卡		国产	个	30
8	实训台	铁制喷漆 1.8 m×0.8 m×1.65 m	松大/深圳	个	1
9	实训台电源开关		国产	个	1
门禁系统实控制中心					
1	门禁软件	SI-RM910	森林海/深圳	套	1

续表

序号	器材名称	型　号	品牌产地	单　位	数　量
2	RS485 通信卡		森林海/深圳	块	1
3	UPS 电源	TG500	山特	台	1
4	消费机管理软件	SI-IF950	森林海/深圳	套	1
5	考勤软件	SI-RM920	森林海/深圳	套	1
6	IC 卡发行器	SI2400-IC	森林海/深圳	个	1
7	电脑	启天 M4880	联想	台	1

离线式电子巡更系统主要设备如表 7.2 所示

表 7.2　离线式电子巡更系统主要设备

序号	器材名称	型　号	品牌产地	单　位	数　量
1	巡更棒(含皮套)	V-9000T	微达斯	个	1
2	地址钮(含固定座)	1990A-F5	微达斯	个	10
3	人名钮(含固定座)	1990A-F5	微达斯	个	2
4	高速传输器	V-9000PT	微达斯	台	1
5	管理软件	V-3.0	微达斯	套	1

7.3　智能一卡通系统实训内容

实训 1　门禁系统设备安装操作

(一)实训目的

①掌握门禁设备的安装方法。

②训练动手操作能力。

(二)实训要求

①安装过程中轻拿轻放,避免损坏设备。

②在专业课老师的指导下完成操作。

(三)实训仪器

门禁设备 1 个;连接导线若干;工具 1 批。

(四)实训步骤

①打开门禁控制器的防护盖。

②把控制器固定在实训台上。

(五)注意事项

安装过程中避免损坏设备。

实训2　电锁设备安装操作

(一)实训目的

①掌握门禁电锁的安装方法。

②进一步了解电锁的安装方式。

(二)实训要求

①安装过程中注意避免伤到手,必要时可佩戴手套。

②在专业课老师的指导下完成操作。

(三)实训仪器

门禁电锁1把;电源1套;出门按钮1个。

(四)实训步骤

①取出电磁锁松开固定在电磁锁上的连接片。

②把连接片固定在实训台上。

③把电磁锁固定在连接片上。

(五)注意事项

安装过程中避免损坏设备。

实训3　IC卡发行操作

(一)实训目的

①掌握IC卡的发行方法。

②熟悉门禁软件的应用。

(二)实训要求

①在进行软件设置前认真阅读相关说明。

②不可随意更改原有其他设置。

③在专业课老师的指导下完成操作。

(三)实训仪器

门禁系统实训装置1套;门禁系统操作软件1套;电脑1台。

(四)实训步骤

当系统需要发卡、对卡进行检测以及修改卡上内容时,可从系统菜单的IC卡管理中的"IC卡发行"菜单中进行相应的动作。如图7.3所示为刷卡发行界面,"卡号"的内容需要刷IC卡从卡上读取。系统读到卡号后,会自动检测该卡,如果是已经发行过的卡,系统会把相关资料调出来,包括用户编号、姓名、押金以及开通的子系统及其相关的信息。如果是新卡,则状态会提示为"新卡",系统会自动调出未发行的人事资料。操作员选择要授权的机号、卡类、终止日期和时间范围等信息,单击"发行(F)"按钮后,系统会提示"请出示卡片进行发行……"把卡放在发行器上刷一下,发行成功会发出提示音。

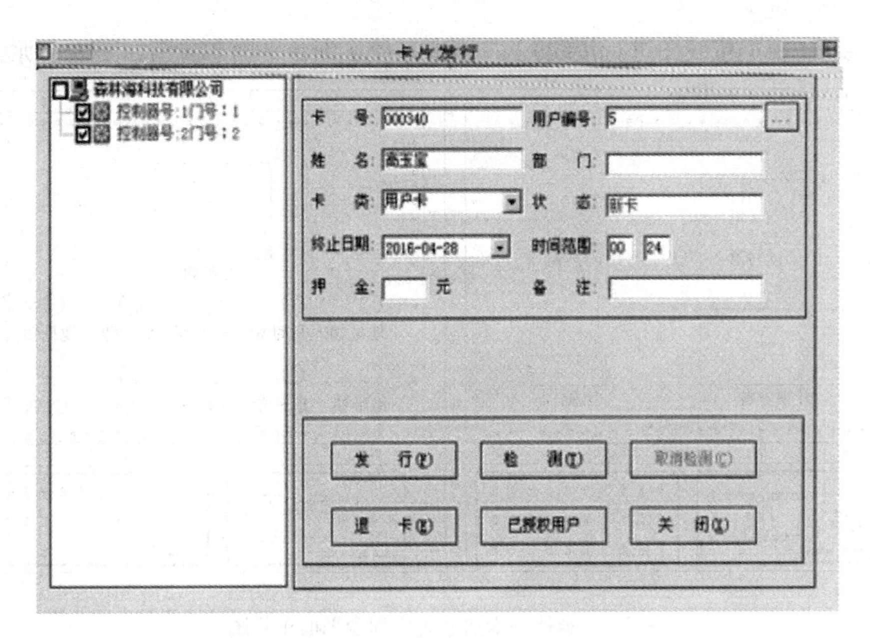

图 7.3 卡片发行对话框

如果把已发行的卡在发行器上刷,系统会把该卡的相关信息显示出来,用户可以对该用户进行修改后发行更改。单击"退卡(E)"按钮,系统会提示"请出示要退的 IC 卡……",拿卡在发行器上刷一下,退卡成功会发出提示音,退卡操作完成。单击"已授权用户"按钮,可以查看当前门已经授权的用户资料。

(五)注意事项

发卡时将发正确放置在发卡器上,避免卡片的倾斜和接触不正确。

实训 4 一卡通系统接线操作

(一)实训目的

①掌握门禁系统的接线方法。

②加深对门禁系统的认识。

(二)实训要求

①设备的接线过程在系统断电的情况下完成。

②完成接线后不可马上给系统通电,要先检查接线的正确与否再上电实训。

③实训要在专业课老师的指导下完成。

(三)实训仪器

一卡通系统实训装置 1 套;连接导线若干;工具 1 批。

(四)实训步骤

①检查设备是否齐全,安装设备。根据实训台板面的设备名称,将设备安装孔对准实训板所开的孔,将设备固定安装在实训台板面上。在安装过程中要注意,防止设备损坏。

②设备接线(根据接线图进行接线)。一卡通系统实训台平面布置图如图 7.4 所示。

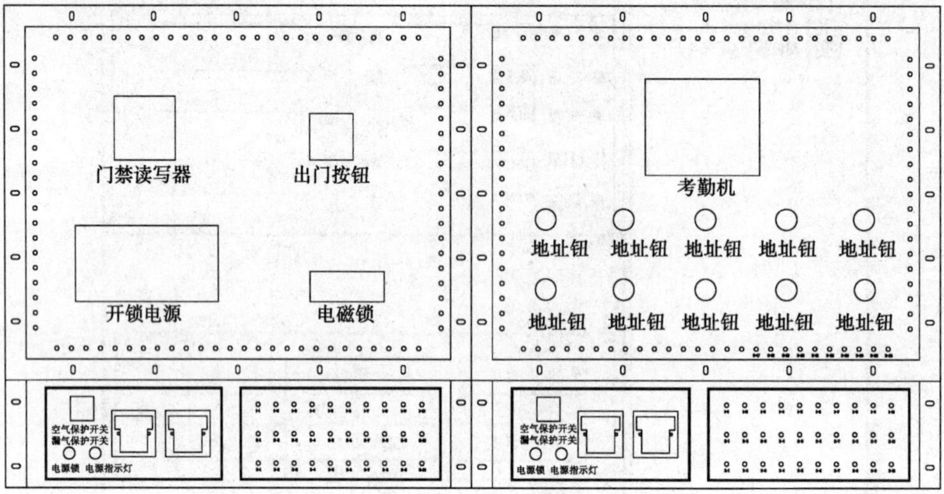

图 7.4　智能一卡通系统实训台平面布置图

设备安装完毕后,将设备的端子接线通过穿线孔引到实训台后面板,接到相应的端子上,连接背面接线时,特别注意线不能接错。线完毕后,要用万用表测试,防止接错线。背面接线图如图 7.5 所示。

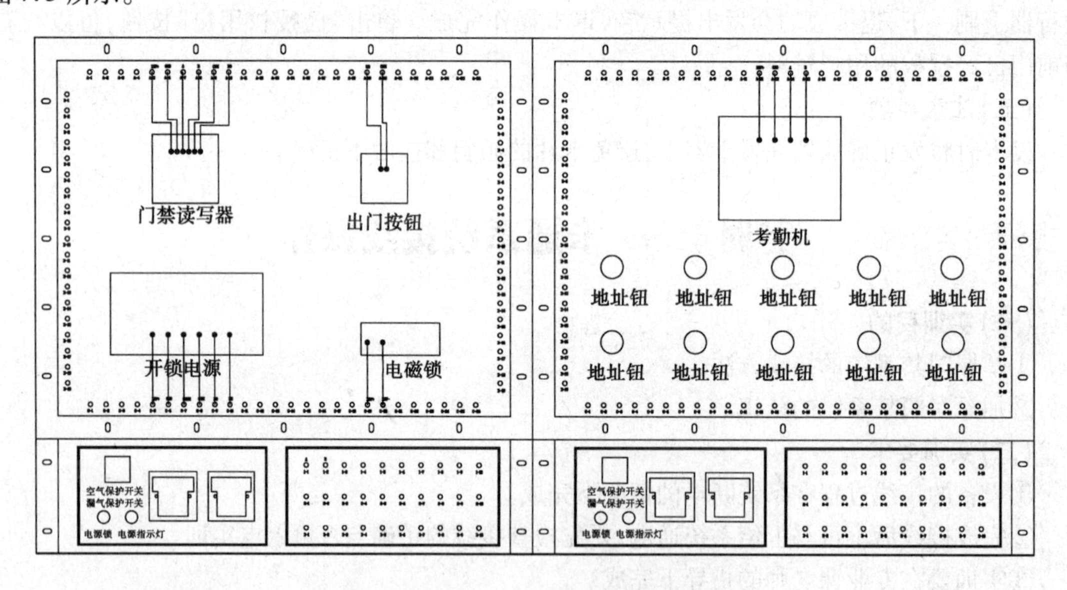

图 7.5　智能一卡通系统实训背面接线图

③一卡通系统连接正面跳线如图 7.6 所示。系统图如图 7.7 所示。

图中考勤机:DC12V 电源接于 12V +、GND,485 信号线接 TRD、RXD;门禁读写器:DC12V 电源接于 12V +、GND,485 信号线接 TRD、RXD;门锁:接于 NC,COM;POS 消费机:DC12V 电源接于 12V +、GND,485 信号线接 TRD、RXD。

(五)注意事项

注意电源线接线端的正负极不可反接,以免烧坏设备。接线过程中确保系统已经断电再进行操作,确保人身安全。系统在上电运行过程中不可随意拔插设备的跳线,以免损坏设备。

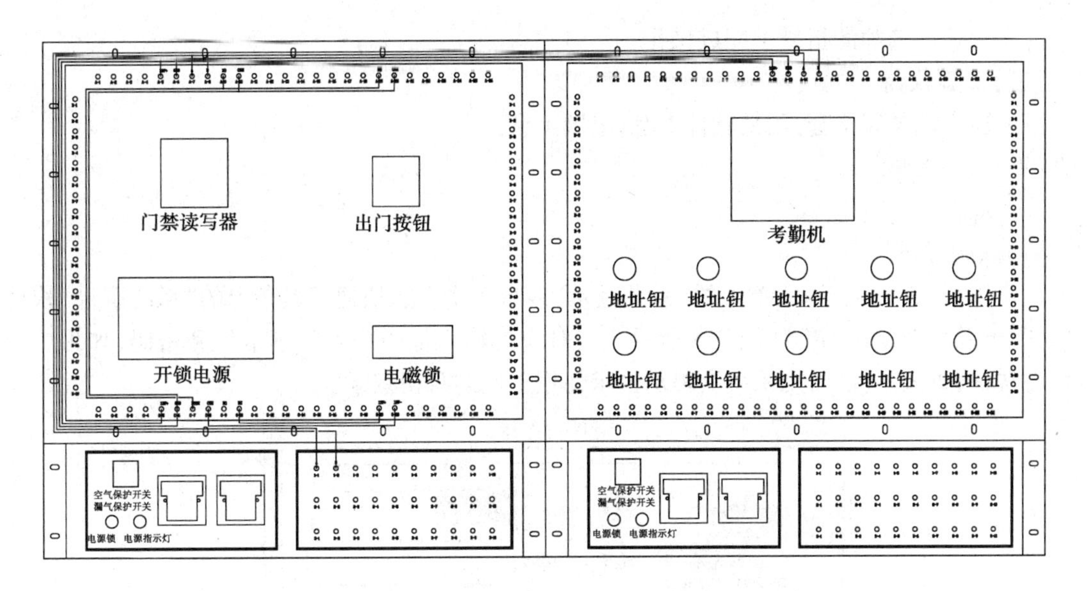

图 7.6 智能一卡通系统正面接线图

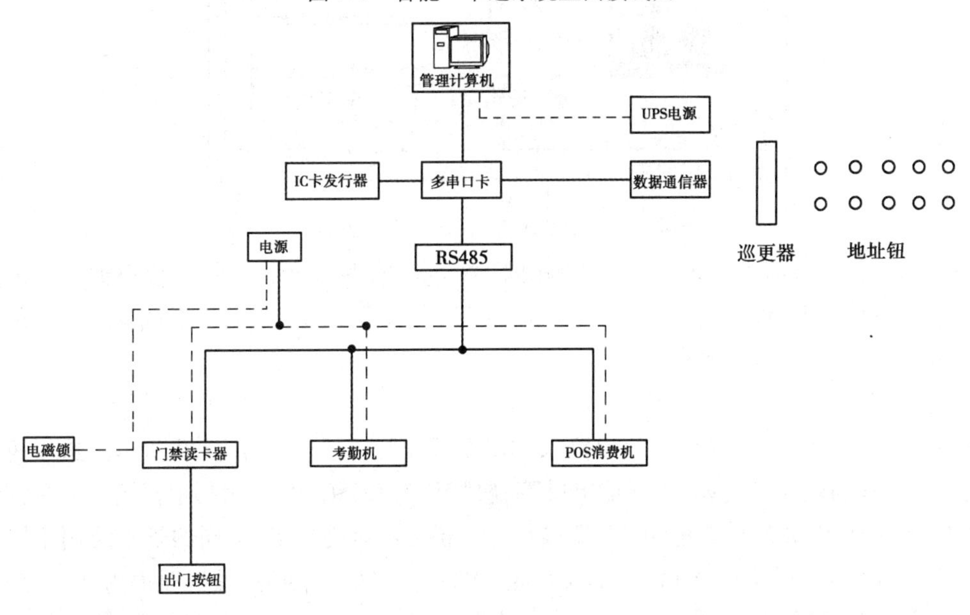

图 7.7 智能一卡通系统实训台的系统图

实训5 门禁软件设置操作

(一)实训目的

①掌握门禁软件的设置操作。

②加深对门禁软件的理解。

(二)实训要求

①在软件设置前要认真阅读相关步骤。

②不可随意更改其他设置。

③在专业课老师的指导下完成操作。

(三)实训仪器

一卡通实训装置1套;门禁软件1套;电脑1台。

(四)实训步骤

1.系统管理

(1)系统登录

用户选择"系统管理"菜单上的"系统登录"或者单击左边快捷工具条上的"系统登录"快捷按钮,弹出系统登录对话框如图7.8所示。在对应的输入框中输入管理卡号和密码,如果用户身份合法,则进入系统,否则系统会提示要求使用正确的身份登录。

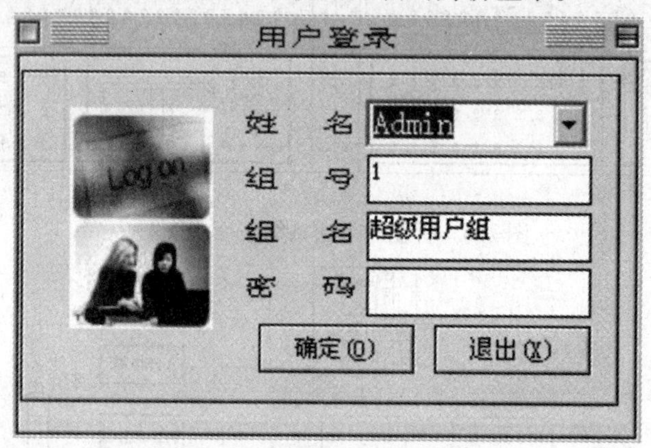

图7.8 系统登录界面(录入卡号方式)

成功登录后,登录前工具条上灰暗的按钮都将变亮,有些未授权的按钮会根据系统的设置而不出现。这时登录工作已完成,操作人员可根据相应的需要从下拉列表框或者从系统的菜单中选择相应的应用功能进行操作。

(2)系统设置

在"系统管理"菜单中选择"系统设置",弹出系统设置对话框,如图7.9所示。这里可为用户提供一些基本的软硬件设置。"通信串口"一般默认为COM1或COM2,根据用户的具体情况进行设置(取决于RS485卡安置在哪个端口)。IC卡区号须要设定,不同的子系统用不同的区号,一般公司默认为停车场为5区,门禁为6区,收费为7区,考勤为8区,通道为9区,用户不能随便设置。一人可持多卡模式选中后,在卡片发行时一人可以同时持多张卡。注:如果是门禁考勤系统,只能是一人持一张卡。

(3)修改密码

用户可以自行修改登录密码,先输入正确的旧密码,然后输入新密码和确认密码就可以了,如图7.10所示。密码须妥善保管,否则不能登录。

(4)操作员管理

如图7.11所示,操作员管理包括操作员组管理和操作员管理两大类。操作员组管理又包括增加、修改、删除功能,左边系统各模块功能树,打上"✔"表示已赋权,打上"✖"表示没有赋权。系统已经默认一组超级用户组和隶属于该组的"Admin"操作员,超级用户组具有所有权限,用户不能修改,"Admin"继承了超级用户组权限,同样用户不能修改。

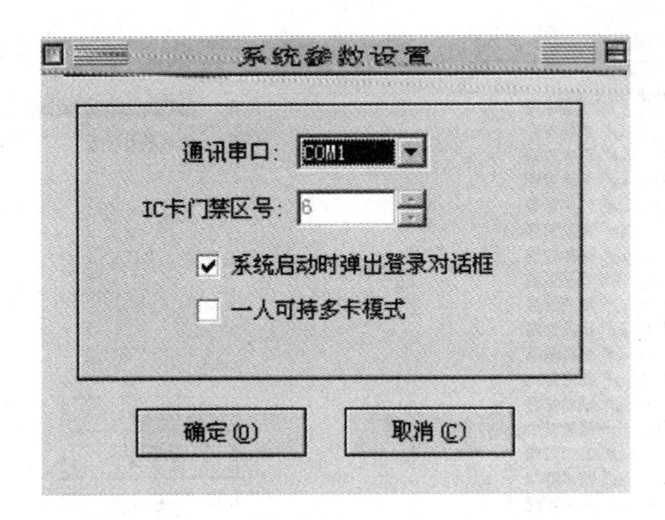

图 7.9　系统设置对话框

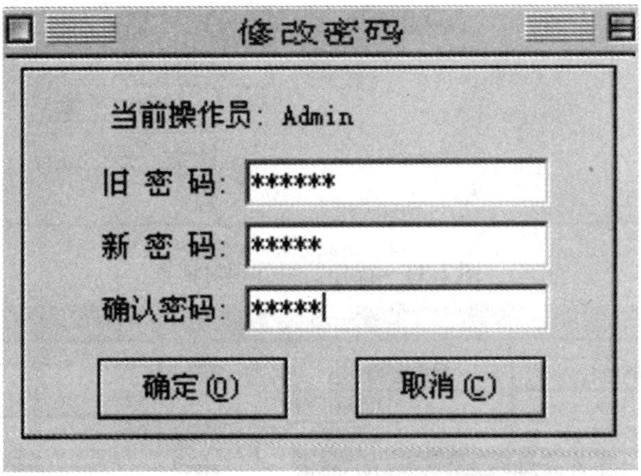

修改密码
当前操作员: Admin
旧 密 码: ******
新 密 码: *****
确认密码: *****
确定(O)
取消(C)

图 7.10　修改密码对话框

用户可以增加操作员组:单击“增加(A)”按钮后,输入组名和描述,然后分配权限。双击不需要的模块权限,当图标变成“✖”就行了。

修改操作员组:选中要修改的操作员组后,单击“修改(M)”按钮,然后重新赋权后保存就行了。

删除操作员组:选中要删除的操作员组,单击“删除(D)”按钮。如果有操作员隶属于该组,系统将不允许删除操作。

增加操作员:增加完操作员组后,就可以增加操作员了,左边显示的是所有操作员资料,如图 7.12 所示。

增加操作员时需输入编号、姓名、密码和隶属于哪个操作员组,操作员组的权限完全继承给该操作员。

(5)打印机设置

设置打印机名称、纸张大小和打印方向等信息,工作电脑须配置打印机(可以是网络打印机)。

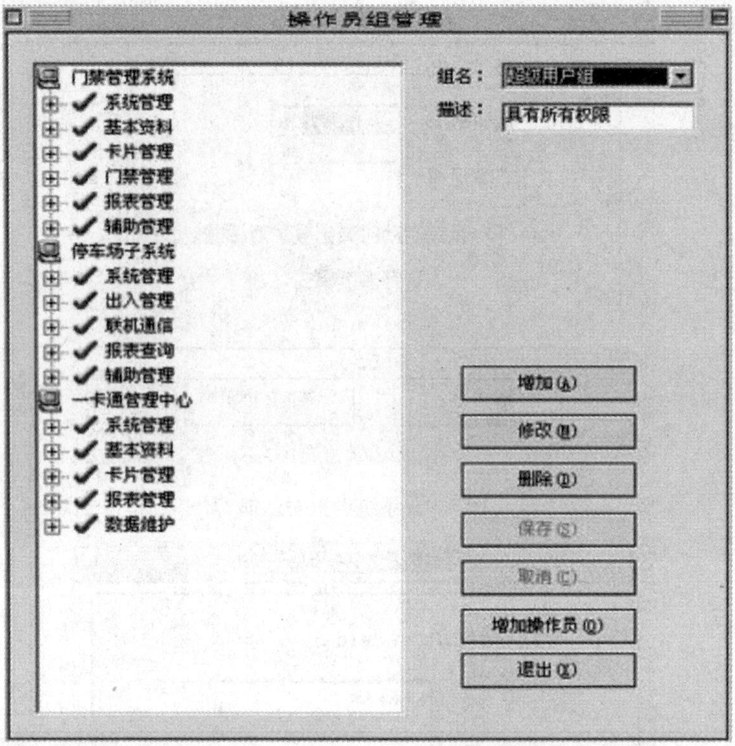

图 7.11　操作员组管理对话框

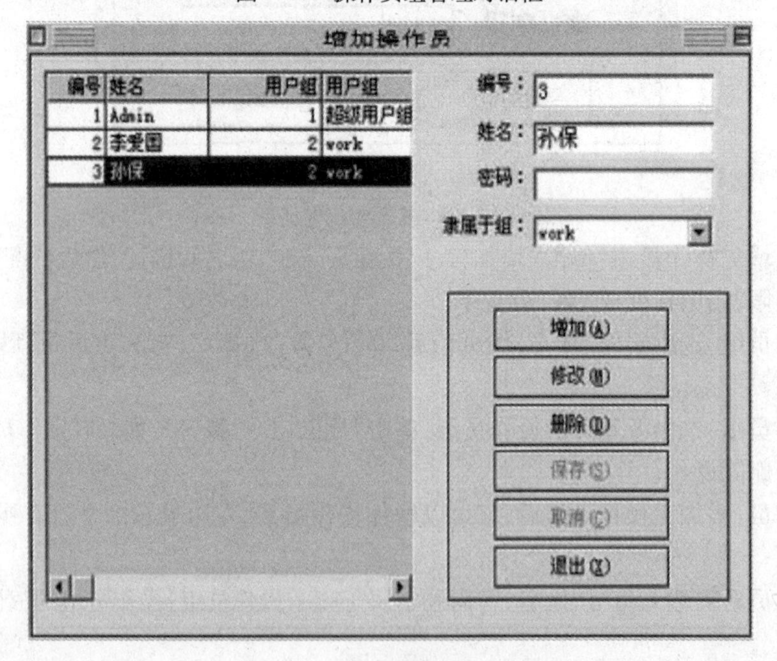

图 7.12　操作员管理对话框

2. 基本资料

基本资料包括用户资料、部门设置和门禁资料。

(1)部门设置

在图7.13公司结构中单击鼠标右键,出现一菜单项:增加、修改、删除。选择“增加”命令,输入部门编号和部门名称后保存就行了。如果要增加子部门,选中其中一部门单击鼠标右键增加好成功后,就为当前部门添加好子部门了。“修改”命令可以对部门相关信息进行更改。如果要删除部门,则选择“删除”命令,系统将删除该部门及所有子部门。

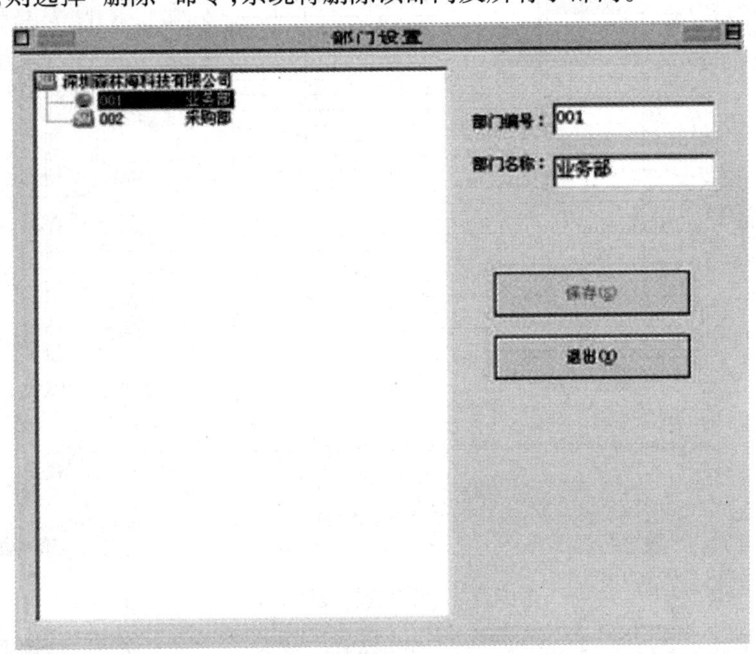

图7.13 部门设置对话框

(2)用户资料

可以增加、修改和删除用户资料,如图7.14所示。用户资料显示的是所有用户的基本信息,包括用户编号、姓名、性别、部门、职务和联系电话,左下角为统计当前用户数,方便用户操作管理。如果用户资料很多,可以单击“查询(F)”按钮来查找合适的用户资料。单击“浏览(B)”按钮,可以查看当前用户的详细资料。单击“修改(M)”按钮可以修改用户的相关信息。单击“删除(D)”按钮可以删除当前用户(注:不能删除已发卡用户,须办退卡后才能删除)。单击“可开门(R)”按钮,可以查看该用户可以开启的门号。

单击“增加(A)”按钮,可增加新用户,如图7.15所示。用户资料包括编号、姓名、性别等信息,操作员还可以把用户照片加进去,方便门禁子系统在实时监控时直观对照。注意,增加照片时先处理好图片大小,不能大于30 KB,设置好后单击“保存”按钮,资料录入成功。

(3)门禁资料

门禁资料用于录入门禁系统门禁控制器设备的基本信息,包括机号、控制器类型、门号、位置、部门信息等。输入时请注意控制器机号和控制器类型对应,录完相应资料后单击“保存”按钮就可以了。如果需要删除多余设备,操作选中该设备后,单击“删除”按钮就可以了,如图7.16所示。

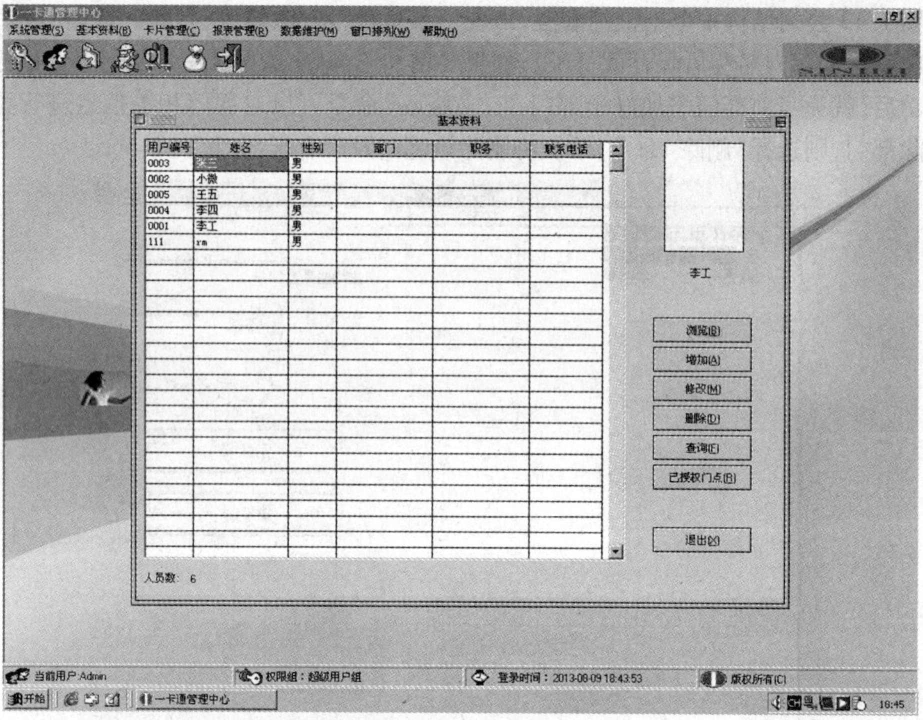

一卡通管理中心

系统管理(S) 基本资料(B) 卡片管理(C) 报表管理(R) 数据维护(M) 窗口排列(W) 帮助(H)

基本资料

用户编号	姓名	性别	部门	职务	联系电话
0003	张三	男			
0002	小微	男			
0005	王五	男			
0004	李四	男			
0001	李工	男			
111	rm	男			

李工

浏览(B) 增加(A) 修改(M) 删除(D) 查询(F) 已授权门点(R) 退出(X)

人员数：6

当前用户:Admin 权限组：超级用户组 登录时间：2013-08-09 18:43:53 版权所有(C)

开始 一卡通管理中心 18:45

图 7.14 用户资料设置对话框

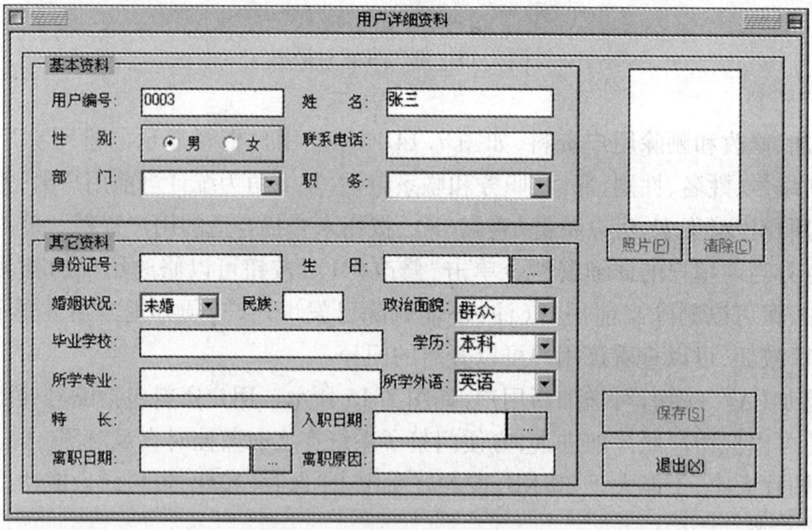

用户详细资料

基本资料

用户编号：0003 姓 名：张三

性 别：男 女 联系电话：

部 门： 职 务：

照片(P) 清除(C)

其它资料

身份证号： 生 日：

婚姻状况：未婚 民族： 政治面貌：群众

毕业学校： 学历：本科

所学专业： 所学外语：英语

特 长： 入职日期：

离职日期： 离职原因：

保存(S) 退出(X)

图 7.15 用户录入设置对话框

3. 卡片管理

卡片管理包括 IC 卡发行、ID 卡发行和卡片维护。IC 卡发行只能用于发行 IC 卡，ID 卡发行一般用来发行 ID 卡，IC 卡 ID 模式时也是在此窗口中发行。卡片发行时需要发行器，发行前先确保发行器是否已经正确安装。发 IC 卡还是 ID 卡，都需和系统的具体配置相结合。

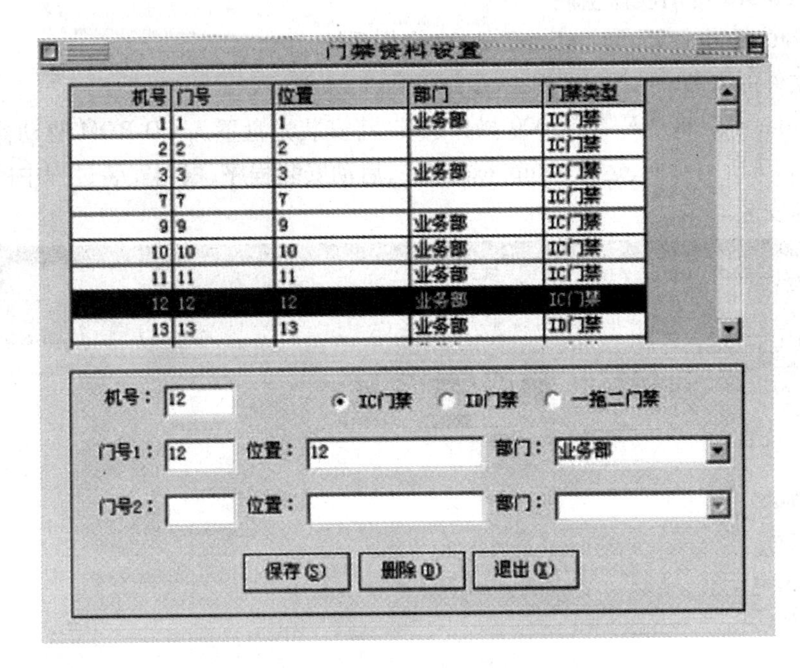

图 7.16　门禁资料录入设置对话框

(五)注意事项

设置过程中如有不明白的地方要仔细再阅读产品说明书。

实训 6　巡更设置操作

(一)实训目的

①掌握巡更的设置操作。

②熟悉巡更软件的使用。

③进一步了解巡更系统。

(二)实训要求

①在进行巡更软件的操作之前应仔细阅读相关说明。

②在专业课老师的指导下完成操作。

(三)实训仪器

巡更系统实训装置 1 套;巡更软件 1 套;电脑 1 台。

(四)实训步骤

1. 软件运行环境

①CPU 主频在 150 MHz 以上,推荐使用主频 300 MHz 以上的处理器。

②装置有 CD-ROM 驱动器或 3.5 寸软盘驱动器,键盘、鼠标。

③有通信接口(COM1 或 COM2)。

④分辨率为 800 × 600,16 位真色彩显示器。

⑤至少 32 MB 内存,推荐使用 64 MB 以上内存。

⑥至少 100 MB 可用硬盘空间。

⑦Microsoft Windows95/98/ME/NT/2000 操作系统。

2. 系统软件的安装

进入 Windows95/98/ME/NT/2000 操作系统,将安装光盘置入 CD-ROM 驱动器,驱动光盘,会看到如图 7.17 所示画面,运行 setup. exe 文件,启动安装程序,根据安装过程中的中文提示即可完成软件的安装。

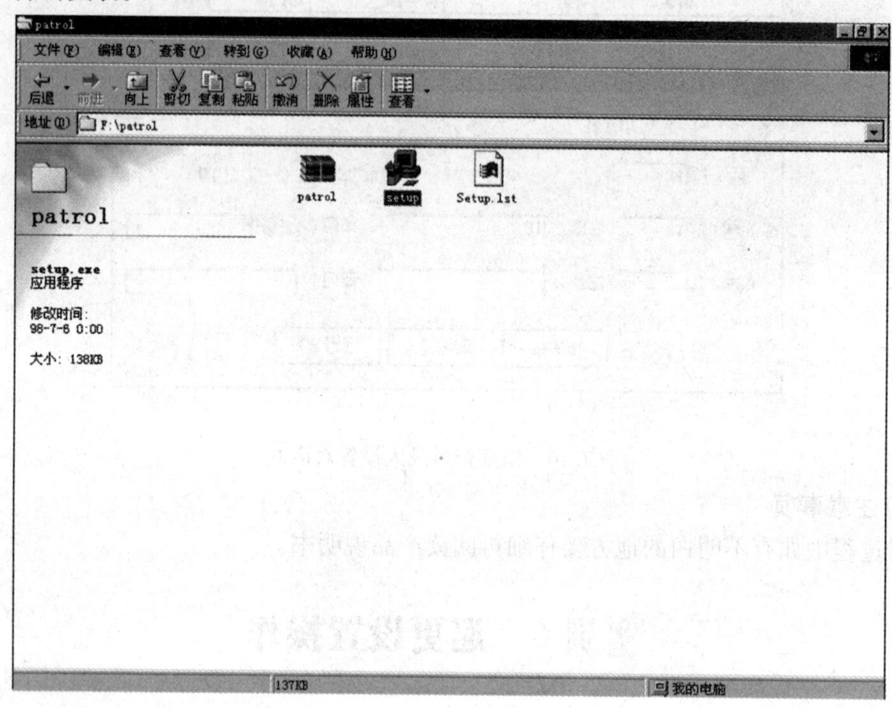

图 7.17　安装开始

3. 软件的详细使用说明

1) 系统登录

运行软件后,首先是身份确认界面,如图 7.18 所示。

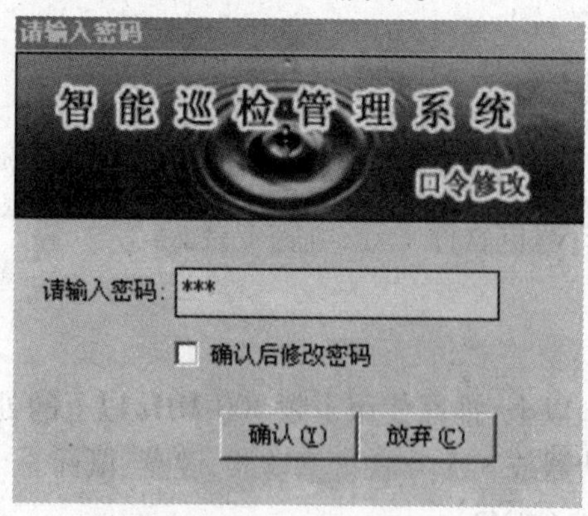

图 7.18　身份确认界面

①请输入正确密码(本软件默认密码123),单击“确认”按钮即可进入系统。

②单击“放弃”按钮也可进入系统,但只允许查询,不能进行系统设置。

③修改密码。如果想变更密码,请按如下步骤操作:输入正确密码→在“确认后修改密码”处打“√”→单击“确认”按钮后,按照中文提示即可修改密码。

2)系统设置

系统设置包括地点、人员,巡检计划的定制,如图7.19所示。他们的顺序是:“读入数据”→“查询删除”→“钮号设置”→“人员设置”→“计划设置”→“情况报告”→“退出”。

图7.19 设置画面

(1)地点设置

首先需要进入地点设置,将清空的采集器一一读入要设置的地址钮芯片代码,然后在软件里面依次选择“地点设置”→“从采集器里导入钮号”→“读入”→“填入”→“退出”,出现如图7.20所示界面。在读出的芯片代码后用中文输入之前设定好的地点名称,设置完毕后单击“退出”按钮即可。

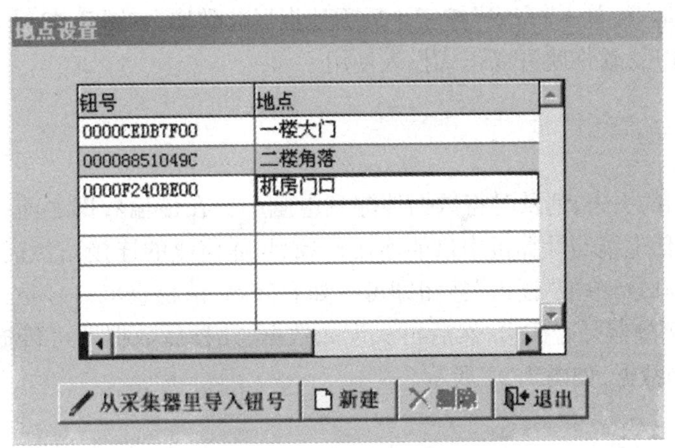

图7.20 地址设置

(2)人员设置

如同地点设置方法一样,读出来的芯片代码后面用中文改写对应的巡逻人员名字,设置完毕后,单击“退出”按钮即可。

(3)计划设置

在安装本系统前,用户根据单位实际工作情况制定具体的巡检计划,包括巡检器的分配、巡检人员的分配、巡检时间的设定等,在计划设置这一步把事先制订的计划输入即可。

单击“计划设置”按钮,在弹出的对话框中单击“生成”按钮如图 7.21 所示。

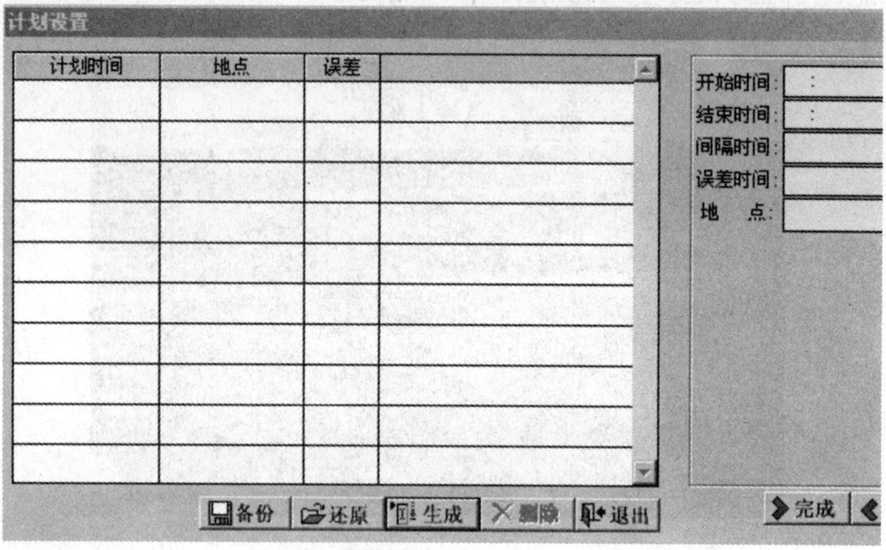

图 7.21　计划设置画面

单条计划设置:设定巡逻计划是从早上 08:00 到 16:00 为一个巡逻班次,一共 3 个地点,2 个小时巡逻一圈,那么计划“开始时间”输入 08:00,“结束时间”为 16:00,“间隔时间”120 分钟,“误差时间”为 5 分钟,“地点”选择第一个点,最后单击“完成”按钮即可。在设第二个地点计划,这时第一个点到第二个点的时间假设为 25 分钟,那么“开始时间”将改为 08:25,其他都不变,选择第二个地点,单击“完成”按钮。后面地点以此类推,如图 7.22 所示。

完成上述工作后,软件就可以正式投入使用了。

3)操作步骤

(1)数据读入

为了防止数据的丢失,请及时将数据传输到电脑中。在传输数据之前,请检查硬件的连接是否正确(包括通信电缆与计算机串口的连接;电源与通信座的连接);然后将采集器插入通信座,选择正确的串口号,单击“读入”按钮即可。如有问题,请检查串口号是否正确,一般为 1 或 2 号串口,并检查巡检器是否插实;然后再次读入数据,几秒后数据即可传输到电脑,并即时显示当前采集器中的数据,如图 7.23 所示。

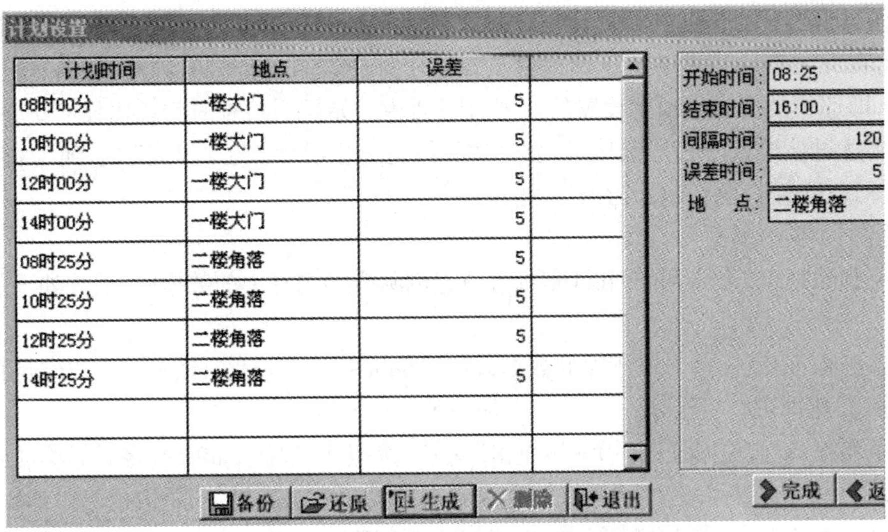

图 7.22 时间设置画面

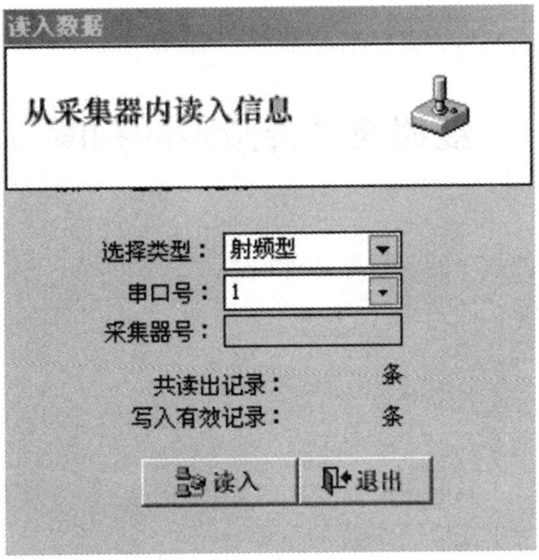

图 7.23 数据输入画面

(2)数据查询

当数据读入电脑后，本软件会自动进行处理，以表格的形式展现在管理者面前。这时只需打开查询浏览版块，就可看到经过处理的数据表格。这里为用户提供了几种查询方式："按读入时间查询""按采集器号查询""按巡检日期查询""按地点查询""按钮号查询""按人员查询"和"按升降序查询"。这些查询方式可以使用户方便地查询到所有或部分记录。用户只需输入所要查询的范围并在所选项上打"√"即可。

(3)结果报告

通过"情况报告"，管理者可以快速、直观地考察巡检人员是否按制定的巡检计划进行巡检。

在报表上面的文本框中输入想要检查的时间范围，单击"结果报告"按钮，如果在检查时间段内有记录,则区分为计划时间内、计划时间前及计划时间后三类情况。在计划时间内则认为“完成”;若在此之前,则为“早到”,即巡检员提前于预先设置的计划时间到达;若在此之后,则为“迟到”,即巡检员推后于预先设置的计划时间到达。如果在检查时间段内没有记录,即巡检人员没有到达过该地点,则为“漏检”。软件按具体情况显示“完成”“早到”“迟到”“漏检”字样并显示实际到达时间、地点、人员。

(4)删除操作

如果要删除地点、人员、事件和计划设置或想删除查询浏览中的数据时,请按如下的步骤进行操作:

①单条删除:用鼠标单击要删除的数据,按住“Shift + ↓”键,此时该数据变成红色再用鼠标单击“删除”按钮即可。

②多条删除:a. 按住 Ctrl 键,用鼠标单击“删除”按钮;b. 按住 Shift 键,将鼠标移动到首条要删除的记录处,单击鼠标左键。再将光标移动到末条要删除的记录处,单击鼠标左键。此时,要删除的记录全部被选中,单击“删除”按钮,即可全部删除。

(五)注意事项

设置过程中如有不明白的地方要仔细再阅读产品说明书。

实训 7　线路及设备故障的判断与处理

(一)实训目的

①掌握一卡通系统线路故障的判断与处理方法。

②进一步了解一卡通系统的结构。

③加深对一卡通系统的认识。

(二)实训要求

①线路故障的检测之前要确保连线的正确。

②操作之前要学习测试工具的使用方法。

③在专业课老师的指导下完成操作。

(三)实训仪器

一卡通系统实训装置 1 套;测试导线若干;万用表 1 个。

(四)注意事项

万用表要正确使用,不然会影响对线路的判断。

实训 8　设计并安装一个简易应用系统

(一)实训目的

①加深对一卡通系统的整体认识。

②培养一卡通系统的配置设计能力。

(二)实训要求

①收集相关知识和材料,对一卡通系统有深入的了解。

②在动手进行设备上电操作之前,将系统连接图绘制好。

③在专业课老师的指导下完成实训内容。

(三)实训仪器

一卡通系统1套;连接跳线若干;螺丝与螺丝刀等辅助工具1批。

(四)实训步骤

①设计一个简单的一卡通系统,确保系统的可行性和完整性。

②绘制系统结构图。

③绘制系统设备接线图,标出线型和连接端口名称。

④在专业课老师检查无误后可以进行设备连接操作。

⑤设备上点前再次检查系统的接线是否正确。

⑥系统得到验证后写下实训总结。

(五)注意事项

①要认真学习一卡通系统的结构,配置要合理。

②进行设备的连接操作过程中避免损坏设备。